普通高等教育土木与交通类“十四五”精品教材

土力学试验（第二版）

主 编 侯龙清 李明东

副主编 高 瑜 梁爱民

鞠海燕 薛凯喜

中国水利水电出版社
www.waterpub.com.cn
·北京·

内 容 提 要

本教材为普通高等教育土木与交通类“十四五”精品教材分册之一，内容包括8个部分：土的识别和颗粒分析试验、土的基本物理指标试验、液塑限试验、相对密度试验、击实试验、渗透试验、固结试验、抗剪强度试验。

本教材可作为普通高等院校土木工程、道路桥隧、水电工程等专业教学用书，也可供相关专业人士参阅。

图书在版编目（CIP）数据

土力学试验 / 侯龙清，李明东主编. -- 2版. -- 北京：中国水利水电出版社，2022.10
普通高等教育土木与交通类“十四五”精品教材
ISBN 978-7-5226-0944-7

Ⅰ. ①土… Ⅱ. ①侯… ②李… Ⅲ. ①土工试验－高等学校－教材 Ⅳ. ①TU41

中国版本图书馆CIP数据核字(2022)第160661号

书　名	普通高等教育土木与交通类“十四五”精品教材 **土力学试验（第二版）** TULIXUE SHIYAN
作　者	主　编　侯龙清　李明东 副主编　高　瑜　梁爱民　鞠海燕　薛凯喜
出版发行	中国水利水电出版社 （北京市海淀区玉渊潭南路1号D座　100038） 网址：www.waterpub.com.cn E-mail：sales@mwr.gov.cn 电话：（010）68545888（营销中心）
经　售	北京科水图书销售有限公司 电话：（010）68545874、63202643 全国各地新华书店和相关出版物销售网点
排　版	中国水利水电出版社微机排版中心
印　刷	清淞永业（天津）印刷有限公司
规　格	184mm×260mm　16开本　13.75印张　335千字
版　次	2012年3月第1版第1次印刷 2022年10月第2版　2022年10月第1次印刷
印　数	0001—3000册
定　价	**39.00**元

编　委　会

主　编　侯龙清　李明东

副主编　高　瑜　梁爱民　鞠海燕　薛凯喜

第二版 前言

本书第一版于2012年3月出版，是普通高等教育土木与交通类“十二五”规划教材，至今已使用10年，受到读者广泛好评。编者在总结长期使用经验和采纳各方合理建议的基础上，结合相关规范修订情况，对第一版进行了全面改写和修订。主要修订要点如下：

（1）第一章改为“土的识别和颗粒分析试验”，第二章改为“土的基本物理指标试验”。在第一章中增补了借助“互联网+”进行的“土的认识”试验项目和“土的目测鉴别”试验项目。

（2）增加了常规试验项目的试验案例。

（3）为方便使用和理解，将第八章直接剪切试验和三轴压缩试验按试验方法的不同分别进行阐述，类似的将第七章固结试验方法按快速压缩法、标准压缩法和高压固结法分别进行阐述。

（4）试验方法的介绍中增加了大量设备照片和试验操作照片。

本书第二版由侯龙清副教授和李明东教授主持修编工作，邀请了高瑜副教授、梁爱民副教授和薛凯喜副教授，与原副主编鞠海燕副教授共同参与修编。各章节编写分工为：前言、第五章、第七章由东华理工大学侯龙清编写；第一章由东华理工大学李明东编写；第二章由内蒙古工业大学高瑜编写；第三章、第八章由井冈山大学梁爱民编写；第四章由南昌工程学院鞠海燕编写；第六章由东华理工大学薛凯喜编写。

本书在编写过程中参考并引用了相关教材和成果资料，在此表示衷心感谢。

鉴于编者水平和经验有限，书中难免存在不足和疏漏之处，敬请各校师生和读者批评指正。

编者

2022年2月

第一版 前言

在面向21世纪的课程体系里，土力学是土木、水利和交通等有关专业的重要基础技术课程，同时也是被列入国家工科力学基地建设的课程之一。土力学教学包括理论教学和实验教学两部分，实践性强是土力学课程的重要特点之一，为了适应新时代土力学教学的需要和提高学生实践能力培养应用型人才的需要，我们编写了《土力学试验》教材。

全书共分9章，系统阐述了土力学各种基本试验的理论知识、技术要求和详尽的试验方法。与现有土力学实验指导书相比，本书的特点是：各试验方法充分参照现行规范《土工试验规程》（SL 237—1999）和《土工试验方法标准》（GB/T 50123—1999），做到与土工试验规程和方法相一致；每个试验尽量做到知识的系统性，每个试验编排为一章，内容包括相关的土力学概念和理论、常用的试验方法种类、基本技术要求、试验基本原理和具体试验方法等方面；一些基本试验的仪器设备均配备了实物图片，便于学生预习和自学；对三个基本试验的编排进行了调整，均编排在第一章，增强了内容的系统性；为了加强学生对试验方法的理解和掌握，每个试验后均配备了一些思考题。同时，附录中提供了空白的试验曲线坐标图，方便试验报告的整理。

编写小组对书稿内容进行反复修改后定稿，全书由江西理工大学罗嗣海教授审阅。本书由东华理工大学侯龙清和南昌工程学院黎剑华担任主编，编写人员具体分工如下：前言、第二章、第五章、附录由东华理工大学侯龙清编写；第三章、第七章由南昌工程学院黎剑华编写；第一章由江西理工大学胡世丽编写；第六章、第九章由东华理工学院李爱飞编写；第四章、第八章由南昌工程学院鞠海燕编写。本书的编写得到了南昌工程学院的土木与建筑工程学院、水利与生态工程学院和江西理工大学的大力支持，也得到了同行专家和出版社同志的关爱，在此表示衷心感谢。

本书的编写借鉴了前人的工作，融汇了编者多年的教学经验，也吸收了同类教材的优点。在内容的取舍、编写顺序等方面做了精心安排。本书参考了许多兄弟院校的相关教材，引用了某些试验内容，在此一并表示衷心的感谢。希望使用本书的教师、同学，参阅本书的专家、学者不吝赐教，以便再版时加以修改、充实和提高。

编者

2012年2月

目 录

第一章　土的识别和颗粒分析试验

自然界各种成因的土一般是由固体相、液体相和气体相组成的多相体系。固体相是由许许多多大小不等、形状各异的矿物颗粒按照不同的排列方式组合在一起，构成土体骨架，这些颗粒称为土粒，在颗粒间的孔隙中通常有水（液体相）和空气（气体相），这三者之间不是孤立、机械地混合在一起，而是相互联系、相互作用，共同形成土的工程地质性质。

土粒构成土的主体，是最稳定、变化最小的成分，在进行土的工程地质性质分析时，主要从粒度成分、矿物成分和化学成分三个方面来考虑，其中各种不同粒径的颗粒在土中的相对百分含量，称为粒度成分，反映土的颗粒大小组成的结构特征；组成土粒的矿物成分和相对含量称为矿物成分。

组成土的液体相部分实际上是化学溶液，不是纯水。若将溶液作为纯水，依据土粒对极性水分子吸附引力的大小分为强结合水、弱结合水、毛细水和重力水等。它们的特性各异，对土的工程地质性质影响大小不同。土中气体对土的性质影响很小，研究亦较少。

第一节　土的粒度成分

一、粒组及粒度成分

土是自然界的产物，是多矿物集合体，由各种大小不一的颗粒组成。在研究颗粒大小对土的工程地质性质影响时，并不逐个研究它们的大小，这是不可能的，也没有这个必要，而是把工程地质性质相近的一定尺寸的土粒归并为一组，并给予常用的名称，这种组别称为粒组。工程实践中按粒径从大到小将粒组划分为：漂石粒、卵石粒、砾粒、砂粒、粉粒和黏粒。

工程上，划分粒组通常遵循以下原则：

（1）在一个粒组范围内，粒径的变化不应引起土的性质的根本变化，也就是说，在同一粒组范围内，粒径虽然不同，但土的工程地质性质基本相同。

（2）必须与现有的粒度分析技术水平相适应。如果当前的试验技术水平不能将所划分的粒组予以准确分离，这种粒组划分则没有实际工程意义。

（3）除了以上两点外，粒组界限值应力求服从一个简单的数学规律，以便记忆和应用。

对粒组的划分，各个国家，甚至一个国家的各个部门都有不同的规定。表 1 - 1 为《土工试验规程》（SL 237—1999）中粒组划分方案。

表 1-1　　粒 组 划 分

粒组名称	粒组划分		粒径 d 的范围/mm	一般特性
巨粒组	漂石（块石）组		$d>200$	透水性很大，无黏性，无毛细作用
	卵石（砾石）组		$200\geqslant d>60$	
粗粒组	砾粒（角粒）	粗砾	$60\geqslant d>20$	透水性大，无黏性，毛细水上升高度小于粒径
		中砾	$20\geqslant d>5$	
		细砾	$5\geqslant d>2$	
	砂粒	粗砂	$2\geqslant d>0.5$	易透水，无黏性，无塑性，遇水不膨胀，干燥时松散，毛细水上升高度不大，随粒径变小而增大（一般不超过 1.0m）
		中砂	$0.5\geqslant d>0.25$	
		细砂	$0.25\geqslant d>0.075$	
细粒	粉粒		$0.075\geqslant d>0.005$	透水性较弱，湿时稍有黏性（为毛细力连结），遇水膨胀小，干时稍有收缩，毛细水上升高度较大较快，湿土振动有水析出，极易出现冻胀现象
	黏粒		$d<0.005$	透水性很弱，湿时有黏性、可塑性，遇水膨胀大，干时收缩显著，毛细水上升高度大，但速度较慢

注　漂石、卵石和砾粒均呈一定的磨圆形状（圆状或次圆状）；块石、碎石和角砾颗粒均带有棱角。

二、粒度成分的测定方法

土的粒度成分在工程实践中用于土的工程分类和大致判别土的工程地质性质，如判别砂土渗透变形的可能类型，判别砂土液化的发生及严重程度，为土坝填料和建筑材料提供资料等。要分离出各粒组，计算其相对百分含量，需要进行颗粒分析。土粒大小不同采用的分析方法亦不同，对于砾石类和砂类土等粒径大于 0.075mm 的颗粒采用筛析法，对于黏性土等粒径小于 0.075mm 的颗粒采用静水沉降法。

（一）筛析法

筛析法就是利用一套标准筛（图 1-1），将土样分离成不同的粒组，从而计算出各粒组的百分含量。标准筛是由若干层筛盘组成，从上往下按孔径由大到小的顺序叠置而成，每个筛盘的孔径与粒组的粒径界限值相同，如一套粗筛，其孔径分别有 60mm、40mm、20mm、10mm、5mm、2mm 等 6 种，一套细筛，孔径分别有 2mm、1mm、0.5mm、0.25mm、0.1mm、0.075mm 等 6 种。通过筛孔的颗粒，粒径恒小于该筛的孔径，遗留在筛上的颗粒，粒径恒大于筛的孔径。

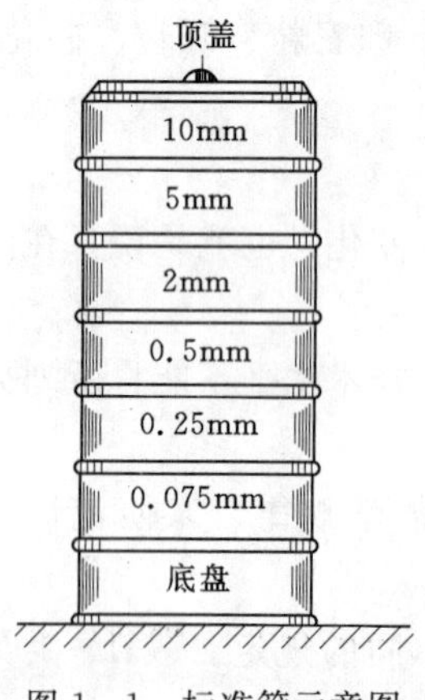

图 1-1　标准筛示意图

例如，某风干砂总质量为 1000 克，将其通过孔径为 2mm、0.5mm、0.25mm、0.075mm 的标准筛，称得各筛盘上颗粒质量如下：

留在 2mm 筛上土重 97g，表明粒径 $d>2$mm 的土粒质量为 97g，相对百分含量为 9.7%。

通过 2mm 筛，留在 0.5mm 筛上土重 306g，表明 0.5mm$<$

$d<2.0$mm 的土粒质量为 306g，相对百分含量为 30.6%。

通过 0.5mm 筛，留在 0.25mm 筛上土重 184g，表明 $0.25\text{mm}<d<5.0\text{mm}$ 的土粒质量为 184g，相对百分含量为 18.4%。

通过 0.25mm 筛，留在 0.075mm 筛上土重 211g，表明 $0.075\text{mm}<d<0.25\text{mm}$ 的土粒质量为 211g，相对百分含量为 21.1%。

通过 0.075mm 筛，留在底盘内土的粒径小于 0.075mm，表明 $d<0.075$mm 的土粒质量为 202g，相对百分含量为 20.2%。

需要说明的是，筛析法的操作和计算都很简便，缺点在于筛的孔径受制造工艺限制，不能过小，目前最细的孔径为 0.038mm，此外，细颗粒土由于结合水的黏聚作用，颗粒不易分散，而以集粒形式存在，所以筛析法不适合分离细小颗粒的土，《土工试验方法标准》（GB/T 50123—2019）规定此方法只适合于大于 0.075mm 的颗粒。

（二）静水沉降法

细小颗粒需采用静水沉降法进行颗粒分析，其基本理论基础是斯托克斯定理，即不同大小的颗粒在静水中的沉降速度不同，大颗粒沉降速度快，小颗粒沉降速度慢，且沉降速度和粒径之间存在一定的关系。试验时，通过测定颗粒下沉的速度来计算出小于某粒径颗粒的百分含量，具体的试验原理和方法在第二节中详细叙述。

三、粒度成分的表示方法

土的粒度成分或级配特征常用颗粒大小分布曲线表示，是以土粒粒径为横坐标，以小于某粒径质量百分数（占总质量百分数）为纵坐标绘制的关系曲线，也称级配曲线（图 1-2）。颗粒大小分布曲线的应用主要表现在三方面：一是可以利用曲线求出所需粒组的百分含量；二是利用曲线形态了解各粒组的分布特征；三是可以求出特征粒径，判定土的级配特征。如图 1-2 所示有 A、B、C、D、E 五条形态不同的曲线分别代表了颗粒大小分布不同的五种土，其中 A 线和 D 线光滑平缓，表明土中所含粒组的粒径跨度大，属于不均匀土；B 线形态陡立，表明土的粒径范围很小，大小相差不大，主要由 1～2 个粒组组成，属于均匀土；C 线的中间出现台阶，表明台阶所在粒径范围的颗粒含量很少甚至缺失；A 线和 D 线的形状相似，其差异在于 D 线代表的土的粒径比 A 线代表的土要大很多；E 线是某标准砂的颗粒大小分布曲线，颗粒大小相差很小。

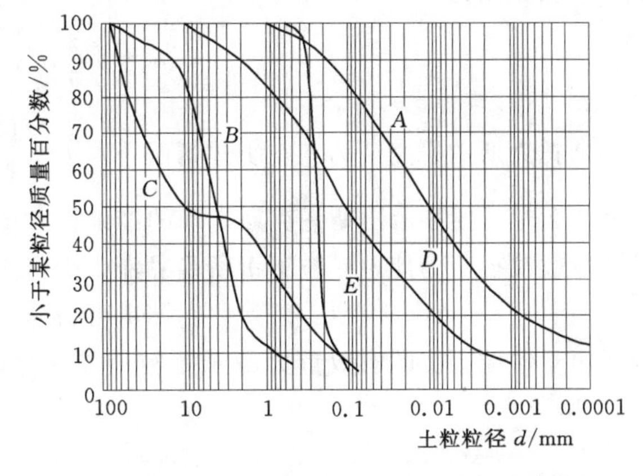

图 1-2　不同形态特征的颗粒大小分布曲线

在工程实践中用不均匀系数 C_u 和曲率系数 C_c 两个参量来定量描述土的粒度成分或级配特征。

不均匀系数 C_u 的定义表达式为

$$C_u=\frac{d_{60}}{d_{10}}$$

曲率系数 C_c 的定义表达式为

$$C_c=\frac{(d_{30})^2}{d_{60}d_{10}}$$

式中 d_{60}、d_{30}、d_{10}——颗粒大小分布曲线的纵坐标上小于某粒径之土质量百分含量为60%、30%、10%时所对应的颗粒粒径，砂性土的 d_{10} 越小，其透水性越低；黏性土的 d_{10} 越小，土的可塑性越强且膨胀和收缩性显著。

不均匀系数 C_u 反映大小不同粒组的分布范围，反映颗粒大小分布曲线的陡缓程度，C_u 越大，大小不同粒组分布范围越大，曲线越平缓，颗粒级配越良好，一般认为 $C_u \geqslant 5$，颗粒级配良好。曲率系数 C_c 的大小反映大小不同粒组分布的连续性特征，反映颗粒大小分布曲线的形状，过大或过小，曲线会出现台阶或平台，表明有粒组缺失现象，说明颗粒级配不良。工程实践中一般认为同时满足 $C_u \geqslant 5$ 和 $C_c = 1 \sim 3$，则判定为良好级配土，否则为不良级配土。

第二节　静水沉降法试验基本原理

一、斯托克斯定理

（一）斯托克斯定理的内容

斯托克斯研究颗粒在静水中下沉的速度时，将土颗粒设想为刚性的小球体，在一无限延伸的匀质液体中下沉。当球体开始下沉的最初一刹那，因受重力加速度的影响，速度有逐渐增加的趋势，由于液体的黏滞阻力与速度成正比关系，随着阻力的变化，下沉速度的增加，阻力不断增加，土粒下沉加速度不断减少，速度增量亦不断减少，最后达到下沉的有效重力与液体黏滞阻力相平衡的状态，此时土粒借助惯性匀速下沉，根据力的平衡条件可建立斯托克斯定理的基本表达式。

颗粒下沉的有效重力为

$$\frac{4}{3}\pi\left(\frac{d}{2}\right)^3(\rho_s-\rho_w)g=\frac{1}{6}\pi d^3(\rho_s-\rho_w)g \tag{1-1}$$

根据流体力学原理，颗粒（球体）下沉时受到液体的黏滞阻力（R）与下沉速度有关，其表达式为

$$R=\phi\ \frac{\pi}{4}d^2v^2\rho_w$$

斯托克斯的研究认为，在上述情况下，$\phi=\frac{12}{Re}$，其中 Re 为雷诺数（$Re=\frac{vd\rho_w}{\eta}$），当 $Re<0.2$ 时，便显示出斯托克斯定理的准确性，$Re>1$，就不能由斯托克斯定理计算出颗粒的等效粒径。为此，颗粒下沉所受黏滞阻力可进一步写成：

$$R=3\pi\eta vd \tag{1-2}$$

由于颗粒下沉的有效重力等于颗粒所受黏滞阻力，可得式（1-1）和式（1-2）相等，即

$$\frac{1}{6}\pi d^3(\rho_s-\rho_w)g=3\pi\eta vd$$

通过单位换算简化为

$$v=\frac{(\rho_s-\rho_w)g}{18\eta}d^2 \tag{1-3}$$

式中　v——颗粒下沉速度，cm/s；

η——液体黏滞系数，Pa·s；

ρ_s——颗粒密度，g/cm³；

ρ_w——水的密度，g/cm³；

d——颗粒的等值粒径，cm；

如果将颗粒粒径单位变换为 mm，则式（1-3）变换为

$$v=\frac{(\rho_s-\rho_w)g}{1800\eta}d^2$$

或

$$d=\sqrt{\frac{1800\eta v}{(\rho_s-\rho_w)g}} \tag{1-4}$$

若令颗粒计算系数 $A=\sqrt{\frac{1800\eta}{(\rho_s-\rho_w)g}}$，为方便计算，其大小已制成表格供查找，见本章第七节表 1-13；$v=\frac{L}{t}$，则式（1-4）进一步变化为

$$d=A\sqrt{\frac{L}{t}} \tag{1-5}$$

式中　L——土粒下沉距离，cm；

t——土粒下沉时间，s。

式（1-4）或式（1-5）即为斯托克斯公式。

（二）斯托克斯定理的适用条件

斯托克斯定理推导基于一个主要的条件是颗粒在液体中必须以等速下沉，否则定理表达式中的 v 值将无法确定。因此，单就下沉速度而论，斯托克斯定理表达式有其一定的适用范围。1934 年凡尔赛国际土壤物理学代表会议规定，斯托克斯定理表达式只适用于直径为 0.02～0.002mm 的颗粒。当颗粒粒径过大，其沉降速度超过公式所允许的速度；若颗粒过细（如胶体颗粒），遇水后会成为悬浮物质，在水分子力的作用下而相互撞击，产生布朗运动，从而改变了原颗粒在液体中的沉降特性。

此外，斯托克斯公式若用于土的颗粒分析，在应用中还应注意一些足以引起误差的影响因素：

（1）土颗粒并非球形、光滑、非弹性的刚体。特别是细微的沉积颗粒，常为扁平状、鳞片状或针状。因此，某些学者认为需将斯托克斯公式加以经验校正，例如将其修正为 $v=0.04(\rho_s-\rho_w)gd^2$，但因各种土的颗粒形状差异很大，所以任何经验校正公式都不能适用于所有情况。

（2）土是多矿物集合体，不同土颗粒的矿物成分不同，其密度也因之而异。故颗粒下沉速度不仅是粒径的函数，也与每个颗粒密度有关，公式中并未考虑密度的影响。

（3）在实际分析过程中，所用的液体受容器（如量筒）的限制，其中无数颗粒同时下

沉会相互干扰，且受容器壁影响。根据经验比较，认为在1L液体中，当颗粒总质量不超过25～30g，同时所用量筒直径为5～6cm时，上述影响就不大。

（4）细颗粒土常不易分散成单个颗粒，即使已经分散至最高的程度，在液体内下沉过程中又不可避免有集粒产生，影响其速度。

如上所述，用斯托克斯定理，从理论观点予以评价，只可以是近似的计算，而实际影响往往并不大，如（1）和（2）因素，在采取适当措施之后，其误差可减至最小，甚至可忽略不计，（3）和（4）因素。

二、静水沉降法概述

目前利用静水沉降法测定黏性土颗粒分布的试验方法有虹吸比重瓶法、移液管法、密度计法，各种方法的仪器设备均有其自身的特点，而它们的基本原理均建立在斯托克斯定理的基础上。

（一）移液管法（吸管法）

利用土颗粒在一定体积的静水中自由沉降，由斯托克斯定理可知，颗粒越大，沉速越快。该方法是在试验前先用斯托克斯公式计算出某一粒径的颗粒沉降至某一深度所需要的时间，例如表1－2给出两种粒径的颗粒沉降10cm所需的时间（其他粒径的颗粒在此未列出），试验时，按表中时间用吸管在10cm深度处吸取一定体积的悬液，该悬液中所含土粒粒径必然都小于计算所确定的颗粒粒径。将吸出的悬液烘干测定土颗粒质量，通过换算得出小于该粒径的土颗粒占总土粒的质量百分含量。选择其他需要测定的各种粒径，用同样的方法测定小于各粒径土粒占总土粒质量的百分含量。也就是说，通过试验可得到某粒径大小及小于该粒径土粒质量百分含量，在颗粒大小分布曲线的坐标上可得到一点，通过不同时间的多次测量可获得一系列的点，若干点既可连接成颗粒大小分布曲线，从而可确定土的颗粒组成。

表1－2　　相对密度为2.7的颗粒沉降10cm所需时间

水温/℃	15	16	17	18	19	20	21	22	23	24	25	26	27	28	29	30
0.05mm颗粒	50″	48″	47″	46″	44″	43″	42″	42″	41″	40″	39″	38″	37″	36	36″	35″
0.01mm颗粒	20′39″	20′7″	19′36″	19′7″	18′39″	18′11″	17′42″	17′20″	16′56″	16′35″	16′10″	15′49″	15′27″	15′10″	14′48″	14′28″

（二）密度计法

由斯托克斯定理可知，在无紊流的静水中，颗粒越大下沉越快，但相同粒径的颗粒在整个下沉过程中沉速相同并保持相对位置始终不变，直到下沉到底部。根据这种规律，将配置好的土粒悬液充分搅拌均匀，使不同大小的土粒在悬液中分布均匀，如某一粒径为d的颗粒经过时间t从液面下沉到L深度处（距离液面的距离），则L深度以上不再存在粒径大于d的颗粒，L深度处取一微小深度ΔL，ΔL深度范围内悬液中土粒粒径均小于d，且小于d的土粒分布与沉降开始时完全相同，如图1－3所示。密度计法就是利用此基本规律，从停止搅拌起算，通过测定悬液经过时间t，深度为L（L通过密度计读数换算得

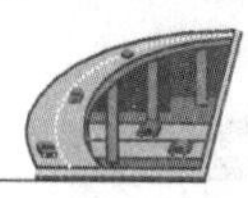

到）处悬液的密度，通过密度计读数计算小于某粒径 d 土粒的质量占总土粒质量的百分含量，而粒径 d 则由 t 和 L 通过斯托克斯公式计算得到。这样，在以颗粒粒径对数为横坐标，以小于某粒径颗粒质量百分含量为纵坐标的坐标系中得到一个坐标点。试验时，通过测定不同沉降时间的密度计读数，可得到多个坐标点，若干个坐标点即可连成一条曲线，该曲线即为颗粒大小分布曲线。

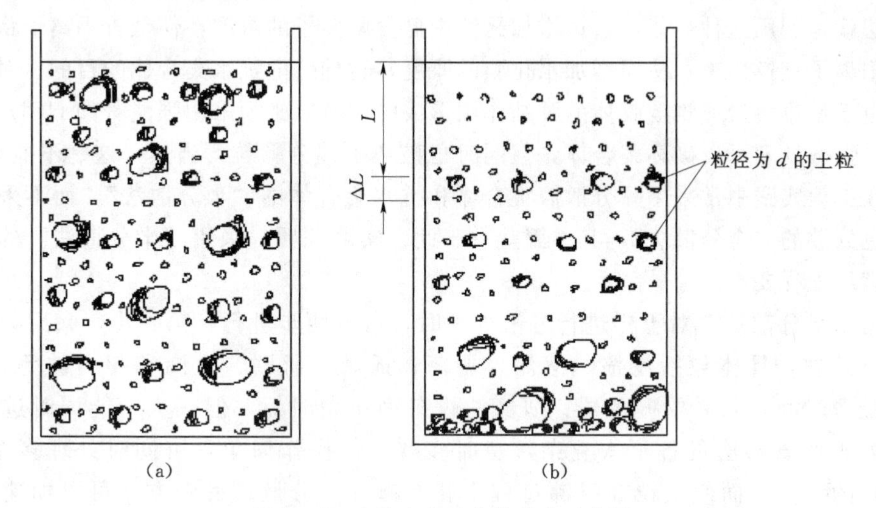

图 1-3　土粒在悬液中的分布示意图

(a) 搅拌后土粒均匀分布；(b) 沉降时间 t 后土粒分布

三、集合体分散处理方法

采用静水沉降法进行颗粒分析试验，包括两个步骤：第一步是集合体分散处理，制备悬液；第二步是移取悬液（移液管法）或测定不同时间悬液的密度（密度计法），进行成果整理。其中，土样处理的关键是如何促使土样中的集合体充分分散，以得到最合理的分散结果。

集合体按形成原因可分为假集合体、抗水集合体和真集合体三种：假集合体常由易溶盐类的胶结而成；抗水集合体是由黏粒表面的公共水化膜联结而成的；真集合体则是由难溶盐（$CaCO_3$、$MgCO_3$、$FeCO_3$）或难溶胶体（SiO_2、NH_2O）胶结所致。各种集合体形成原因不同，须采用不同的分散方法。对于假集合体用水浸泡，将可溶盐溶解于水，然后通过振荡、研磨或煮沸等物理方法就可充分分散开来。对于抗水集合体，是颗粒表面的水化膜起胶结作用，在水中分散困难，需采用胶体化学的方法进行处理。抗水集合体的联结力为颗粒间的作用力，当作用力表现为净吸引力时颗粒联结在一起形成集合体，当表现为净排斥力时颗粒分开，呈单个颗粒存在。这种粒间作用力的性质（是排斥力还是吸引力）决定于水化膜的厚度，当水通常带负电形成负电场，水化膜厚度较小，颗粒间距离会很小，粒间作用力表现为净引力；水化膜厚度较大时，颗粒间距离会较大，粒间作用力则表现为净排斥力。水化膜是由于颗粒表面电分子作用吸附在黏土颗粒表面的一层水膜，水膜中含有大量极性水分子和阳离子。水化膜的厚度受颗粒矿物成分、水化膜中阳离子成分、周围介质溶度和 pH 值等多种因素影响，其中，受阳离子价态的影响规律为，若水化膜中是高价阳离子为主，则水化膜厚度较小；相反，若是低价阳离子为主，水化膜厚度会较大。由于水化膜中阳离子与溶液中的阳离子可以发生离子交换，所以可以利用离子交换规律来改变水化膜中阳离子成分。离子交换规律表明，水化膜中的阳离子在一定条件下可以和周围介质中的阳离子发生相互交换，通常低价阳离子难以将水化膜中的高价阳离子交换出来，但当周围介质中低价阳离子的浓度较高时，则可以将高价阳离子交换出来。胶体化学的方法就是利用这种规律，通过增加悬液中低价阳离子的浓度，使低价阳离子将水化膜中高价阳离子交换出来，从而增加水化膜的厚度，达到分散抗水集合体的目的。对于真集合体，由于是难溶盐或难溶胶体的胶结作用形成的，所以必须采用强酸（如 HCl）处理才能分开。强酸处理可以破坏集合体，但同时也破坏了部分颗粒，当然，这是不能允许的。因此，在工程实践中常采用只分散假集合体和抗水集合体的“半分散法”，而不采用将真集合体也分散的“全分散法”，其原因就在于此。实践证明，采用“半分散法”的分析结果可以满足工程要求。

采用“半分散法”对土样进行分散处理时，可分两步进行：第一步，采用物理分散方法进行处理，具体包括浸渍、溶滤、振荡、摇动、研磨、煮沸和超声波等，其中，振荡法最费时间，并需要振荡器；研磨法设备简单费时短，但一人不能同时进行多个样品的处理；煮沸法设备不太复杂，费时多些，但操作简单，可同时处理多个样品。煮沸的目的，一方面使土粒在煮沸过程中相互碰撞、分散；另一方面可以加速胶结物的溶解。但有些盐渍土和腐殖土经过煮沸后反而会使集合体增加。在这种情况下，就只能采用浸渍、溶滤等方法，以减少土中易溶盐的含量。研磨只能用橡皮头研磨，不能用瓷棒，以免将土粒研碎。超声波法虽然好，因设备限制，应用不普遍。第二步，用胶体化学处理措施，就是加入一种分散剂，使抗水集合体分散开来。迄今国内外多使用弱碱性的钠盐六偏磷酸钠 $(NaPO_3)_6$ 作为分散剂，不少国家（包括中国）已经列入国家试验操作规程，且效果也较好。为促使颗粒分散，加入分散剂是必要的，以六偏磷酸钠而言，它是一种很像水玻璃的化合物，在水中形成一种溶于水且能稳定存在的复杂化合物。在土的悬浊液中与土粒表明水化膜中高价阳离子交换的过程可表示如下：

$$\otimes]^{Ca^{2+}}_{Mg^{2+}} \xrightarrow{NaPO_3} \otimes]^{Na^+\,Na^+}_{Na^+\,Na^+} + Ca(PO_3)_2 + Mg(PO_3)_2$$

式中：⊗］代表土粒表面。钠离子置换被吸附的 Ca^{2+}、Mg^{2+} 阳离子，使分散的一价钠离子增加电位、增强亲水性、增厚颗粒表面水化膜，使集合体分散成单个土颗粒，并使单个颗粒难以重新联结成集合体，即保持稳定状态。Ca^{2+}、Mg^{2+} 阳离子经置换形成了不溶于介质的化合物 $Ca(PO_3)_2$、$Mg(PO_3)_2$，消除了絮凝作用。但必须认识到各种分散剂的作用度有一定的条件，因此，不能不考虑土质的情况而分别酌情选用。所以说简单规定使用哪种分散剂的做法是不十分恰当的。要解决此问题，必须借助经验上的判断，根据土质条件加以权衡，采用适当的分散剂。对于所加分散剂的数量，各种文献上都有不同的规定，如高塑性土、六偏磷酸钠的用量为 10mL，浓度可在 1％～4％之间，根据具体情况选用。各种土所含胶体物数量不同，所需分散剂数量亦不同，故也不宜硬性规定。但为了便于掌

握和资料互换，可规定一个适当范围。在1000mL的悬液中，一般施加1%的六偏磷酸钠10mL。总之分散剂的数量在适当范围内宜过之而忌不及，因为分散剂不足时，将使颗粒不能彻底分散，反之，如果数量稍过于所需数量，对悬液的密度并无大碍，尤其在使用氨水时，多余的NH_4离子可在煮沸时随时挥发逸出。

四、密度计读数的校正

密度计（也称比重计）是测定液体密度的仪器，是密度计法测定黏性土颗粒分析的主要设备。密度计的主体是一个玻璃浮泡，浮泡下端有固定的重物，确保使密度计能直立地浮于液体中，浮泡上为细长的刻度杆，其上有刻度和读数，如图1-4所示。目前使用的密度计有甲种密度计和乙种密度计两种型号，两种密度计的差别在于细杆上刻度表示的含义不同。其中，甲种密度计刻度杆上的刻度是表示20℃时每1000cm^3悬液内所含土粒的质量，乙种密度计上的刻度则是表示20℃时悬液的密度。由于试验室受多种因素的影响，若悬液温度不是20℃，为准确测得20℃悬液的密度（或土粒质量）必须将初读数经温度校正，试验时悬液中加了分散剂，需要进行分散剂校正，此外还需要进行弯液面校正。

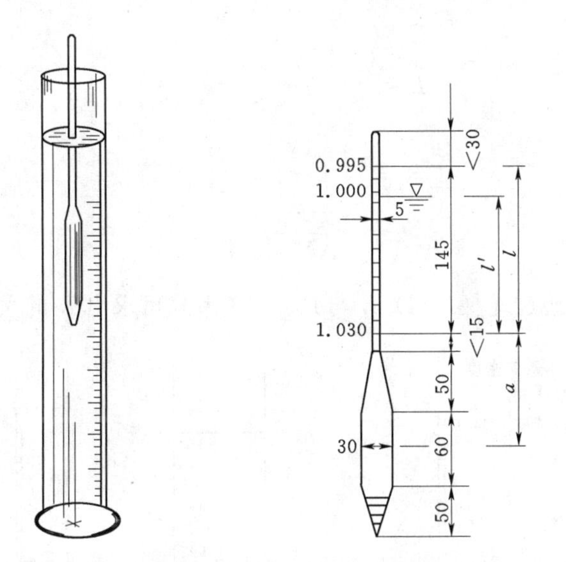

图1-4　密度计测量时的位置及尺寸示意图（单位：mm）

（一）土粒下沉深度L的计算

由斯托克斯公式可知，经过一段时间t后，土粒实际下沉的深度L是分析计算中一个重要参数。试验时将密度计放入盛有悬液的量筒中，可得密度计杆与液面指示的读数R，该读数不是土粒下沉的距离，需要通过对R进行校正方可计算出土粒实际下沉深度L的大小。

密度计测得的密度值近似于浮泡所排开悬液的平均密度（忽略了密度计细杆的影响）。由于悬液的密度随深度呈曲线增加（图1-5），由于浮泡的高度不大，所以把浮泡深度范围内悬液密度随深度变化近似视为一直线，这样就可以认为液面指示的读数相当于浮泡中

心所在平面的悬液密度，那么通过密度计的读数 R 即可求出浮泡中心距液面的深度 h，如果密度计各相关尺寸是在 20℃的条件下测得，若密度计的读数用 R_{20} 表示，则 h 与 R_{20} 的关系式为

$$h=\frac{N-R_{20}}{\Delta N}l+a \tag{1-6}$$

式中　h——浮力中心至液面距离；

N——密度计最低刻度的读数；

ΔN——密度计最低刻度读数与最高刻度读数的差值；

R_{20}——悬液温度为 20℃时液面所指示的密度计读数；

l——密度计最小至最大刻度读数间的绝对长度，直接量测；

a——密度计浮泡中心到最低刻度的绝对长度，直接量测。

必须注意，h 是浮泡中心附近的液体质点在密度计放入液体时所具有的深度。并不是质点在未放入密度计前的深度 L，需要进一步校正。若假设量筒的内截面面积为 S，密度计浮泡体积为 V_0（刻度杆的体积忽略不计），液面将因密度计的放入而升高 V_0/S，与此同时，位于浮泡中心的质点所处的位置因浮泡下半截的沉入也升高了 $V_0/2S$。由图 1-6 不难看出如下关系：

$$L=\frac{V_0}{2S}+h-\frac{V_0}{S}=h-\frac{V_0}{2S} \tag{1-7}$$

将式（1-6）代入式（1-7），得

$$L=\frac{N-R_{20}}{\Delta N}l+a-\frac{V_0}{2S} \tag{1-8}$$

式中仅 R_{20} 为变量，通过式（1-8）L 与 R_{20} 的关系式可求出 L 的大小。

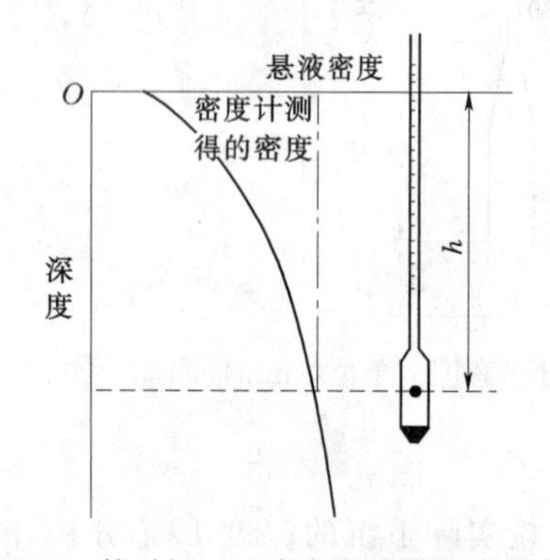

图 1-5　某时间 t 悬液密度随深度变化曲线

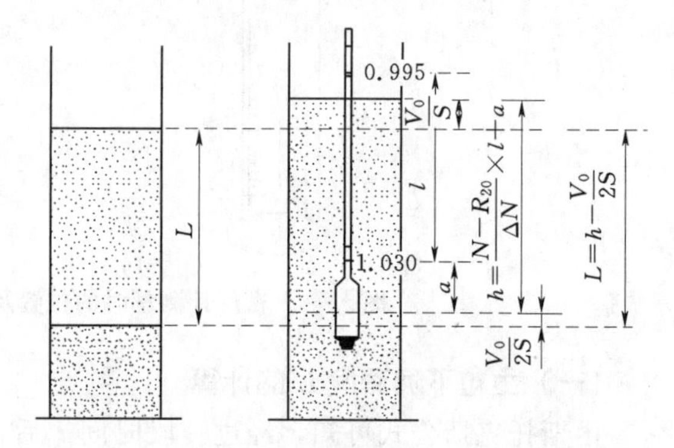

图 1-6　土粒下沉深度与密度计读数关系

深度 L 的大小是悬液静置经过时间 t 后悬液表层粒径为 d 的颗粒实际下沉的距离，在 L 深度处，d 为最大粒径，比 d 大的颗粒因沉速较大，其实际沉降深度大于 L。

（二）弯液面校正值测定

密度计读数应以弯液面的底面为准，但放入浑浊的悬液中时就看不清底面的刻度，所以在观测时都读弯液面顶面刻度。因此必须于测定前，在清水中读出弯液面顶面高出其底

面的数值（图 1-7），以便校正每一读数，弯液面校正值用字符 n 表示。由于密度计的刻度标示方法是下面大上面小，弯液面顶面刻度永远小于底面刻度，故读数较正时应该加上该值。（注：某些密度计出厂时已注明以弯液面顶面为准，此时取 $n=0$）。

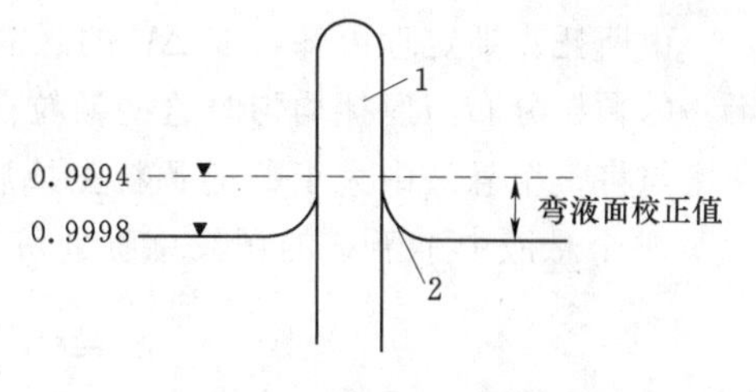

图 1-7 弯液面校正高度
1—密度计细杆；2—弯液面高度

（三）温度校正值测定

悬液温度对试验结果的影响主要表现在密度计的读数和颗粒下沉速度，同时还会引起悬液体积的不均匀膨胀而产生对流现象。试验过程中悬液的标准温度为 20℃，在此温度下密度计的读数符合理想状态，不会产生温度影响的误差。然而，在实际试验过程中，如悬液温度不在 20℃，则需要加以校正，温度校正值用 m_T 表示，其值可查相关表格。但是由于温度过高会使悬液产生对流，直接影响细颗粒的沉降速度，因此在试验过程中，颗粒下沉的后期（约开始下沉后的 2 小时起），应特别将温度控制在（20±2）℃的范围内，以减少这种影响。

（四）分散剂校正值

为了使悬液中土颗粒充分分散，加进了一定量的分散剂，故增大了悬液的密度，应减去这部分密度。测定 20℃蒸馏水密度和 20℃蒸馏水加分散剂水溶液的密度，其差值就是校正值，用字符 C_D 表示。

五、小于某粒径的土质量百分含量计算

（一）采用乙种密度计测定

依据密度的定义可知，体积为 V 的土粒悬液密度等于体积为 V 的水的质量 $V\rho_w$ 加上分散在其中土粒质量 m_s，再减去这些土粒所排开的同体积水的质量 $(m_s/\rho_s)\rho_w$，除以悬液的体积 V，即

$$\rho=\frac{V\rho_w+m_s-\dfrac{m_s}{\rho_s}\rho_w}{V}=\rho_w+\frac{m_s}{V}\frac{\rho_s-\rho_w}{\rho_s} \tag{1-9}$$

斯托克斯定理表明，在悬液中大粒径颗粒恒较小粒径颗粒沉降快，相同粒径颗粒的沉速相同。因此，在整个沉降过程中，在某一深度处小于某粒径（该深度处的最大粒径）的所有大小不一的颗粒分散密度与搅拌均匀时这些颗粒在整个悬液中的分散密度是相同的。具体到密度计法来说，悬液温度为 20℃时，从搅拌均匀停止起算，经过 t 时间沉降，粒径为 d 的颗粒从液面下降到 L 深度处，即密度计浮泡中心处，则浮泡中心处取一微小悬液体积 ΔV，由式（1-9）可知，该悬液的密度 ρ_{i20} 可表示为

$$\rho_{i20}=\rho_{w20}+\frac{\Delta m_{si}}{\Delta V}\frac{\rho_s-\rho_{w20}}{\rho_s} \tag{1-10}$$

将式（1-10）变换，得到体积为 ΔV 的悬液中土粒质量 Δm_{si} 为

$$\Delta m_{si}=\Delta V(\rho_{i20}-\rho_{w20})\frac{\rho_s}{\rho_s-\rho_{w20}} \tag{1-11}$$

由斯托克斯定理可知，在 ΔV 的悬液中，若最大颗粒粒径为 d，则小于 d 的所有大小不一的颗粒分布与搅拌均匀时这些颗粒在整个悬液中的分布是相同的，相当于 ΔV 的悬液密度与将整个悬液中大于 d 的颗粒去掉后剩下的悬液密度相同，均等于 ρ_{i20}。所以，体积为 V 整个悬液中小于 d 的颗粒总质量 m_{si}

$$m_{si}=V(\rho_{i20}-\rho_{w20})\frac{\rho_s}{\rho_s-\rho_{w20}} \tag{1-12}$$

式中 ρ_s 和 ρ_{w20} 分别为土粒和水的密度，合并为一项，并称之为比重校正系数 C_s，则

$$C_s=\frac{\rho_s}{\rho_s-\rho_{w20}} \tag{1-13}$$

当悬液体积 $V=1000\text{mL}$，则小于粒径 d 之土粒质量百分含量为

$$X(\%)=\frac{1000}{m_s}C_s(\rho_{i20}-\rho_{w20})\times 100 \tag{1-14}$$

式中　X——小于某粒径 d 的试样质量百分比，%；

m_{si}——悬液中小于粒径 d 的土粒之质量，g；

m_s——试样干质量，g；

C_s——土粒比重校正系数，可查表 2-12；

ρ_s——土粒密度，g/cm^3；

ρ_{i20}——20℃时悬液的密度，g/cm^3；

ρ_{w20}——20℃时水的密度，g/cm^3。

由乙种密度计的读数系表示 20℃时悬液的密度，但在刻制乙种密度计的刻度时，有两种参考标准：一种是用 20℃时水的密度作为标准；另一种是用 4℃时水的密度作为标准。

用 20℃时水的密度作为标准时，乙种密度计的读数与悬液密度的关系为

$$R_{20}=\frac{\rho_{i20}}{\rho_{w20}} \tag{1-15}$$

将式（1-15）代入式（1-14）有

$$X=\frac{1000}{m_s}C_s(R_{20}-1)\rho_{w20}\times 100 \tag{1-16}$$

$$R_{20}=R+m_T+n-C_D \tag{1-17}$$

用 4℃时水的密度作为标准时，乙种密度计的读数与悬液密度的关系为

$$R_{20}=\frac{\rho_{i20}}{\rho_{w4}} \tag{1-18}$$

将式（1-18）代入式（1-14）有

$$X=\frac{1000}{m_s}C_D\left(R_{20}-\frac{\rho_{w20}}{\rho_{w4}}\right)\rho_{w4}\times 100 \tag{1-19}$$

式中　R、R_{20}——未经校正的密度计读数和经过校正的密度计读数；

m_T——悬液温度校正值，查表 1-11；

n——弯液面校正值；

C_D——分散剂校正值；

ρ_{w4}——4℃时水的密度，等于1.0g/cm³。

(二) 采用甲种密度计测定

甲种密度计的读数表示20℃时1000mL悬液中土粒的质量，在颗粒分析试验中，密度计的读数是反映密度计浮泡中心即L深度处悬液中土粒的质量，而该深度处的土颗粒粒径均小于d，所以甲种密度计的读数相当于1000mL悬液中粒径小于d的土粒质量。由于刻度是在假定土粒密度为2.65g/cm³条件下制作的，对土粒密度不等于该值时需要对密度计读数进行修正。所以采用甲种密度计试验时，小于某粒径d土粒质量占总质量百分含量的计算公式可表示为

$$X(\%)=\frac{C_s R_{20}}{m_s}\times 100 \tag{1-20}$$

$$R_{20}=R+m_T+n-C_D$$

其中

$$C_s=\frac{\rho_s}{\rho_s-\rho_{w20}}\times\frac{2.65-\rho_{w20}}{2.65}$$

式中　C_s——土粒比重校正值，可查表1-12；

其他符号含义同前。

第三节　土的矿物组成及土中的水

土是指没有固结硬化成岩石的松散堆积体，是由岩石经过风化、搬运和沉积等一系列作用和变化后形成的多种矿物复合体。在工程实践中，土体可作为建筑物地基、建筑材料和周围环境（如地铁工程）。由于其形成条件不同，不同地区和不同深度的土体，其工程地质性质差异很大。就承载力方面，有的可以直接作为建筑物的天然地基，有的则只能通过人工处理作为地基；就建筑材料方面，有的可以作为混凝土的骨料，有的可烧制成砖瓦、瓷器和陶器，有的可以作为土坝的隔水心墙。

由土的组成可知，土是由固体颗粒和颗粒之间的孔隙所组成，而孔隙中通常又存在水和空气两种物质，因此，土是由固体颗粒、水和空气组成的三相体。其中，固体颗粒称为土的固相，构成土的骨架，孔隙中的水称为液相，孔隙中的空气则称为气相。当孔隙全部被水占满时，这种土称为饱和土，孔隙中仅含有空气则称为干土，而孔隙中既有水又有空气则称为湿土。一般地下水位以下的土视为饱和土，地下水位以上地面以下一定深度内的土为湿土。

一、土粒的矿物成分

土的固相部分，实质上都是矿物颗粒，所以土是一种多矿物体系。不同的矿物，其性质各不相同，它们在土中的相对含量是影响土的工程地质性质的重要因素。依据矿物成分在土形成过程中的变化情况，土的矿物可分为原生矿物、次生矿物和有机质。

(一) 原生矿物

组成土的固体相部分的物质，主要来自岩石风化产物。岩石经物理风化作用后形成碎块，一般是棱角状的，以后经流水及风的搬运作用，由于搬运过程中相互磨蚀而变细，并

呈浑圆状，但仍保留着受风化作用前存在于母岩中的矿物成分，这种矿物称原生矿物。土中原生矿物主要有硅酸盐类矿物、氧化物类矿物，此外尚有硫化物类矿物及磷酸盐类矿物。

硅酸盐类矿物中常见的有长石类、云母类、辉石类及角闪石类等矿物。常见的长石类矿物有钾长石和钙长石，它们不太稳定，特别在湿热气候条件下，风化很快，风化后有较多的钾、钠、钙等元素游离出来，同时形成新的次生矿物；常见的云母类矿物有白云母和黑云母，两者都不是最易风化的，所以在细砂粒、粉粒中均能见到。云母类矿物是土中铁、镁、钾元素的重要来源；常见的辉石类和角闪石类矿物，有普通辉石和普通角闪石，土中含量丰富，多呈绿色或黑色，铁、镁、钙的含量很高，风化后，往往形成大量的富铁、铝的次生矿物，如含水氧化铁、水铝矿等倍半氧化物。

氧化物类矿物中最常见的有石英、赤铁矿、磁铁矿，它们相当稳定，不易风化，其中石英是土中分布最广的一种矿物。赤铁矿是热带土层中常见的一种矿物，使土呈鲜明的红色，水化后形成褐铁矿、针铁矿等次生矿物，使土呈黄、褐、棕等颜色。

土中硫化物类矿物通常只有铁的硫化物，它们极易风化。盐酸盐类矿物主要是磷灰石。

（二）次生矿物

原生矿物在一定条件下，经化学风化作用，使原生矿物进一步分解，形成一种新的矿物，颗粒变得更细，甚至变成胶体颗粒，这种矿物称次生矿物。次生矿物有两种类型：一种是原生矿物中可溶物质被溶滤到别的地方沉淀下来，形成“可溶性的次生矿物”；另一种是原生矿物中可溶的部分被溶滤走后，残存的部分性质已改变，形成了新的“不可溶的次生矿物”。

可溶性的次生矿物主要指各种矿物中化学性质活泼的 K、Na、Ca、Mg、Cl 及 S 等元素。这些元素呈阳离子及酸根离子，溶于水后，在迁移过程中，因蒸发浓缩作用形成可溶的卤化物、硫酸盐及碳酸盐。这些盐类常见于干旱和半干旱气候地区的土层中，一般都结晶沉淀充填于土的孔隙内，形成不稳定的胶结物；未沉淀析出的部分，则呈离子状态存在于土的孔隙溶液中。这种溶液与黏粒相互作用，影响着土的工程地质性质。这些盐类按其溶解度可分为易溶盐、中溶盐、难溶盐。易溶盐主要有石盐、钾盐、芒硝、苏打及天然碱等；中溶盐最常见的有石膏；难溶盐主要有方解石、白云石。

不可溶的次生矿物有次生二氧化硅、倍半氧化物、黏土矿物。

次生二氧化硅是由原生矿物硅酸盐、长石等经过化学风化后，原有的矿物结构被破坏，游离出具有结晶格架的细小碎片，由二氧化硅组成，燧石、玛瑙、蛋白石等都属这类矿物，它们具有与二氧化硅一样的硬度及抗风化能力。因次生二氧化硅很细小，在水中可呈胶体状态。

倍半氧化物是由 3 价的 Fe、Al 和 O、OH、H_2O 等组成的矿物，可用 R_2O_3 表示。属于这一类的矿物有针铁矿，呈红色；褐铁矿，呈黄色；三水铝石是铝的水化物，呈白色，带有灰色、绿色或红色。倍半氧化物在土层中的分布是比较广泛的，特别在湿热的热带和亚热带地区的土层中含量较多，所以在我国南方的土层多呈红色。倍半氧化物常形成细小的黏粒，以鳞片状、胶膜状存在土粒的表面，或呈盘状、结核状、管状等集合体存在于土体中。

黏土矿物是原生矿物长石及云母等硅酸盐类矿物经化学风化形成，主要有高岭石、伊

利石、蒙脱石等3类。

(三) 有机质

土层中的动、植物残骸在微生物的作用下分解而成：一种是不完全分解的动、植物残骸，形成泥炭，疏松多孔；另一种则是完全分解的腐殖质。有机质的亲水性很强，对土性质的影响很大。

二、黏土矿物

黏土矿物是指具有片状或链状结晶格架的铝硅酸盐，它是由原生矿物长石及云母等硅酸盐矿物经化学风化而成。黏土矿物颗粒一般都极细小，是黏粒的主要成分。黏土矿物种类繁多，基本以晶体形式存在。所谓晶体矿物，是指组成矿物的原子、离子在空间有规律的排列，不同的几何排列形式形成不同的晶体结构，组成晶体结构的最小单元称为晶胞，晶格构造是由许多相互平行的单位晶胞形成的。

常见的黏土矿物（即铝硅酸盐）的晶胞主要是由硅氧四面体片和铝氢氧八面体片两个部分组成。其中，硅氧四面体是由1个硅原子和4个氧原子以相等的距离堆成四面体的形状，硅居其中央，如图1-8 (a)、(b) 所示。硅氧四面体群排列成六角的网格，无限重复连成整体，形成硅氧四面体层或片，常用梯形符号表示，如图1-8 (c)、(d) 所示。四面体排列的特点是所有尖顶都指向同一方向，所有四面体的底都在同一平面上，四面体底面上的每个氧原子，都为两个相邻的四面体所共有。每个硅离子具有4个正电荷，每个氧原子具有2个负电荷，因而在四面体排列成的六角形网格片状构造中，每个硅氧四面体具有1个负电荷。而铝氢氧八面体由6个氢氧离子围着1个铝离子构成八面体晶形，如图1-9 (a)、(b) 所示。八面体中的每个氢氧离子均为3个八面体共有，许多八面体以这种方式连接在一起，形成八面体单位的片状构造，通常用矩形符号表示，如图1-9 (c)、(d) 所示。铝离子为3价，每个氢氧离子为-1价。因而每个八面体只能以2个负电荷抵消铝离子的2个正电荷，还剩下1个正电荷，所以在八面体单位片状构造中，每个八面体具有1个正电荷。

由于两种基本单元组成的比例不同，形成不同的黏土矿物。最常见的黏土矿物有高岭石、蒙脱石、伊利石三大类。

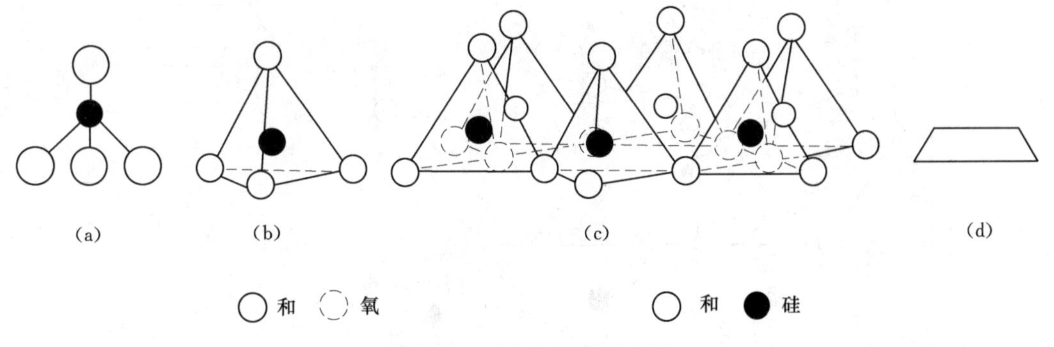

图1-8　硅氧四面体示意图

(a) 单个硅氧四面体侧视图；(b) 单个硅氧四面体透视图；
(c) 硅氧四面体排成六角形网格的片状结构；(d) 硅氧四面体片的梯形简图

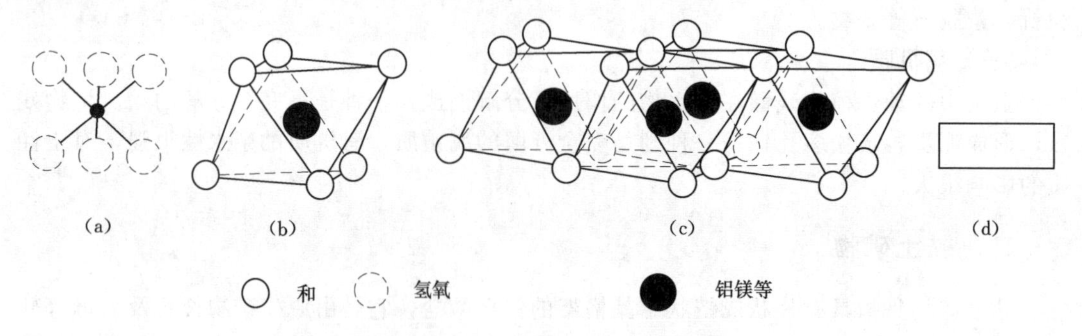

图 1-9　铝氢氧八面体示意图

(a) 单个铝氢氧八面体侧视图；(b) 单个铝氢氧八面体透视图；
(c) 八面体单位的片状结构；(d) 铝氢氧八面体片的矩形简图

1. *高岭石*

高岭石的名称来源于我国江西景德镇附近的浮梁高岭山，因为那里最早发现高岭石矿物。高岭石为两层型矿物，由一个硅氧四面体晶片和一层铝氢氧八面体晶片结合成一个单位晶胞，如图 1-10 所示，属 1∶1 型矿物，理论结构式为 $Al_4[Si_4O_{10}](OH)_8$。因每个硅氧四面体具有一个负电荷，每个铝氢氧八面体带有一个正电荷，这些符号相反的电荷，使两者以离子键形式牢固地连接，组成一个单位晶胞。高岭石的构造就是这种晶胞沿 a、b 方向无限延伸和沿 c 方向相互叠置而成。硅氧四面体的顶角都朝着同一方向，指向硅氧四面体和铝氢氧八面体组成的单位晶胞中央。四面体顶角都与八面体顶角合二为一，其公共原子是氧。除这些共有顶角外，其余八面体顶角均为 OH^- 离子占有。高岭石单位晶胞的一面为硅氧四面体底面的氧离子出露，另一面则是铝氢氧八面体的氢氧离子出露，相邻晶胞的氧离子与氢氧离子彼此靠近形成较牢固的氢键连接。高岭石晶胞间不能吸收无定量的水分子，具有较好的水稳定性，胀缩性较弱。虽然其单位晶胞的晶面是解理面，但并不显著，由于氢键连接，相对离子键来说其连接力还是较弱的，所以也能沿解理面破碎成细小的薄片，但不能形成单个的晶片，而是几个晶片集合在一起，所以高岭石矿物形成的黏粒

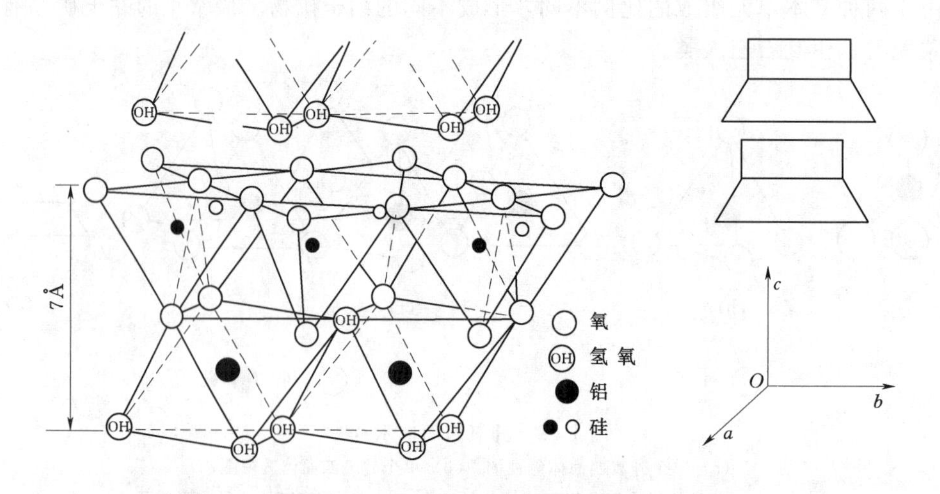

图 1-10　高岭石晶层构造示意图

较粗大。典型的高岭石晶体颗粒由 70～100 晶胞组成，属于三斜或单斜晶系，密度为 2.58～2.61g/cm^3。由于颗粒平整的表面带负电荷，可吸附极性水分子而形成水化膜，因此具有较好的可塑性。

2. *蒙脱石*

蒙脱石的晶胞属于 3 层结构，两层硅氧四面体晶片夹一层铝氢氧八面体晶片组成，如图 1-11 所示，属 2∶1 型矿物，理论结构式为 $Al_2[Si_4O_{10}](OH)_2 \cdot nH_2O$。蒙脱石的所有四面体的顶角都指向构造单位中央，四面体的顶角都与八面体的顶角相结合，其公共原子为氧。蒙脱石的晶格构造就是许多硅氧—铝氢氧—硅氧组成的单位晶胞沿 a 和 b 方向延伸，并顺着 c 轴方向一层层叠置而成。由于晶胞的两边都为带负电荷的硅氧四面体，各晶胞间是氧原子与氧原子相连，靠分子间相互作用力（范德华力）相互连接，连接力很弱，存在良好的解理，因此水分子及交换阳离子可无定量地进入其间，使蒙脱石晶格沿 c 轴方向膨胀，所以其 c 轴方向的尺寸不是固定的。由此可见，蒙脱石晶格是活动的，具有强烈的吸水膨胀的性能，吸水后体积可增加数倍，脱水后则可收缩，一般蒙脱石含量达到 5% 以上，土体就会表现出明显的胀缩性。当晶胞间吸附了足够的水分子时，两晶胞间几乎没有连接力，所以蒙脱石可分散成极细小的鳞片状颗粒。

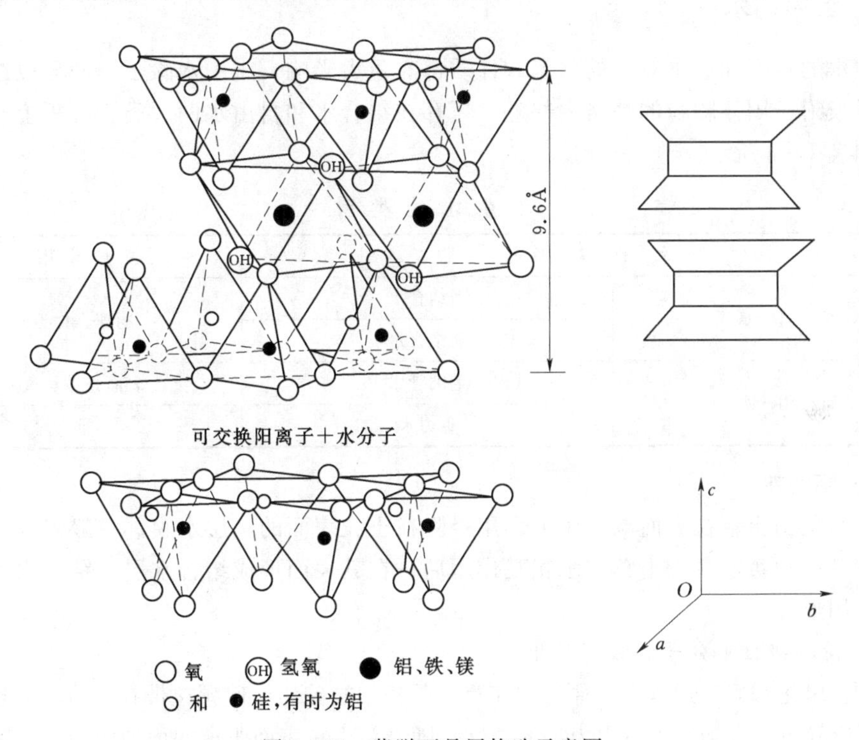

图 1-11　蒙脱石晶层构造示意图

此外，铝氢氧八面体中的 Al^{3+} 可被 Fe^{3+}、Fe^{2+}、Ca^{2+}、Mg^{2+} 等离子置换，而形成蒙脱石组成各种不同的矿物。如果 Al^{3+} 离子被 2 价阳离子置换，则相邻晶胞间除能吸附水分子外，尚有一定量的 1 价阳离子被吸附到晶层间补偿晶胞中正电荷的不足。这样晶胞间的连接力稍有增强。

3. *伊利石*

伊利石（又称水云母）类矿物是含钾量高的原生矿物经化学风化后的初期产物，理论结构式为 $KAl_2[AlSi_3O_{10}](OH)_2 \cdot nH_2O$。其晶体格架的特点与蒙脱石极相似，每个晶胞也是由两片硅氧四面体晶片中间夹一片铝氢氧八面体晶片构成，也属 2∶1 型矿物。两片硅氧四面体的顶角均指向单位晶胞的中央，单位晶胞沿 a 和 b 方向延伸，沿 c 方向叠置，K^+ 离子居于两晶胞间。其中硅氧四面体中的 Si^{4+} 被 Al^{3+} 离子置换。伊利石主要是或完全是由 K^+ 离子补偿晶层的正电荷的不足，并且层间平衡离子 K^+ 是不可交换的。伊利石相邻晶胞是由层间钾离子连接，它的连接力较高岭石层间连接力弱，但比蒙脱石层间连接力强，所以它形成的片状颗粒的大小处于蒙脱石和高岭石之间。

上述 3 种主要黏土矿物中，高岭石由于相邻晶胞之间具有较强的氢键连接，结合牢固，因此水分子不能自由渗入，形成较粗的黏粒，比表面积小，亲水性弱，压缩性较低，抗剪强度较大。而蒙脱石相邻晶胞之间距离较大，连接较弱，水分子易渗入，形成较细的黏粒，因此比表面积大，亲水性较强，膨胀性显著，压缩性高，抗剪强度低。伊利石工程地质性质则居于两者之间。

三、土中的水

土中水的类型和数量对土的状态和性质都有重大影响。土中水除了一部分以结晶水的形式紧紧吸附于固体颗粒的晶格内部外，还存在结合水和自由水两大类。工程上对土中水的分类如表 1－3 所示。

表 1－3　　土中水的类型

水的类型		主要作用力
结合水	强结合水	物理、化学力
	弱结合水	
自由水	毛细管水	表面张力及重力
	重力水	重力

（一）结合水

结合水是由土颗粒表面电分子力作用吸附在土粒表面的一层水膜。一般来说，细颗粒的表面都带有净负电荷，土粒与水相互作用后，在其表面形成结合水层。结合水可能由下述几种作用形成：

1. *电荷对极性水分子的吸引作用*

土粒在风化和搬运过程中，原有的完整结晶格架被破坏，使颗粒带有电荷，以致在颗粒的周围形成静电引力场。静电引力场的强度，随着距土粒表面距离的增加而减弱。除了上述原因外，表面分子的电离、选择性吸附及黏土矿物同晶替代，也能使颗粒表面形成电荷。

水分子的化学式是 H_2O，每个水分子中含有两个氢原子和一个氧原子。两个氢原子彼此间约成 105°的夹角，连接在一个氧原子上，如图 1－12 所示。它们呈不对称排列，造成水分子中静电荷的不平衡，在水分子的氧端表现过剩的负电荷；而另一端即氢端，有过剩的正电荷，水分子这样的电荷分布使其具有极性。如图 1－13 所示，当土粒与水相互作

用时，在土粒表面的静电引力场作用下，靠近土粒表面的水分子失去了自由活动能力，而整齐紧密地排列起来；距土粒表面越远，静电引力场的强度越小，水分子失去自由活动的能力越少，排列得越疏松、越不整齐，仅有轻微的定向排列；再远则静电引力几乎没有作用，水分子保持着原有的活动能力。这种全部或部分失去自由活动能力的水分子，在土粒表层形成一结合水层，也称“水化膜”。在结合水层外面，水分子保持其自由活动能力，称自由液态水或非结合水。土粒表面结合水的形成除了这种作用外，尚有以下几种作用。

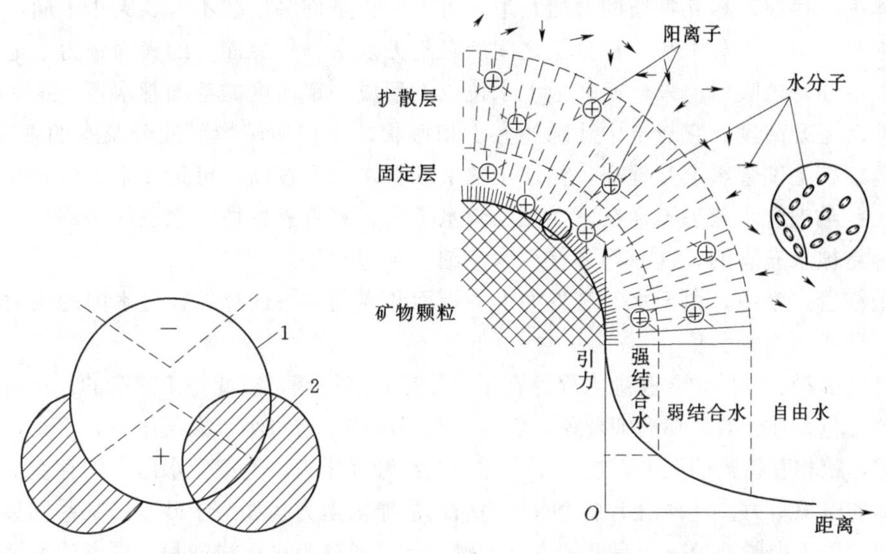

图 1-12　水分子模型示意图
1—氧原子；2—氢原子

图 1-13　结合水分子定向排列及所受电引力变化示意图

2. 氢键的连接作用

由于土粒矿物表面通常由氧和氢氧组成，产生了氢键连接，氧面吸引水分子的阳极，而氢氧面吸引水分子的阴极，形成结合水层。

3. 交换阳离子的水化作用

介质中的阳离子为黏粒表面的负电荷吸引，由于这些阳离子的水化作用，水分子同时被吸引。

4. 渗透吸附作用及范德华力作用

在自然界中黏粒表面一般带有负电荷，在其表面吸附了阳离子，使阳离子的浓度较高。而介质中的水分子有向土粒表面扩散的趋势，企图平衡阳离子的浓度，就是这种范德华力使水分子与土粒表面连接在一起。

土粒表面的结合水是上述各种作用形成的。根据水分子被土粒吸引的牢固程度及其活动能力，可将结合水分为“强结合水”和“弱结合水”（图 1-13）。

强结合水受到土颗粒的吸引力可高达几千大气压，牢固地结合在土颗粒表面，具有高黏性和抗剪强度，很少受温度影响，其性质接近固体。弱结合水也称薄膜水，由于距颗粒表面较远，电分子对它作用较小，呈黏滞状态，不能传递压力，也不能在孔隙中自由流动，但它可以因电场引力的作用从水膜厚的地方向水膜薄的地方转移。弱结合水的存在，使土具有塑性、黏性，影响土的压缩性和强度，并使土的透水性变小。

(二) 自由水

离开土粒表面较远，不受土粒电分子引力作用，且可自由移动的水称为自由水。它的性质和普通水无异，能传递静水压力，冰点为0℃，有溶解能力。自由水又可分为毛细管水（也简称毛管水、毛细水）和重力水两种。

1. 毛细管水

土体内部存在着相互贯通的弯曲孔道，可以看成是许多形状不一、大小不同，彼此连通的毛细管。由于水分子和土粒分子之间的吸附力及水、气界面上的表面张力，地下水将沿着这些毛细管被吸引上来，而在地下水位以上形成一定高度的毛细管水带。这一高度称为毛细管水上升高度。它与土中孔隙的大小和形状、土粒的矿物质成分及水的性质有关。土颗粒越细，毛细管水上升越高，黏性土的毛细管水上升较高，可达几米。而对孔隙较大的粗粒土，毛细管水几乎不存在。在毛细管水带内，只有靠近地下水位的一部分土的孔隙才被认为是被水充满的，这一部分就称为毛细管水饱和带。

在毛细管水带内，由于水、气界面上弯液面和表面张力的存在，使水内的压力小于大气压力，即水压力为负值。

在潮湿的粉、细砂中，孔隙水仅存在于土粒接触点周围，彼此是不连续的。这时，由于孔隙中的气与大气连通存在毛细现象，因此，孔隙水的压力将小于大气压力。于是，将引起迫使相邻土粒相互挤紧的压力，这个压力称为毛细管水压力。毛细管水压力的存在，增加了粒间错动的摩擦阻力。这种由毛细管水压力引起的摩擦阻力犹如给予砂土以某些黏聚力，以致在潮湿的砂土中能开挖一定高度的直立坑壁。但一旦砂土被水浸饱和，则弯液面消失，毛细管水压力变为零，这种黏聚力也就不再存在。因而，把这种黏聚力称为假黏聚力。

2. 重力水

在重力或水位差作用下能在土中流动的自由水称为重力水。它与普通水一样，具有溶解能力，能传递静水压力和动水压力，对土颗粒有浮力作用。它能溶蚀或析出土中的水溶盐，改变土的工程性质。当它在土孔隙中流动时，对所流经的土体施加渗流力（也称动水压力、渗透力），计算中应该考虑其影响。

必须指出，水是三相土的重要组成部分，根据使用观点，一般认为它不能承受剪力，但能承受压力；同时，水的压缩性很小，在通常所遇到的压力范围内，它的压缩量可以忽略不计。

四、土中的气体

在非饱和土的孔隙中，除水之外，还存在着气体。土中气体主要是空气，有时也可能存在二氧化碳、沼气及硫化氢等。存在于土中的气体可分为两种基本类型：一种是与大气连通的气体；另一种是与大气不连通的以气泡形式存在的封闭气体。

土的饱和度较低时，土中气体与大气连通，当土受到外力作用时，气体很快就会从孔隙中排出，土的压缩稳定和强度提高都较快，对土的性质影响不大。但若土的饱和度较高，土中出现密闭气泡时，封闭气泡无法逸出，在外力作用下，气泡被压缩或溶解于水中，而一旦外力除去后，气泡又膨胀复原，所以密闭的气泡对土的性质有较大的影响。土中密闭气泡的存在将增加土的弹性，它能阻塞土内的渗流通道，使土的渗透性减小，并能延长土体受力后变形达到稳定的历时。

第四节　土　的　认　识

一、试验目的

通过接触多种土样，形成对土的基本认识，直观感受土的多样性，感受土对于工程建设的重要价值和影响，了解土的基本性质。

二、试验原理

土力学理论课程教学过程中无法直接接触实际土体。本试验引入基于“物联网+”的识土系统，通过展示全国典型区域的土样，学生观察土样，主动扫描瓶盖上的二维码就能获悉相应土样背后的相关岩土信息，将课堂教学与试验相结合，通过语音播报、手动添加文案达到缓解课堂压力、巩固土力学知识、提升学生学习主动性的效果，增进我们对国家重大岩土工程的了解，对解决今后工作中遇到土的相关难题具有重要作用。

三、试验装备

本试验采用基于物“联网+”的识土系统开展教学。该识土系统集成为土箱，每个土箱内装 15 个土样，全套共 2 个土箱 30 个土样，如图 1－14 所示，所有土样列于表 1－4 中。每个土样装在透明玻璃瓶中，土样瓶盖上印有二维码，扫描二维码可以了解土的基本性质和相关工程案例。

图 1－14　基于“物联网+”的识土系统

表 1-4 典型土样类别汇总

类型	序号	土样	类型	序号	土样
一般性土	1	砾粒	特殊土	6	陕西绥德黄土
	2	粗砂粒组颗粒		7	青藏铁路西藏段土
	3	中砂粒组颗粒		8	四川汶川地震坡积物
	4	细砂粒组颗粒		9	重庆北碚紫土
	5	粉土粒组颗粒		10	山东青岛金沙滩砂土
	6	黏土粒组颗粒		11	山东德州盐土
	7	砂土		12	江苏宜兴紫砂土
	8	碎石土		13	江苏连云港海泥
	9	高岭石		14	上海黏土
	10	蒙脱石		15	湖北宜昌三峡土
	11	伊利石		16	江西丰城段红黏土
特殊土	1	黑龙江黑土		17	广西桂林红黏土
	2	内蒙古乌兰布和风积沙		18	广东花岗岩残积土
	3	塔克拉玛干沙漠砂		19	海南生物浸染砂土
	4	宁夏黄土		20	海南三沙钙质砂
	5	甘肃兰州黄土			

四、操作步骤

(1) 将基于“物联网+”的识土系统集成的土盒放置于平整试验台。

(2) 任意选择土盒，从中取出土样瓶。

(3) 观察、触摸土样。

(4) 如图 1-15 所示，用手机扫描瓶盖上的二维码，获取土样的基本性质、相关寓言故事、相关大国工匠事迹、相关工程案例等。

五、试验报告

(1) 描述土样信息。通过对土样的观察、触摸、扫土样盒二维码和网络查询等手段，对土样进行简单描述，描述的主要内容大概包括土的成因、颗粒粗细、分布区域、主要工程特性和已有的工程应用等。

(2) 谈一谈土对工程建设的影响。

六、注意事项

(1) 土样瓶为玻璃制品，识土时注意轻拿轻放。

(2) 土样较多，勿将土样混合。

(3) 试验课程开始前可自行搜索一些感兴趣的土知识，以便增强学习。

图1-15　扫码获取土样信息

第五节　土的目测鉴别

一、基本原理

自然界中的土具有各种不同类型，相应地反映其外表特征和内在性质上各有差异，如土颗粒粗细、结构构造及某些物理特征（干湿现象、加水后性质变化等）。以此作为依据，凭借双眼或放大镜观察及手指的触觉等，对土进行鉴定，初步定出土的名称。

二、仪器设备

（1）土样标准盒一套。

（2）放大镜、拨针、牛角勺。

（3）切土刀和切土板。

（4）毫米方格纸和直尺。

（5）玻璃杯（容量250mL或500mL）。

（6）搪瓷盘或塑料盘。

三、操作步骤

1. 典型粒组的观察

从标本盒中取出典型粒组，观察碎石（卵石）组、砾粒（砾石）组、粗砂粒组、中砂粒组和细砂粒组，建立对上述粒组的感性认识。

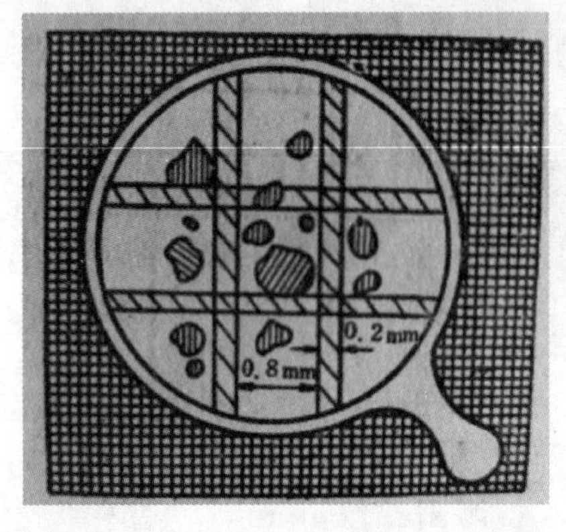

图 1-16　用放大镜和毫米方格纸测定砂粒直径

(1) 用直尺测量碎石（卵石）组和砾粒（砾石）组，以最大度量值作为其粒径，并观察其形状（如棱角和磨圆度）。

(2) 用牛角勺取 2～5g 砂粒置于方格纸上，用放大镜观察其粒径（一般毫米方格纸的线条宽度为 0.2mm，空白格 0.8mm），如图 1-16 所示，按表 1-1 鉴别认识各种砂粒组。

2. 砾石类土和砂类土的鉴定

(1) 将土样盒内的土样置于盘中拌匀，取代表性土样放在毫米方格纸上（砾石类土取 10～30g，砂类土取 2～5g）。

(2) 用拨针将土样中不同大小的颗粒按表 1—1 分类。首先将粒径大于 2mm 的颗粒拨到一起，估计其在土中的相对含量（可按体积百分率估算）。

(3) 若粒径大于 2mm 的土粒含量超过 50%，则属于砾石类土，按表 1-5 确定土的名称；若小于 50%则按表 1-6 确定土的名称。

(4) 若粒径大于 2mm 的土粒含量不超过 50%，将大于 0.5mm 的土粒拨出，估计大于 0.5mm 土粒的含量，若超过 50%，则定名为粗砂，余下的不再细分粒组。若不及 50%，则依此类推由粗到细顺次拨大于 0.25mm、大于 0.075mm 的土粒，估算其在土中的百分含量，确定土的名称。

3. 黏性土的鉴定

从土样盒中取土样若干按表 1-7 的方法进行鉴定，其中以湿土搓条法为主。取土少许研成粉末于手掌上，加水数滴，调制成即粘手有不太粘手的可塑状态，搓揉之，然后在手掌上搓条，尽可能搓得细，把最细的土条放在毫米方格纸上，用放大镜观测其直径，再观察其他特征鉴定黏性土的类别。

表 1-5　　碎石土的分类

土的名称	颗粒形状	粒组含量
漂石 块石	圆形及亚圆形为主 棱角为主	粒径大于 200mm 的颗粒含量超过全重 50%
卵石 碎石	圆形及亚圆形为主 棱角为主	粒径大于 20mm 的颗粒含量超过全重 50%
圆砾 角砾	圆形及亚圆形为主 棱角为主	粒径大于 2mm 的颗粒含量超过全重 50%

表 1-6　　砂类土的分类

土的名称	粒组含量	土的名称	粒组含量
砾砂	粒径大于 2mm 的颗粒含量占全重 25%～50%	细砂	粒径大于 0.075mm 的颗粒含量超过全重 85%
粗砂	粒径大于 0.5mm 的颗粒含量超过全重 50%	粉砂	粒径大于 0.075mm 的颗粒含量超过全重 50%
中砂	粒径大于 0.25mm 的颗粒含量超过全重 50%		

表 1-7　　粉土和黏性土的鉴定特征

土名	湿土搓条	用手指捻摸		潮湿状态刀切状态	干土强度情况
		湿土状态	干土状态		
黏土	能搓成直径小于 1mm 的土条，宜戳滚成球	有滑腻感，感觉不到有颗粒感存在，多水时极为粘手	无粉末感，端口棱角尖锐刺手	表面光滑无砂感，对刀面有较强的黏腻阻力	很坚硬，用力锤击方可击碎，碎块有棱角
粉质黏土	能搓成 1～3mm 的细土条	容易感觉有少量细粒存在，有轻微粘感	有较多粉末感，端口棱角可摸钝	无光滑面，切面规则，稍显粗糙	较坚硬，锤击时散成碎块，用手可折断
粉土	能搓成大于 3mm 的短土条	有砂粒的感觉，略微粘手	土面粗糙，稍微捻摸就掉粒	有显著粗糙的面	强度很差，用手指可捻成粉末

第六节　颗粒分析试验方法（一）——筛析法

一、基本原理

筛析法是利用一套孔径不同的标准筛（图 1-17）来分离砂土中与筛孔孔径相应的粒组，通过称量和计算得到各粒组的相对百分含量。此方法只适用于粒径大于 0.075mm 的土。如果土中粗细颗粒兼有时，应联合使用筛析法和密度计法。

二、仪器设备

（1）标准筛一套，包括粗筛（孔径为 60mm、40mm、20mm、10mm、5mm、2mm）和细筛（孔径为 2mm、1mm、0.5mm、0.25mm、0.1mm、0.075mm）（图 1-17）。

（2）托盘天平或电子天平：称量 5000g，最小分度值为 1.0g；称量 1000g，最小分度值为 0.1g；称量 200g，最小分度值为 0.01g（图 1-18）。

（3）振筛机（试样多时使用，学生做试验时直接用手摇动筛盘即可）。

（4）研钵及带橡皮头的研棒。

（5）其他：瓷盘、毛刷、白纸、直尺等。

三、操作步骤

1. 制备土样

（1）风干土样，将土样摊成薄层，在空气中放 1～2d，使土中水分蒸发。若土样已干，则可以直接使用。

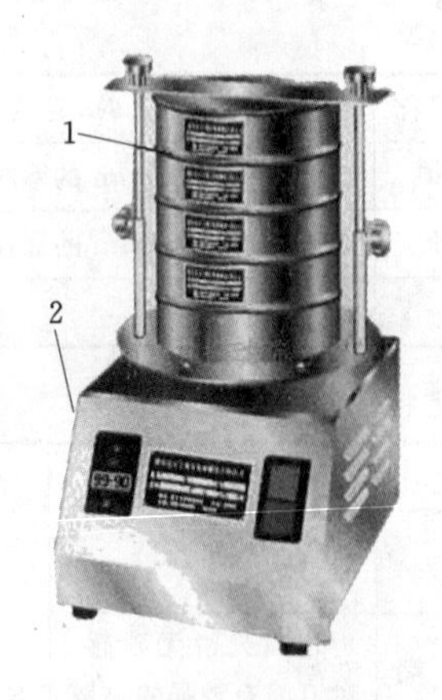

图 1-17　标准筛及振筛机

1—标准筛；2—振筛机

(a)

(b)

图 1-18　天平

(a) 电子天平；(b) 托盘天平

(2) 若试样中有结块时，可将试样倒入瓷钵中，用橡皮头研棒研磨，使结块成为单独颗粒为止，但须注意不要把颗粒研碎。

(3) 从松散或研散的土样中用四分法选取一定数量的代表性试样，为保证试样的代表性，试样的具体数量要满足表 1-8 的规定。四分法具体步骤（图 1-19）为：将土样拌匀，倒在纸上呈圆锥形，然后用尺以圆锥顶点为中心，向一定方向旋转，使圆锥成为 1～2cm 厚的圆饼状，继而用尺划两条互相垂直的直线，将土样分成 4 等份，取走相对的两份，将留下的两份试样重新拌匀，重复上述步骤，直到剩下的试样数量满足规定为止。

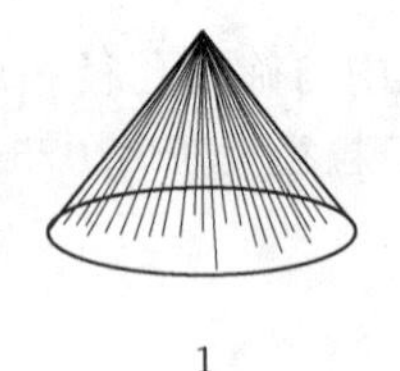

1

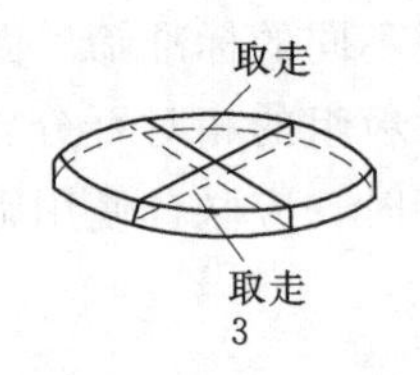

2

取走

取走

3

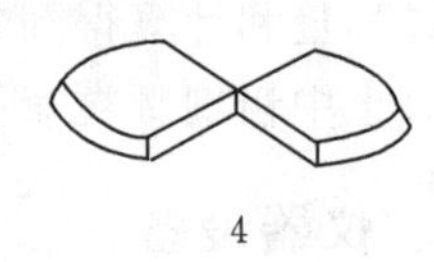

4

图 1-19　四分法图解

表 1-8　**筛析法取样数量**

颗粒粒径/mm	<2	<10	<30	<40	<60
取样数量/g	100～300	300～1000	1000～2000	2000～4000	4000 以上

2. 称量土样质量

将按规定选取的试样，在托盘天平或电子天平上称其质量，得到试样总质量 m_s，准确至 0.1g，当试样质量多于 500g 时，准确至 1.0g。

3. 振动过筛

(1) 将试样过 2mm 筛，称筛上和筛下的试样质量。当筛下的试样质量小于试样总质量的 10%时，不作细筛分析；当筛上试样质量小于试样总质量的 10%时，不作粗筛分析。

(2) 检查标准筛是否按顺序放好及筛孔是否干净。正确的叠置顺序为大孔径筛放在上

面，小孔径筛放在下面，从上至下，筛孔孔径从大到小（图 1－1 和图 1－17），若筛孔夹有土粒则需刷净。

（3）细筛和粗筛分析，将已称量的筛下和筛上（即小于 2.0mm 和大于 2.0mm）试样从顶层分别倒入细筛和粗筛的筛盘中，盖好盖，用振筛机或用手摇动进行筛析，摇振时间一般为 10～15min，然后按顺序将每层筛盘取下，在白纸上用手轻叩筛盘，摇晃，直到筛净为止。将漏在白纸上的土粒倒入下一层筛盘内，如此顺序，直到最末一层筛盘筛净为止。在试验中，根据土的性质和工程要求可增加或减少不同孔径的筛子。

4. 称量筛余质量

将留在各层筛盘和底盘上的土样，依次称其质量 m_i，准确至 0.1g，如最大颗粒粒径较大（如大于 10mm），需用直尺测量试样中最大颗粒的直径。

5. 误差分配

（1）各筛盘及底盘上试样质量之和与筛前所称试样质量的差不得大于 1.0%；否则应重新试验。若两者差值小于 1%，可视试验过程中误差产生的原因，分配给某些粒组，最终各粒组百分含量的和应等于 100%。

（2）若粒径小于 0.075mm 的颗粒含量大于 10%，则将这一部分试样用密度计法继续进行颗粒大小分析。

四、成果整理

1. 计算百分含量

（1）各粒组质量百分含量。各粒组质量百分含量是指各粒组的质量与试样总质量之比，以百分数表示，准确至 0.1%，计算公式为

$$X_i=\frac{m_i}{m_s}\times 100\%$$

（2）小于某粒径的土质量百分含量。小于某粒径的土质量百分含量是指小于某粒径的土与试样总质量之比，用百分数表示，准确至 0.1%，计算公式为

$$X_d=\frac{m_d}{m_s}\times 100\%$$

式中　X_i，X_d——某粒组和小于某粒径 d 的土占试样总质量的百分数，%；

m_i——某粒组的质量，g；

m_d——小于某粒径 d 的试样质量，g；

m_s——试样总质量，g。

2. 绘制颗粒大小分布曲线

以小于某粒径质量百分数为纵坐标，以土粒粒径为横坐标，在单对数坐标上绘制颗粒大小分布曲线，如图 1－20 所示。

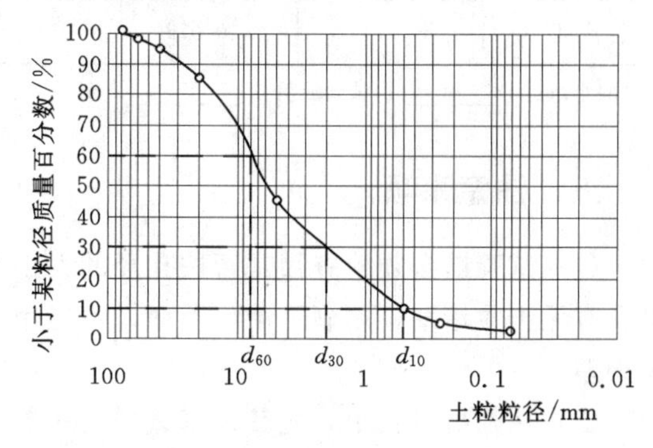

图 1－20　颗粒大小分布曲线

3. 计算级配指标

在图 1－20 所示的颗粒大小分布曲线

上求出关键粒径 d_{10}、d_{30} 和 d_{60}，按下列公式计算不均匀系数 C_u 和曲率系数 C_c。

（1）不均匀系数 C_u 按下式计算，即

$$C_u=\frac{d_{60}}{d_{10}}$$

（2）曲率系数 C_c 按下式计算，即

$$C_c=\frac{d_{30}^2}{d_{10}d_{60}}$$

按不均匀系数和曲率系数判定土的级配或均一性，判断标准为：当 $C_u\geqslant5$，$C_c=1\sim3$ 时，为良好级配土或不均粒土；若不能同时满足上述条件，则为不良级配土或均粒土。

4. 根据各粒组的百分含量按土的相关分类标准定出土的名称

5. 试验数据记录

试验数据记录可参见表 1-9。

表 1-9　　筛析法试验记录

试样编号：______；土样名称：______；筛前试样质量：______ g；筛后试样总质量：______ g。

各筛盘上土粒质量		各粒组百分含量		小于某粒径的土质量百分含量		
筛孔孔径/mm	筛上质量/g	粒组/mm	粒组百分数/%	小于某粒径/mm	小于某粒径的土质量/g	小于某粒径的土百分数/%
40		>40				
20		20～40		<40		
10		10～20		<20		
5		5～10		<10		
2		2～5		<5		
0.5		0.5～2		<2		
0.25		0.25～0.5		<0.5		
0.075		0.075～0.25		<0.25		
底盘		<0.075		<0.075		

试验小组：________；试验成员：________；计算者：________；试验日期：________。

五、注意事项

（1）试验前必须检查筛是否按孔径的大小选好并按孔径从大到小的顺序摆好，并检查筛孔有无土粒堵塞，用刷子清除干净，不能用指甲抠筛眼儿，否则会改变其孔径，增加试验误差。

（2）在筛析过程中，尤其是将试样由一器皿倒入另一器皿时，要避免或尽量减少危险颗粒的飞扬。

（3）过筛后，要检查筛孔中是否夹有颗粒，若夹有颗粒，应将颗粒轻轻刷下，放入该筛盘上的土样中，一并称量。

六、思考题

（1）什么是颗粒分析？颗粒分析成果有什么工程意义？

（2）颗粒分析的方法有哪几种？各适用条件是什么？

（3）试样数量的选取根据什么原则？选取数量的多少对试验结果有什么影响？

（4）你的试验有无误差？若有你是如何进行分配的？

（5）如何绘制颗粒大小分布曲线？曲线的陡缓说明什么？

第七节　颗粒分析试验方法（二）——密度计法

一、基本原理

试验采用的主要仪器是密度计，密度计分为甲种和乙种两种类型，如前面所述，甲种密度计的读数是表示20℃时每1000mL悬液中所含土粒质量，乙种密度计的读数是指20℃时悬液的密度。试验时先将悬液搅拌均匀，经过一定时间 t 的沉降，用密度计测定悬液浮泡中心处悬液的密度（或土粒质量），由密度计的读数计算得到土粒自液面下沉到浮泡中心位置的距离 L。利用斯托克斯公式可计算浮泡中心处的最大颗粒粒径 d，根据密度计读数的含义，计算小于粒径 d 的土粒质量占总质量的相对百分含量。通过测定经过不同时间密度计的读数，可得到若干个土粒粒径和相应小于该粒径的土质量百分含量，由此可绘制颗粒大小分布曲线，了解颗粒大小分布特征。

二、仪器设备

（1）密度计。甲种密度计刻度－5°～50°，最小刻度单位为0.5°。乙种密度计（20℃/20℃，表示密度计是在20℃时刻制的，同时也采用20℃时水的密度作为悬液密度的标准）刻度0.995～1.020，最小刻度单位为0.002，如图1－21（a）所示。

（2）量筒：内径约为60mm，容积为1000mL，高度为420mm，刻度为0～1000mL，准确至10mL，如图1－21（b）所示。

（3）洗筛：孔径为0.075mm，如图1－21（e）所示。

（4）洗筛漏斗。

（5）天平：称量1000g，最小分度值为0.1g；称量200g，最小分度值为0.01g。

（6）悬液搅拌器：轮径为50mm，孔径为3mm，杆长为450mm，带螺旋叶，如图1－21（c）所示。

（7）温度计：刻度为0～50℃，最小分度值为0.5℃。

（8）其他：秒表、量筒（500mL和250mL各一个）、研钵等，以及锥形瓶（容积500mL），如图1－21（d）所示。

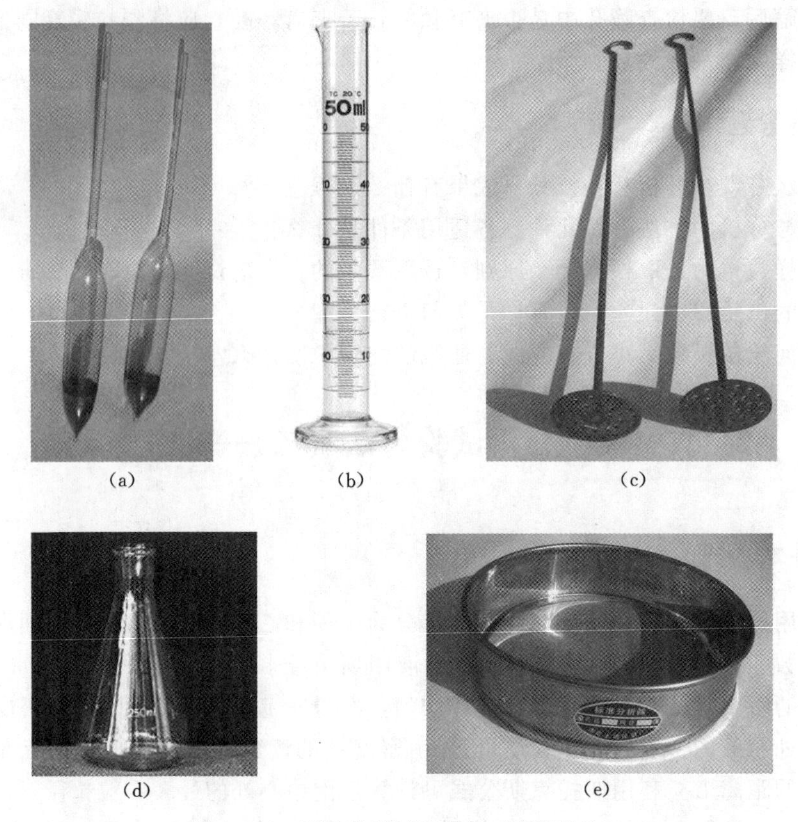

(a)　(b)　(c)

(d)　(e)

图 1-21　颗粒分析试验设备（密度计法）

(a) 甲种密度计；(b) 量筒；(c) 悬液搅拌器；(d) 锥形瓶；(e) 0.075mm 洗筛

三、试验前的准备

1. 测定密度计的弯液面和分散剂校正值

（1）弯液面校正值（n）。测定前，在清水中读出密度计弯液面顶面高出其底面的数值，其差值即为弯液面校正值，在读数校正时加上该值即可。

（2）分散剂校正值（C_D）。测定 20℃蒸馏水密度和 20℃蒸馏水加分散剂水溶液的密度，其差值就是校正值。由于加分散剂增大了悬液的密度，故密度计读数应减去该值。

2. 确定土粒下沉深度 L 与校正后密度计读数 R_{20} 的关系

校正后的密度计的读数 R_{20} 并不是颗粒下沉深度 L，而是一定悬液中土粒质量（甲种密度计）或悬液的密度（乙种密度计），但两者存在一定的关系，这种关系与所用密度计和量筒的尺寸有关，通过测定相关尺寸数据即可确定。

（1）测定密度计浮泡体积（V_0）。取 250cm^3 量筒一个，注入约 150cm^3 水，记下读数，然后将密度计浮泡没于水中至最低刻度处，读出量筒液面读数，两读数之差即为浮泡体积。

（2）测量密度计浮泡中心到最低刻度处的距离（a）。将密度计浮泡的一半没入水中，当排开的水等于 $V_0/2$ 时，用尺量出由水面到最低一个刻度的长度即为 a 值。

（3）读出密度计刻度杆上最低刻度值 N 和最高刻度值 N'，两者差值 $\Delta N = N - N'$。

测量最低刻度至最高刻度间的绝对长度 l。

（4）测定 1000cm^3 量筒的内径，以求得量筒的断面面积 S。

按下式确定 L 与 R_{20} 的关系，即

$$L=\frac{N-R_{20}}{\Delta N}\times l+a-\frac{V_0}{2S}$$

四、操作步骤

1. 处理土样及制备悬液

（1）取代表性土样 200～300g，风干并测定风干试样的含水率为 w。将试样放入研钵中，用带橡皮头的研棒研散。

（2）称风干试样 m，约 30g，倒入锥形瓶，并注入蒸馏水约 200mL，浸泡过夜。

（3）将盛土液的锥形瓶稍加摇晃后放在煮沸设备（如砂浴）上进行煮沸，煮沸时间为自沸腾时算起，粉土不少于 30min，黏土不少于 40min。

（4）将冷却后的悬液用水冲入瓷皿中，用研棒研磨，静止约 1min，将上部悬液过 0.075mm 的洗筛经漏斗注入 1000mL 量筒中，再加蒸馏水于瓷皿中，研磨后静止约 1min，将上部悬液过 0.075mm 的洗筛经漏斗注入量筒中，如此反复，直至悬液澄清后将瓷皿中的全部试样过洗筛冲洗干净，将筛上砂粒移入蒸发皿中。烘干后用筛析法进行粒度分析。

（5）在盛有悬液的 1000mL 量筒中加入 4% 的六偏磷酸钠 10mL，再注入蒸馏水至 1000mL。

2. 按时测定悬液的密度及温度

（1）搅拌悬液。将搅拌器放入量筒中，沿悬液深度上下搅拌 1min，直到土粒完全均匀分布到整个悬液为止（注意搅拌时勿使悬液溅出量筒外）。

（2）取出搅拌器，同时立即开动秒表，测定经过 0.5min、1min、2min、5min、15min、30min、60min、120min 和 1440min 的密度计读数，并测定其相应的悬液温度。根据试验情况或实际需要可增加密度计读数次数，或缩短最后一次读数时间。

（3）每次读数均应在预定时间前 10～20s 内将密度计徐徐放入悬液中部，不得贴近筒壁，并使密度计竖直。还应在近似于悬液密度的刻度处放手，以免搅动悬液。

（4）密度计读数均以弯液面上缘为准。甲种密度计应准确至 0.5，乙种密度计应准确至 0.0002，每次读数完毕立即取出密度计放入盛有清水的量筒中。测定悬液温度，准确至 0.5℃。放入或取出密度计时，要小心轻放，不得扰动悬液。

3. 查表确定温度校正值（m_T）、土粒比重校正值 C_s 和粒径计算系数 A

根据每次测得的悬液温度查表 1-11，得到温度校正值，同时查表 1-12 确定土粒比重校正值，查表 1-13 得粒径计算系数 A 的值。

五、成果整理

1. 干土质量（即土粒质量）m_s

称量风干土质量 m，测得其含水率为 ω，则干土质量按下式计算，即

$$m_s = \frac{m}{1+0.01\omega}$$

2. 密度计读数校正

密度计读数 R 需要进行温度校正、弯液面校正和分散剂校正，根据查得的温度校正值 m_T、测得的弯液面校正值 n 和分散剂校正值 C_D，按下式校正得到校正后的读数 R_{20} 为

$$R_{20} = R + m_T + n - C_D$$

3. 计算颗粒下沉深度 L

（1）确定 L - R_{20} 的关系。

L 和 R_{20} 存在以下关系，即

$$L = \frac{N - R_{20}}{\Delta N} \times l + a - \frac{V_0}{2S}$$

将测得的密度计和量筒的相关参数代入上式即可得到 L - R_{20} 的关系式。或以 R_{20} 为横坐标，以 L 为纵坐标，依据测得的密度计和量筒的相关参数，并选择几个 R_{20} 值由上式计算相应的 L 值，可确定 L - R_{20} 关系曲线。因为每一密度计制造条件不同或者相关参数不同，而有其相应的 L - R_{20} 关系式或关系曲线。

（2）确定颗粒沉降深度 L。

根据 L - R_{20} 关系式或曲线，可由校正后的密度计读数 R_{20} 计算得颗粒沉降深度 L。

4. 计算密度计浮泡中心平面上的最大粒径 d

根据土粒密度及悬液温度由表 1-13 查得粒径计算系数 A，而后根据 A、L 及相应读数时间 t 按下式计算颗粒粒径 d，即

$$d = A\sqrt{\frac{L}{t}}$$

5. 计算小于某粒径 d 的试样质量占总质量百分比 X(%)

对于甲种密度计按下式计算，即

$$X(\%) = \frac{100}{m_s} \times C_s R_{20}$$

对于乙种密度计按下式计算（用 20℃时水的密度作为标准），即

$$X(\%) = \frac{1000}{m_s} \times C_s (R_{20} - 1) \times \rho_{w20}$$

6. 绘制颗粒大小分布曲线

以小于某粒径土粒的质量百分含量为纵坐标，以粒径的对数为横坐标，在单对数坐标系中绘制曲线。在曲线上求各粒组的百分含量，并定出土名。

7. 试验数据记录

密度计法颗粒分析试验记录参见表 1-10，温度校正值、土粒比重校正值和粒径计算系数参见表 1-11～表 1-13。

表 1-10　　颗粒分析试验记录表（密度计法）

小于 0.075mm 颗粒土质量百数：______%；湿土质量：______g；含水率：______%；

干土质量：______g；密度计号：______；量筒号：______；烧瓶号：______；

土粒比重：______；比重校正值 C_s：______；弯液面校正值 n：______；分散剂校正值 C_n ______。

下沉时间 t /min	悬液温度 T /℃	密度计读数				土粒落距 L /cm	粒径 d /mm	小于某粒径的土质量分数 /%	小于某粒径的总土质量分数 /%
		初始读数 R	温度校正值 m_T	粒径计算系数 A	$R_{20}=R+m_T+n+C_D$				
0.5									
1									
2									
5									
15									
30									
60									
120									
1440									

试验小组：________；试验成员：________；计算者：________；试验日期：________。

表 1-11　　温度校正值 m_T*

悬液温度 /℃	温度校正值 m_T		悬液温度 /℃	温度校正值 m_T		悬液温度 /℃	温度校正值 m_T	
	甲种密度计	乙种密度计		甲种密度计	乙种密度计		甲种密度计	乙种密度计
10.0	−2.0	−0.0012	15.5	−1.1	−0.0007	21.0	0.3	0.0002
10.5	−1.9	−0.0012	16.0	−1.0	−0.0006	21.5	0.5	0.0003
11.0	−1.9	−0.0012	16.5	−0.9	−0.0006	22.0	0.6	0.0004
11.5	−1.8	−0.0011	17.0	−0.8	−0.0005	22.5	0.8	0.0005
12.0	−1.8	−0.0011	17.5	−0.7	−0.0004	23.0	0.9	0.0006
12.5	−1.7	−0.0010	18.0	−0.5	−0.0003	23.5	1.1	0.0007
13.0	−1.6	−0.0010	18.5	−0.4	−0.0003	24.0	1.3	0.0008
13.5	−1.5	−0.0009	19.0	−0.3	−0.0002	24.5	1.5	0.0009
14.0	−1.4	−0.0009	19.5	−0.1	−0.0001	25.0	1.7	0.0010
14.5	−1.3	−0.0008	20.0	0.0	0.0000	25.5	1.9	0.0011
15.0	−1.2	−0.0008	20.5	0.1	0.0001			

注　表 1-11、表 1-12、表 1-13 摘自《土工试验方法标准》（GB/T 50123—1999）。

表 1-12　　土粒比重校正值 C_s

土粒比重	土粒比重校正值 C_s		土粒比重	土粒比重校正值 C_s	
	甲种密度计	乙种密度计		甲种密度计	乙种密度计
2.50	1.038	1.666	2.70	0.989	1.588
2.52	1.032	1.658	2.72	0.985	1.581

续表

土粒比重	土粒比重校正值 C_s		土粒比重	土粒比重校正值 C_s	
	甲种密度计	乙种密度计		甲种密度计	乙种密度计
2.54	1.027	1.649	2.74	0.981	1.575
2.56	1.022	1.641	2.76	0.977	1.568
2.58	1.017	1.632	2.78	0.973	1.562
2.60	1.012	1.625	2.80	0.969	1.556
2.62	1.007	1.617	2.82	0.965	1.549
2.64	1.002	1.609	2.84	0.961	1.543
2.66	0.998	1.603	2.86	0.958	1.538
2.68	0.993	1.595	2.88	0.954	1.532

表 1－13　　粒径计算系数 $A\left(=\sqrt{\dfrac{1800\eta}{(\rho_s-\rho_w)g}}\right)$

悬液温度/℃	土粒密度/(g/cm³)								
	2.45	2.50	2.55	2.60	2.65	2.70	2.75	2.80	2.85
5	0.1385	0.1360	0.1339	0.1318	0.1298	0.1279	0.1261	0.1243	0.1228
6	0.1365	0.1342	0.1320	0.1299	0.1280	0.1261	0.1243	0.1225	0.1208
7	0.1344	0.1321	0.1300	0.1280	0.1260	0.1241	0.1224	0.1206	0.1189
8	0.1324	0.1302	0.1281	0.1260	0.1241	0.1223	0.1205	0.1188	0.1182
9	0.1305	0.1283	0.1262	0.1242	0.1224	0.1205	0.1187	0.1171	0.1164
10	0.1288	0.1267	0.1247	0.1227	0.1208	0.1189	0.1173	0.1156	0.1141
11	0.1270	0.1249	0.1229	0.1209	0.1190	0.1173	0.1156	0.1140	0.1124
12	0.1253	0.1232	0.1212	0.1193	0.1175	0.1157	0.1140	0.1124	0.1109
13	0.1235	0.1214	0.1195	0.1175	0.1158	0.1141	0.1124	0.1109	0.1094
14	0.1221	0.1200	0.1180	0.1162	0.1149	0.1127	0.1111	0.1095	0.1080
15	0.1205	0.1184	0.1165	0.1148	0.1130	0.1113	0.1096	0.1081	0.1067
16	0.1189	0.1169	0.1150	0.1132	0.1115	0.1098	0.1083	0.1067	0.1053
17	0.1173	0.1154	0.1135	0.1118	0.1100	0.1085	0.1069	0.1047	0.1039
18	0.1150	0.1140	0.1121	0.1103	0.1086	0.1071	0.1055	0.1040	0.1026
19	0.1145	0.1125	0.1108	0.1090	0.1073	0.1058	0.1031	0.1027	0.1014
20	0.1130	0.1111	0.1093	1.1075	0.1059	0.1043	0.1029	0.1014	0.1000
21	0.1118	0.1099	0.1081	0.1064	0.1043	0.1033	0.1018	0.1003	0.0990
22	0.1103	0.1085	0.1067	0.1050	0.1035	0.1019	0.1004	0.0990	0.0977
23	0.1091	0.1072	0.1055	0.1038	0.1023	0.1007	0.0993	0.0979	0.0966
24	0.1078	0.1061	0.1044	0.1028	0.1012	0.0997	0.0982	0.0960	0.0956
25	0.1065	0.1047	0.1031	0.1014	0.0999	0.0984	0.0970	0.0957	0.0943
26	0.1054	0.1035	0.1019	0.1003	0.0988	0.0973	0.0959	0.0946	0.0933
27	0.1041	0.1024	0.1007	0.0992	0.0977	0.0962	0.0948	0.0935	0.0922
28	0.1032	0.1014	0.0998	0.0982	0.0967	0.0953	0.0939	0.0926	0.0913
29	0.1019	0.1002	0.0986	0.0971	0.0956	0.0941	0.0928	0.0914	0.0903
30	0.1008	0.0991	0.0975	0.0960	0.0945	0.0931	0.0918	0.0905	0.0893

六、注意事项

（1）每次测得悬液密度后，应将密度计轻轻放在盛水的量筒中。

（2）密度计读数要迅速、准确，不宜在悬液中放置太久。在正式试验前，必须多次练习密度计的准确读数方法。

（3）试验前量筒应放在平稳的地方，不得移动，并保持悬液温度稳定。

七、思考题

（1）颗粒分析的密度计法的理论依据是什么？适用的粒径范围为多少？

（2）为什么要进行温度校正和分散剂校正？

（3）试验时需要用密度计按一定的时间间隔测定悬液的读数，如果未按规定时间测读数据，对试验结果有什么影响？

（4）制备悬液时需要加 10mL 的分散剂，试问加分散剂的目的是什么？分散剂的作用机理是什么？

（5）密度计在悬液中放置太久对试验结果有什么影响？

第八节　试验案例：颗粒大小分析试验（筛分法）

一、操作步骤

（一）量测最大粒径，叠置标准筛

查看试样最大粒径小于 20mm，取一套标准筛，孔径分别为 20mm、10mm、5mm、2mm、0.5mm、0.25mm、0.075mm 和底盘，检查筛孔，将筛孔夹有的土粒刷净，然后从上至下按孔径由大到小的顺序叠置好。

（二）称量试样总质量

从风干松散砂土中用四分法选取约 1000g 的代表性试样，在天平上称其质量，得到试样总质量 $m_0=818$g。

（三）筛分

将称量好的 818g 试样从顶层倒入筛盘中，盖好上盖，用手摇动进行筛析。先取下最顶层孔径为 20mm 的筛盘，筛盘内没有土粒，再取下第二层孔径为 10mm 的筛盘，在白磁盘上再一次摇晃和用手轻叩，直到筛净为止，将漏在白磁盘上的土粒倒入孔径为 5mm 的筛盘，称量孔径 10mm 筛盘内土粒质量 $m_{10}=55$g。之后按顺序将每层筛盘取下，再一次摇晃轻扣，称量筛盘内土粒质量，直到孔径为 0.075mm 的筛盘，得到孔径为 5mm、2mm、0.5mm、0.25mm、0.075mm 筛盘内土粒质量分别为 $m_5=120$g、$m_2=155$g、$m_{0.5}=224$g、$m_{0.25}=194$g、$m_{0.075}=54$g，最后称量底盘土粒质量 $m_{<0.075}=15$g，计算各筛盘质量之和为 815g。

（四）误差分配

（1）筛分后各筛盘试样质量之和为 815g，比筛分前总质量 818g 少 3g，两者的差值为

0.37%，小于 1.0% 的允许值，根据试验过程误差产生原因，将孔径为 0.5mm、0.25mm、0.075mm 的筛盘土粒质量各增加 1g，分配后各筛盘土粒质量为 $m_{10}=55$g、$m_5=120$g、$m_2=155$g、$m_{0.5}=225$g、$m_{0.25}=195$g、$m_{0.075}=55$g、$m_{<0.075}=15$g，最终各粒组百分含量之和等于 100%。

(2) 粒径小于 0.075mm 的颗粒含量为 1.8%，小于 10%，这部分细粒试样不再用密度计法进行颗粒分析。

二、成果整理

(一) 计算各粒组百分含量

1. 各粒组质量百分含量

各粒组质量百分含量是指各粒组质量与试样总质量之比，以百分数表示，准确至 0.1%。

其中 $10\text{mm}<d<20\text{mm}$ 的粒组相对百分含量：

$$X_{(10-20)}=\frac{m_i}{m_0}\times 100\%=\frac{55}{818}\times 100\%=6.7\%$$

其他粒组的相对百分含量见试验记录表 1-14。

2. 小于某粒径试样质量百分含量

小于某粒径试样质量百分含量是指小于某粒径试样质量与试样总质量之比，用百分数表示，准确至 0.1%。其中，粒径小于 0.075mm 的颗粒质量百分含量为

$$X_{d\leqslant 0.075}=\frac{m_d}{m_0}\times 100\%=\frac{15}{818}\times 100\%=1.8\%$$

粒径小于 0.25mm 的颗粒质量百分含量为

$$X_{d\leqslant 0.25}=\frac{m_d}{m_0}\times 100\%=\frac{15+55}{818}\times 100\%=7.0\%$$

粒径小于 0.5mm 的颗粒质量百分含量为

$$X_{d\leqslant 0.5}=\frac{m_d}{m_0}\times 100\%=\frac{15+55+195}{818}\times 100\%=26.5\%$$

粒径小于 2.0mm、5.0mm、10mm 和 20mm 的颗粒质量百分含量分别为 59.8%、78.7%、93.3%和 100%。

(二) 绘制颗粒大小分布曲线

以小于某粒径质量百分数为纵坐标，土粒粒径为横坐标，在单对数坐标上绘制颗粒大小分布曲线，如图 1-22 所示。

(三) 计算级配指标

在颗粒大小分布曲线上求出关键粒径，其中 $d_{10}=0.27$mm，$d_{30}=0.47$mm，$d_{60}=2.1$mm。

计算不均匀系数 C_u：

$$C_u=\frac{d_{60}}{d_{10}}=\frac{2.1}{0.27}=7.8$$

计算曲率系数 C_c：

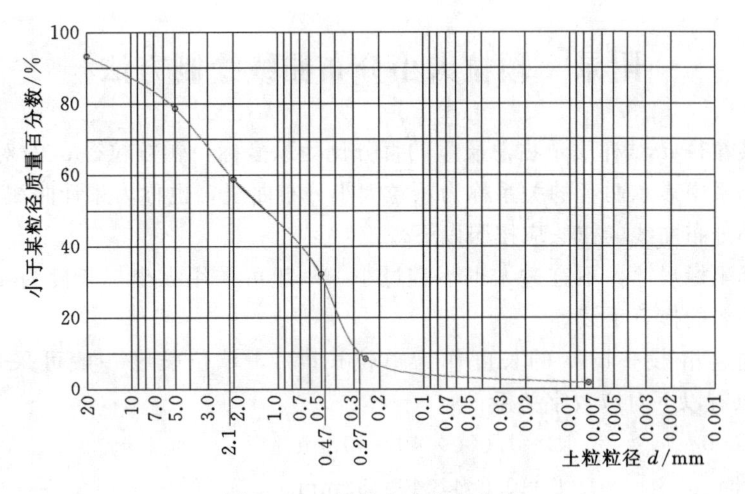

图 1-22 颗粒大小分布曲线

$$C_c=\frac{d_{60}^2}{d_{30}\times d_{10}}=\frac{2.1}{0.47\times 0.27}=16.5$$

曲率系数为 16.5，不在 1～3 之间，该土判定为不良级配土（判定标准：当 $C_u\geqslant 5$，$C_c=1\sim 3$ 时，为良好级配土，否则为不良级配土）。

（四）土的定名

由于大于 2.0mm 的颗粒百分含量为 40.2%，未超过 50%，但在 25%～50%之间，按《建筑地基基础设计规范》（GB 50007—2011）中土的分类标准，该土定名为砾砂。

（五）试验数据记录

试验数据记录见表 1-14。

表 1-14　筛析法试验记录

试样编号：8-5；土样名称：______；筛前试样质量：820g；筛后试样总质量：818g。

各筛盘上土粒质量		各粒组百分含量		小于某粒径之土质量百分含量		
筛孔孔径/mm	筛上质量/g	粒组/mm	粒组百分数/%	小于某粒径/mm	小于某粒径之土质量/g	小于某粒径之土百分数/%
40	—	>40	—	—	—	—
20	—	20～40	—	<40	—	—
10	55	10～20	6.7	<20	820	100
5	120	5～10	14.6	<10	765	93.3
2	155	2～5	18.9	<5	645	78.7
0.5	225	0.5～2	27.5	<2	490	59.8
0.25	195	0.25～0.5	23.8	<0.5	265	32.3
0.075	55	0.075～0.25	6.7	<0.25	70	8.5
底盘	15	<0.075	1.8	<0.075	15	1.8

试验小组：________；试验成员：________________；计算者：________；试验日期：________________；

附录　颗粒大小分布曲线绘制方法

以小于某粒径 d 试样质量占总质量的百分比为纵坐标，颗粒粒径 d 的对数为横坐标，在此直角坐标系中表示两者的关系称为颗粒大小分布曲线，也称为累计曲线。

颗粒大小分布曲线的作法应按照以下规定：

(1) 选择坐标尺寸，不宜过大也不宜过小，一般可采用纵坐标长度为 100mm，可省却画图时不必要的换算手续。

横坐标选定相当于 lg10 的长度作为单位长度 1，单位长度一般可采用 40mm（或 60mm），所以有以下对应数字关系：

lg10＝1.000　　L＝1.000×40＝40mm

lg9＝0.954　　L＝0.954×40＝38mm

lg8＝0.903　　L＝0.903×40＝36mm

lg7＝0.845　　L＝0.845×40＝34mm

lg6＝0.778　　L＝0.778×40＝31mm

lg5＝0.699　　L＝0.699×40＝28mm

lg4＝0.602　　L＝0.602×40＝24mm

lg3＝0.477　　L＝0.477×40＝19mm

lg2＝0.301　　L＝0.301×40＝12mm

lg1＝0.000　　L＝0.000×40＝0.0mm

(2) 自坐标原点由左向右，粒径由大至小，在横轴下分别注明相应的粒径数值。每一对数循环（即每 40mm 长度）的开始皆为 10^n（n 可正可负；在纵轴左旁分别注明百分数，由下而上为 0，10，20，…，100）。

(3) 用表格表示各粒组百分含量，并计算小于某粒径之质量百分含量或称累计百分含量的数据，见表 1-15。

表 1-15　　累计百分含量或小于粒径颗粒的质量占总试样质量的百分含量

粒径区段/mm	百分含量/%	颗粒粒径/mm	累计百分含量/%
＞0.8	0	＞0.8	0
0.8～0.5	2.0	＜0.8	100
0.5～0.25	4.0	＜0.5	98.0
0.25～0.075	3.0	＜0.25	94.0
0.075～0.05	11.0	＜0.075	81.0
0.05～0.005	60.1	＜0.05	70.0
0.005～0.002	5.9	＜0.005	9.9
0.002～0.001	1.0	＜0.002	4.0
＜0.001	3.0	＜0.001	3.0

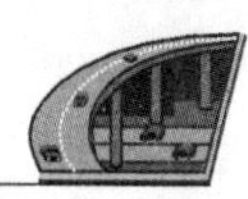

（4）根据上述表格数据绘制颗粒大小分布曲线，分别在横坐标上自最小的粒径开始由纵轴上找出相应的小于某粒径土粒的质量百分含量，画一小圆圈或叉，最后将所有小圆圈连成一条平滑的曲线，即为颗粒大小分布曲线（图 1-23）。

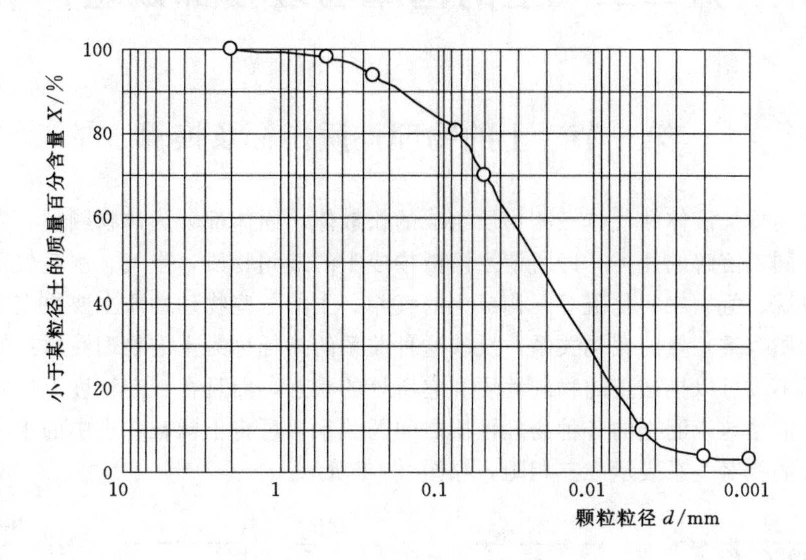

图 1-23　颗粒大小分布曲线

由颗粒大小分布曲线求得：

1）任一粒径范围的百分含量。自横轴上某粒径区段的两端点引垂线与曲线相交，此两点的纵坐标差即为该粒径区段的百分含量。

2）任一百分含量的最大粒径。自纵轴上某百分含量引横坐标的平行线与曲线相交，此交点的横坐标即为其最大粒径。

3）土的有效粒径 d_{10}。自纵坐标 10％处引横轴的平行线与曲线相交，交点的横坐标即为 d_{10}。

第二章　土的基本物理指标试验

第一节　土的物理性质指标及换算

土是由固体、液体和气体三相物质组成的松散体，固体部分为矿物颗粒，它构成土体骨架。水连同其溶解的盐类，即所谓水溶液构成土的液相物质，空气、水蒸气和一些其他气体（如甲烷、氮、二氧化硫等）构成土的气相。土的一些物理性质主要决定于这三相所占的体积和质（重）量的比例关系，反映这种关系的指标称为土的物理性质指标。土的物理性质指标不仅可以描述土的物理性质和它所处的状态，而且在一定程度上反映土的力学性质。为了清楚地说明土的各种物理性质之间的关系，可将土颗粒、土中的水和气体按其体积或质量的相对关系表示成三相图，如图 2-1 所示。

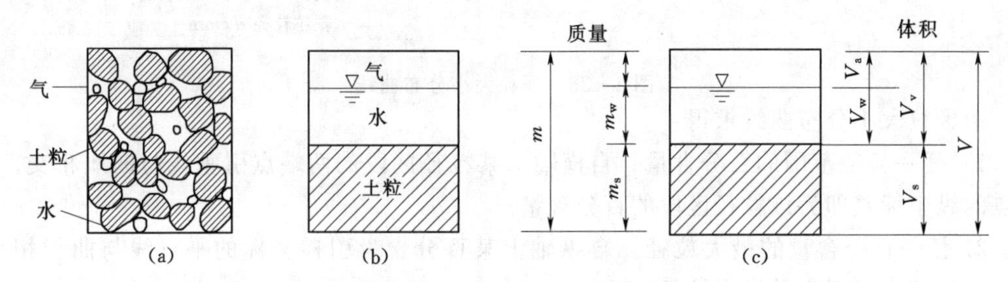

图 2-1　土的三相示意图

(a) 实际土体；(b) 土的三相图；(c) 各相的质量和体积

m_s—土粒质量；m_w—土中水的质量；m—土的总质量；V_s—土粒体积；

V_w—土中水的体积；V_a—土中气的体积；V_v—土中孔隙体积；V—土的总体积

一、直接测定物理性质指标（或称实测指标）

1. 土的密度 ρ 和重度 γ

土的密度 ρ 定义为单位体积土体的质量，即土的总质量与总体积之比，单位为 g/cm^3。其中，土的总体积包括土粒体积、孔隙体积，总质量包括土粒质量、水的质量，空气质量往往忽略不计。表达式为

$$\rho=\frac{m}{V}$$

按孔隙中充水程度不同，有天然密度、干密度和饱和密度之分。天然状态下的密度称天然密度。所谓天然状态有两方面的含义，其一是保持土的原始结构不变，即颗粒排列未受到扰动；其二是保持原有的水分不变。土的密度大小取决于土粒密度、孔隙体积大小和孔隙中饱水程度。通常情况下，如果颗粒排列紧密，孔隙体积小，孔隙中充水较多，则土

的密度较大。其常见值为1.60～2.2g/cm^3，泥炭和沼泽土会更低。土的密度可在室内和野外现场直接测定。常用于计算其他指标，并是土力学中不可缺少的计算参数。

土的重度γ也称容重，定义为单位体积土的重量，单位为kN/m^3。由于重量W等于质量m与重力加速度g的乘积，所以其表达式为

$$\gamma=\frac{W}{V}=\frac{mg}{V}=\rho g$$

2. 土的含水率ω

土的含水率ω，曾称为含水量，其定义为土中水的质量与土粒的质量之比，以百分数表示，计算时化为小数，其表达式为

$$\omega=\frac{m_w}{m_s}\times 100\%$$

土的含水率仅是土中液体相与固体相的质量关系，而不能提供土中水的性质的概念。

天然状态下的含水率称天然含水率，是实测指标，对于结构相同的土而言，天然含水率越大，表明土中含水越多。含水率是土的物理状态的重要指标，它决定着土（尤其是黏性土）的力学性质，是计算干密度、孔隙比和饱和度等的主要数据，又是工程设计直接应用的一个重要指标。

在《岩土工程勘察规范》（GB 50021—2001）中，用天然含水率将粉土的湿度划分为稍湿（$\omega<20\%$）、湿（$20\%\leqslant\omega\leqslant 30\%$）和很湿（$\omega>30\%$）。

3. 土粒比重G_s

土粒比重G_s又称为相对密度，定义为土粒的质量与同体积4℃时水的质量之比（无因次）。土粒比重表达式为

$$G_s=\frac{m_s}{V_s\rho_{w4}}$$

蒸馏水在4℃时的密度为1.0g/cm^3，则土粒比重在数值上等于土粒的质量m_s与其体积V_s之比，即土粒密度ρ_s，两者之间的关系为

$$\rho_s=\frac{m_s}{V_s}=G_s\rho_{w4}$$

土粒比重仅与组成土的矿物比重有关，实际上是土中各种矿物比重的加权平均值，与土中孔隙大小和含水多少无关。大多数造岩矿物比重相差不大，故土粒比重的值比较稳定，一般在2.65～2.80之间。砂土颗粒主要由石英、长石和云母等矿物组成，其比重与之接近，约为2.65；黏性土中黏土矿物的比重不大，但倍半氧化物的比重较大，所以黏性土的比重稍高，为2.70～2.75。

土的比重是实测指标，可以在实验室直接测定。该指标除间接说明土的矿物成分外，主要用来计算其他换算指标，它的精确程度将影响到其他导出指标的准确性。

二、间接换算物理性质指标

除了以上3个实测指标外，工程实践中通常还会用到其他三项指标，这些指标可以依据其定义利用3个实测指标换算得到。

（一）土的孔隙性指标——孔隙比 *e* 和孔隙率 *n*

1. 孔隙比 e

土的孔隙比 e 定义为土中孔隙体积与土粒体积之比，以小数表示，其表达式为

$$e=\frac{V_v}{V_s}$$

2. 土的孔隙率 n

土的孔隙率 n 定义为土中孔隙体积与土的总体积之比，或单位体积内孔隙的体积，以百分数表示，其表达式为

$$n=\frac{V_v}{V}\times 100\%$$

土的孔隙性包括孔隙大小、形状及连通性等，从孔隙比和孔隙率的定义可知，两者不能反映孔隙的大小和形状，只能表示土中孔隙体积的数量，反映土的松密结构特征。对于同一种土，孔隙比或孔隙率越大表明土越疏松；反之越密实。一般情况下，土的孔隙比常见值在 0.5～1.0 之间，黏土的孔隙比有时大于 1.0，淤泥的孔隙比可达 1.5，深海黏土的孔隙比超过 5.0。孔隙率的常见值在 33%～50%之间，但是絮凝结构的黏土可达 80%。

在《岩土工程勘察规范》（GB 50021—2001）中，用天然孔隙比将粉土的密实度划分为密实（$e<0.75$）、中密（$0.75\leqslant e\leqslant 0.90$）和稍密（$e>0.90$）。

（二）土的饱和度 S_r

土的饱和度 S_r 定义为土中孔隙水的体积与孔隙体积之比，以百分数表示，其表达式为

$$S_r=\frac{V_w}{V_v}\times 100\%$$

含水率是表示土的孔隙中含水的绝对数量，而饱和度是反映土的孔隙被水充满的程度。干土的饱和度为 0，饱和土的饱和度为 100%。工程实践中按饱和度大小划分土的饱水程度，将土分为稍湿（$S_r<50\%$）、很湿（$S_r=50\%\sim80\%$）、饱和（$S_r>80\%$）。

（三）不同状态下土的密度与重度

1. 干密度 ρ_d 与干重度 γ_d

土的干密度 ρ_d 是指土中完全没有水时的密度，定义为单位体积内土粒的质量，其表达式为

$$\rho_d=\frac{m_s}{V}$$

土的干密度表征土粒排列的密实程度，土越密实，土粒越多，孔隙体积就越小，干密度则越大；反之，土的孔隙体积越多，土就越疏松，干密度就越小。故干密度反映了土的密实程度和孔隙性，在填土工程中常用干密度作为填土压密程度的质量要求指标。

土的干重度 γ_d 是指单位体积内土粒的重量，其表达式为

$$\gamma_d=\frac{m_s g}{V}=\rho_d g$$

注意：土的干密度不等于烘干土的密度，因为土体烘干时体积会变小。

2. 饱和密度 ρ_{sat} 与饱和重度 γ_{sat}

土的饱和密度 ρ_{sat} 是土中孔隙完全被水充满土处于饱和状态时，单位体积土的质量，其表达式为

$$\rho_{sat}=\frac{m_s+V_v\rho_w}{V}$$

饱和重度 γ_{sat} 是指土在饱和状态下，单位体积土的重量，其表达式为

$$\gamma_{sat}=\frac{m_s g+V_v\rho_w g}{V}=\rho_{sat}g$$

3. 浮密度 ρ' 与浮重度（有效重度）γ'

土在水下，受到水的浮力作用，其有效重量减小，因此提出了浮重度，即有效重度 γ' 的概念。其定义为单位体积内的土粒重量减去与土粒同体积的水的重量，其表达式为

$$\gamma'=\frac{m_s g-V_s\rho_w g}{V}=\rho' g$$

与其相应，提出了浮密度 ρ' 的概念，土的浮密度是指单位体积内的土粒质量减去同体积水的质量，其表达式为

$$\rho'=\frac{m_s-V_s\rho_w}{V}$$

依据定义可以推导浮密度（浮重度）与饱和密度（饱和重度）的关系式为

$$\rho'=\rho_{sat}-\rho_w$$

$$\gamma'=\gamma_{sat}-\gamma_w$$

土处于不同含水状态，其密度不同。由密度的定义可知，同一土样各种密度或重度的大小有以下关系，即

$$\rho_{sat}>\rho>\rho_d>\rho'$$

$$\gamma_{sat}>\gamma>\gamma_d>\gamma'$$

现将某些土的物理性质指标参考值列于表 2-1 中。

表 2-1　　某些土的物理性质指标典型值

土　名	孔隙率 /%	孔隙比	饱和含水率 /%	干密度 /(g/cm³)	饱和密度 /(g/cm³)
均匀松砂	46	0.85	32	1.44	1.89
均匀紧砂	34	0.52	19	1.74	2.09
不均匀松砂	40	0.67	25	1.59	1.99
不均匀紧砂	30	0.43	16	1.86	2.16
黄土	50	1.00	—	1.27	—
有机质软黏土	66	1.94	70	0.93	1.58
有机质黏土	75	3.00	110	0.69	1.43
漂石黏土	20	0.25	9	2.11	2.32
冰碛软黏土	55	1.25	45	1.21	1.17
冰碛硬黏土	37	0.59	22	1.07	2.07

三、指标换算

反映土的三相比例关系的物理性质指标共有9个，其中比重、含水率和密度3个指标通常在实验室直接测定，利用它们可以换算出其他指标。实际上，已知其中任意3个指标，就可以求出其余6个。

各指标的定义有两个明显特点：①各指标都是相对量，也就是说，各指标的大小与试验时所用土样的体积或质量多少无关，取多少土样进行试验结果都一样；②如图2-1(c)土的三相图表明，若已知土粒质量m_s和体积V_s、孔隙中水的质量m_w和水的体积V_w、孔隙体积V_v五个量，就可以按定义将所有物理性质指标求出来。根据这些特点，可以比较容易根据已知条件求出所需要的物理性质指标。具体做法可分两种情形：情形一：已知条件中已经直接或间接给出了试样的质量或体积，此时只要根据已知条件求出m_s、V_s、m_w、V_w、V_v五个量的大小，即可按定义求出各物理性质指标；情形二：已知条件中没有给出试样的质量或体积，仅已知三个物理性质指标的大小，此时需要假定试样的质量或体积，由此求出m_s、V_s、m_w、V_w、V_v五个量的大小，再按定义求出各物理性质指标，下面通过例题进行说明。

例题2.1　用体积为$60cm^3$的环刀切取某原状土样，称得湿土重108g，烘干后土重96.4g，$G_s=2.70$，试计算该土样的ω、e、ρ、n、S_r、ρ_d、ρ_{sar}、ρ'。

解：本例题属于情形一，已知条件直接给出了试验试样的大小（包括质量108g和体积$60cm^3$），按两个步骤求解：

步骤一：求出土粒的质量m_s和体积V_s、孔隙中水的质量m_w和水的体积V_w、孔隙体积V_v五个量的大小。

已知湿土质量$m=108g$，干土质量（或土粒质量）$m_s=96.4g$，则水的质量$m_w=m-m_s=108-96.4=11.6g$，水的体积$V_w=\frac{m_w}{\rho_w}=\frac{11.6}{1}=11.6cm^3$。

因为$G_s=\frac{m_s}{V_s\rho_{w4℃}}$，有土粒体积$V_s=\frac{m_s}{G_s\rho_{w4℃}}=\frac{96.4}{2.7\times1}=35.7cm^3$，$V_v=V-V_s=60-35.7=24.3cm^3$。

步骤二：依据定义求各物理性质指标的大小。

$$\omega=\frac{m_w}{m_s}\times100\%=\frac{11.6}{96.4}=12.0\%\qquad e=\frac{V_v}{V_s}=\frac{24.3}{35.7}=0.68$$

$$\rho=\frac{m}{v}=\frac{108}{60}=1.80g/cm^3\qquad n=\frac{V_v}{V}\times100\%=\frac{24.3}{60}=40.5\%$$

$$S_r=\frac{V_w}{V_v}\times100\%=\frac{11.6}{24.3}\times100\%=47.7\%\qquad \rho_d=\frac{m_s}{V}=\frac{98.4}{60}=1.61g/cm^3$$

$$\rho_{sat}=\frac{m_s+V_v\rho_w}{V}=\frac{98.4+24.3\times1}{60}=2.01g/cm^3$$

$$\rho'=\frac{m_s-V_s\rho_w}{V}=\frac{98.4+35.7\times1}{60}=1.01g/cm^3$$

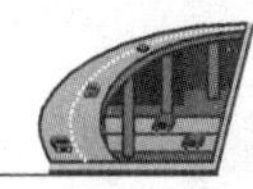

所有物理性质指标求解结束。

例题 2.2　某一原状土样，经试验测得其密度 $\rho=1.75\mathrm{g/cm^3}$，含水量 $\omega=12.9\%$，$G_s=2.67$。试计算该土样的 e、n、S_r、ρ_d、ρ_{sar} 和 ρ'。

解：本例题只给出了三个物理性质指标的大小，没有给出试验所用试样的大小（包括质量或体积），求解时，需先假定试样大小，再依据情形一的方法求解。具体求解可分三个步骤：

步骤一：假定试样的大小，在这里不一定要假定试样总质量或总体积，实际上假定三相图中任何一个质量或体积的大小，试样的大小就是确定的。所以，在解题时可以假定三相图中任何一个质量或体积的大小等于 1g 或 $1\mathrm{cm^3}$，一般假定 $V_s=1\mathrm{cm^3}$ 较方便，因为土粒比重 G_s 总是已知的（是一个需要试验室实测的量，不能用其他指标推求）。

本例题假定 $V_s=1\mathrm{cm^3}$。

步骤二：在 $V_s=1\mathrm{cm^3}$ 的基础上，利用已知条件求出土粒质量 m_s、孔隙中水的质量 m_w 和水的体积 V_w、孔隙体积 V_v 四个量的大小。

因为 $V_s=1\mathrm{cm^3}$，有 $m_s=G_sV_s\rho_w=2.67\times1\times1=2.67\mathrm{g}$

$m_w=\omega m_s=0.129\times2.67=0.344\mathrm{g}$，$V_w=m_w/\rho_w=0.344/1=0.344\mathrm{cm^3}$

又因为 $\rho=m/V=(m_s+m_w)/V$，有

$$V=(m_s+m_w)/\rho=(2.67+0.344)/1.75=1.72\mathrm{cm^3}$$

$$V_v=V-V_s=1.72-1=0.72\mathrm{cm^3}$$

步骤三：同情形一，依据 m_s、V_s、m_w、V_w、V_v 五个量的大小，按定义求出各物理指标的大小。

$$e=\frac{V_v}{V}=\frac{0.72}{1}=0.72,\quad n=\frac{V_v}{V}\times100\%=\frac{0.72}{1.72}\times100\%=41.9\%$$

$$S_r=\frac{V_w}{V_v}\times100\%=\frac{0.344}{0.72}\times100\%=47.8\%$$

$$\rho_d=\frac{m_s}{V}=\frac{2.67}{1.72}=1.55\mathrm{g/cm^3}$$

$$\rho_{sat}=\frac{m_s+V_v\rho_w}{V}=\frac{2.67+0.72\times1}{1.72}=1.97\mathrm{g/cm^3}$$

$$\rho'=\frac{m_s-V_s\rho_w}{V}=\frac{2.67-1\times1}{1.72}=0.97\mathrm{g/cm^3}。$$

关于各种指标间的推导和换算可依据图 2-2 所示的三相图进行，具体换算方法有多种，其中较普遍采用的方法是，假定土粒体积 $V_s=1$，则有土粒质量 $m_s=G_sV_s\rho_w=G_s\rho_w$，水的质量 $m_w=\omega m_s=\omega G_s\rho_w$，孔隙体积 $V_v=eV_s=e$，土的总质量 $m=m_w+m_s=G_s\rho_w(1+\omega)$，土的总体积 $V=V_s+V_v=1+e$。相当于用 G_s、ω 和 e

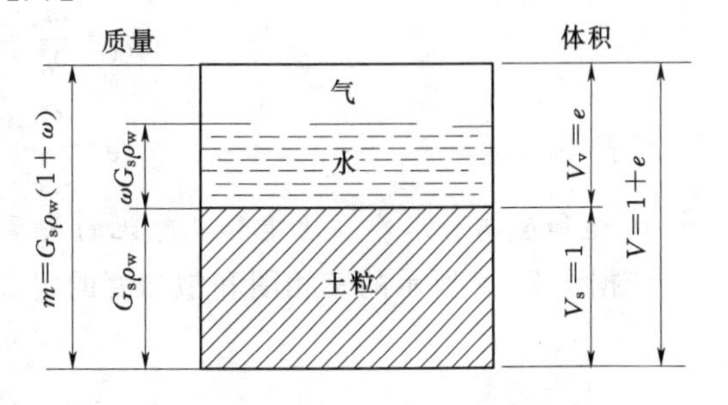

图 2-2　土的三相物理指标换算示意图

三个量表示了三相图中所有的量，也就可以按定义写出各指标的表达式，或者说只要求出 G_s、ω 和 e 三个量，就可以很容易求出其余指标。

以下是几个常用指标间的换算关系，用这些关系式的推导过程作为实例，阐述如何利用图 2-2 三相图进行指标换算。

1. 孔隙比与孔隙率的关系

孔隙率定义表达式：

$$n=\frac{V_v}{V}$$

由图 2-2 所示的三相图可知：$V_v=eV_s=e$，$V=V_s+V_v=1+e$，代入孔隙率定义表达式有：

$$n=\frac{V_v}{V}=\frac{e}{1+e}$$

或简单变换写成：

$$e=\frac{n}{1-n}$$

2. 干密度与湿密度和含水率的关系

湿密度定义表达式：

$$\rho=\frac{m}{V}=\frac{m_s+m_w}{V_s+V_v}$$

由图 2-2 所示的三相图可知：$m_s=G_s\rho_w$，$m_w=\omega G_s\rho_w$，$V_s=1$，$V_v=e$，$V=V_s+V_v=1+e$，代入湿密度定义表达式有

$$\rho=\frac{m}{V}=\frac{G_s\rho_w(1+\omega)}{1+e}$$

变换得

$$e=\frac{G_s\rho_w(1+\omega)}{\rho}-1$$

依据干密度定义有

$$\rho_d=\frac{m_s}{V}=\frac{G_s\rho_w}{1+e}$$

如果将 $e=\frac{G_s\rho_w(1+\omega)}{\rho}-1$ 代入上式，有关系式 $\rho_d=\frac{\rho}{1+\omega}$。

3. 孔隙比与比重和干密度的关系

依据图 2-2 所示的三相图和干密度的定义，表达式有

$$\rho_d=\frac{m_s}{V}=\frac{G_s\rho_w}{1+e}$$

变换得

$$e=\frac{G_s\rho_w}{\rho_d}-1$$

4. 饱和度与含水率、比重和孔隙比的关系

依据图 2-2 所示的三相图和饱和度的定义表达式有

$$S_r=\frac{V_w}{V_v}=\frac{\frac{m_w}{\rho_w}}{V_v}=\frac{\omega G_s}{e}$$

当土完全饱和时，有 $S_r=100\%$，此时土的含水率为饱和含水率，即 $\omega=\omega_{sat}$，则有

$$e=\omega_{sat}G_s$$

5. 浮密度与比重和孔隙比的关系

依据图 2－2 所示的三相图和浮密度的定义表达式有

$$\rho'=\frac{m_s-V_s\rho_w}{V}=\frac{G_s\rho_w-\rho_w}{1+e}=\frac{(G_s-1)\rho_w}{1+e}$$

以上换算公式推导过程表明，已知任意 3 个指标，利用图 2－2 所示的三相图很容易换算出需要的指标计算公式。主要物理性质指标之间的换算关系见表 2－2，但不必背记，用上述方法可很容易推导。

表 2－2　　常用的物理性质指标之间的换算关系式

序号	名　称	符号及单位	三相表达式	常用换算关系式
1	干密度	ρ_d /(g/cm³)	$\rho_d=\frac{m_s}{V}$	$\rho_d=\frac{G_s\rho_w}{1+e}$, $\rho_d=\frac{\rho}{1+\omega}$
2	饱和密度	ρ_{sat} /(g/cm³)	$\rho_{sat}=\frac{m_s+e\rho_w}{V}$	$\rho_{sat}=\frac{(G_s+e)\rho_w}{1+e}$ $\rho_{sat}=[G_s(1-n)+n]\rho_w$
3	有效密度或浮密度	ρ' /(g/cm³)	$\rho'=\frac{m_s-V_s\rho_w}{V}$	$\rho'=\frac{(G_s-1)\rho_w}{1+e}$, $\rho'=\rho_{sat}-\rho_w$ $\rho'=(G_s-1)(1-n)\rho_w$
4	孔隙比	e	$e=\frac{V_v}{V_s}$	$e=\frac{G_s\rho_w(1+\omega)}{\rho}-1=\frac{G_s\rho_w}{\rho_d}-1$ $e=\frac{\omega G_s}{S_r}$, $e=\frac{n}{1-n}$
5	孔隙率	n /%	$n=\frac{V_w}{V}\times100\%$	$n=1-\frac{\rho_d}{\rho_s}=1-\frac{\rho}{G_s\rho_w(1+\omega)}$ $n=\frac{e}{1+e}$
6	饱和度	S_r /%	$S_r=\frac{V_w}{V_v}\times100\%$	$S_r=\frac{\omega G_s}{e}$

第二节　土的含水率试验

含水率是指土中水的质量与土粒质量之比，而不是与土体总质量之比，这主要是为了便于求土中水的质量和换算其他物理性质指标。所以，测定土的含水率一方面是为了解土的含水情况，另一方面是为了计算土的孔隙比、饱和度和液性指数等其他物理力学指标。在土的诸多物理性质指标中，含水率是一个较容易变化的物理量，并且含水率的变化将使土的一系列物理力学性质随之发生变化。如含水率的增加使黏性土的稠度由坚硬变为软塑至流塑，使土由饱和状态到稍湿状态，黏性土的力学性质降低。因此，土的含水率是研究土的物理力学性质不可缺少的一项基本指标。

该试验属于基础性试验，是土工试验中必做项目。

一、试验方法及基本原理

含水率试验目的就是测定土中水的质量和土粒的质量。依据使土样干燥的方法不同，有多种试验方法，常用的有烘干法、酒精燃烧法、红外线照射法、炒干法、微波加热法，其中的烘干法为标准方法。在野外当无烘箱设备或要求快速测定含水率时，可用酒精燃烧法测定细粒土的含水率。土中有机质含量不宜大于干土质量的5%，当有机质含量为5%～10%时，应注明有机质含量。

1. 烘干法

利用烘箱烘烤除去土样中的水分，烘干法只能在实验室中有烘箱设备的条件下进行，试验简便，结果稳定。一般适用于有机质含量小于5%的土，若有机质含量为5%～10%，仍允许用此法，但须注明有机质含量。其优点是可以一次性同时烘烤大量试样，适用于岩土工程勘察和填土施工质量控制等需要大量测含水率的情况。

烘干法的关键是试验温度的控制，这决定于土的水理性质，《土工试验方法标准》(GB/T 50123—1999）规定土样在105～110℃的条件下烘至恒重。土中水按其状态主要分为3种，即强结合水、弱结合水及自由水（包括毛细管水和重力水）。强结合水是土粒表面很薄的一层，受电场力强烈作用，通常视为固体颗粒的一部分；弱结合水也受土粒电场引力作用，但作用力相对较弱，不受重力影响；自由水的性质与一般水相同。一般认为105～110℃温度下能将土中弱结合水和自由水蒸发掉。目前多数国家，如美国、日本和德国等都是采用105～110℃温度标准。

2. 酒精燃烧法

将酒精倒入土样中，利用酒精能在土上燃烧，使土中水分蒸发，将土样烤干。它是快速法中较准确的一种，故又称快速法，适用于没有烘箱或土样较少的情况。

3. 红外线照射法

此法是将土样置于红外线灯光之下，借其照射中高度的热效应，将土内水分蒸发，故干燥效果较好。其原理是太阳光谱中热效应较强红光以外的区域中有更强热效应的辐射存在，这种辐射的波长较红光波长更大。由于它位于红光之外，故称为红外线。任何物体都向外辐射热能，所以任何物体都可以看作是红外线的辐射源，但是只有当物体的温度相当高的时候，其辐射的红外线才有可能被利用。在土工试验中，通常利用白炽灯丝作为红外线的来源，土样可放于距光源一定的距离内（一般为5～15cm)，照射约1h即可干燥。实验证明，与烘干法相比，用此法所得的含水量偏大1%左右。

4. 炒干法

砂土的含水率低，颗粒松散，可以将它放在铝盒中置于电炉上炒干，直至完全干燥，测其含水率。适用于砂土及含砾较多的土。

5. 微波加热法

微波加热是近十几年来才发展起来的一门新技术。微波是一种超高频的电磁波，加热是通过微波发生器产生微波能，再把这个微波能用波导（一种传输线）输送到微波加热器中，加热器中的物质受到微波的加热后就发热。微波具有一定穿透度，使被加热物体里外同时加热，因此均匀、快速。例如，一块面积为30cm^2、高为2cm的土样在烘箱中要十几个小时才能烘干，而在微波炉内的钙塑聚丙烯盛土器中2min就可烘干，显然这种快速烘干工艺在土工试验中具有重要的实际意义，但微波炉加热的缺点在于加热温度无法控制及热场分布不均匀等。

二、含水率试验方法（一）——烘干法

（一）基本原理

烘干法是利用烘箱在105～110℃的条件下烘至恒温，通过称量计算得到土样失去水分的质量和干土质量，两者比值即为土的含水率。该试验方法适用于粗粒土、细粒土、有机质土和冻土。是测试含水率的标准实验方法。

（二）仪器设备

（1）含水盒（又称铝盒）2个［图2-3（a)］。

（2）电子天平：称量200g，最小分度值为0.01g；称量1000g，最小分度值为0.1g［图2-3（b）］。

（3）烘箱：应能控制温度在105～110℃［图2-3（c）］。

（4）干燥器［图2-3（d）］。

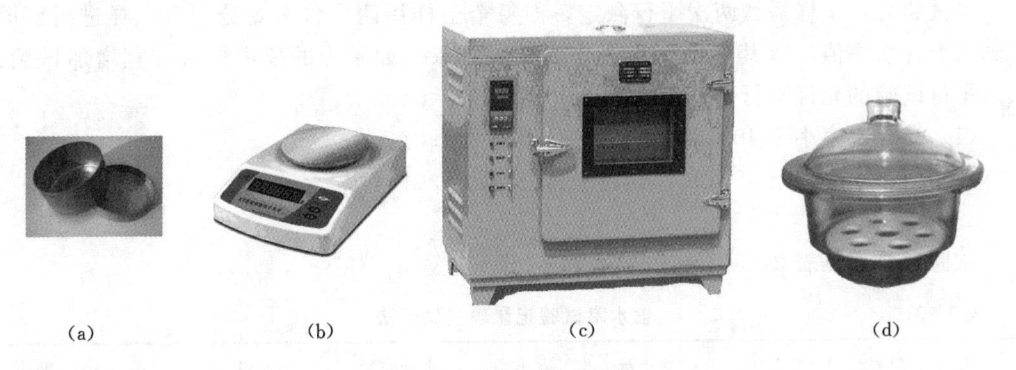

(a)　(b)　(c)　(d)

图2-3　含水率试验设备

(a) 含水盒；(b) 电子天平；(c) 烘箱；(d) 干燥器

（三）操作步骤

1. 称量含水盒质量

记录含水盒的盒号，并在天平上称量干燥铝盒的质量m_0，准确至0.01g。工程技术人员在实验之前一般都会事先将所用的含水盒进行编号，编号方法是用数字钢印在盒身和盒盖上均打印同样的编号，称其质量，并将所有常用含水盒的质量列成一张表，以备试验时查用，此时该步骤可以省略。

2. 称含水盒加湿土的质量

取具有代表性的土样15～30g，或用环刀中的试样，有机质土、砂类土和整体状态构造冻土，试样质量约50g，放入含水盒内，盖上盒盖，称含水盒加湿土的质量m_1，准确至0.01g。

3. 烘干土样

打开盒盖，将盛有土样的含水盒放于磁盘内，并一起放入电热烘箱，在温度105～

110℃下烘至恒重。烘干时间对于黏土和粉土不得少于8h，对于砂土不得少于6h，对含有机质超过干土质量5%的土，应将温度控制在65～70℃的恒温下烘至恒重。

4. 称含水盒加干土的质量

自烘箱中取出含水盒盖上盒盖，立即放入干燥器中冷却至室温，称量含水盒加干土的质量 m_2，准确至0.01g。

（四）成果整理

1. 含水率计算

含水率按下式计算（准确至0.1%），即

$$\omega=\frac{m_1-m_2}{m_2-m_0}\times 100\%$$

式中　ω——土的含水率，%；

m_1——含水盒加湿土的质量，g；

m_2——含水盒加干土的质量，g；

m_0——含水盒的质量，g。

2. 平行测定误差要求

本试验每一土样需做两次平行测定，即每个土样用两个含水盒分别取土样进行试验，得到两个含水率值，取其算术平均值作为试验结果。如果土的离散性大，宜增加试验次数。平行试验的允许平行差值须满足以下规定：

（1）当含水率小于40%时，允许平行差值为1.0%。

（2）当含水率大于40%时，允许平行差值为2.0%。

3. 试验记录表

试验记录表见表2-3。

表2-3　　含水率试验记录表（烘干法）

试样编号	盒号	盒质量 m_0/g	盒+湿土质量 m_1/g	盒+干土质量 m_2/g	水分质量 (m_1-m_2)/g	干土质量 (m_2-m_0)/g	含水率/%	平均含水率/%

试验小组：＿＿＿＿＿；试验成员：＿＿＿＿＿；计算者：＿＿＿＿＿；试验日期：＿＿＿＿＿。

三、含水率试验方法（二）——炒干法

（一）基本原理

炒干法是利用电炉将砂土放在含水盒中翻炒，直至试样完全干燥，通过称量计算炒干失去的水分质量和干试样质量，得到试样的含水率。此方法适合于含水率较小的砂土。

（二）仪器设备

（1）金属盘。

（2）天平：称量200g，最小分度值为0.01g；称量1000g，最小分度值为0.5g。

（3）台秤：称量5000g，最小分度值为1.0g。

（4）电炉或火炉。

（5）搅棒。

（三）操作步骤

1. 称金属盘质量

在天平上称量干燥金属盘的质量 m_0，准确至0.01g。

2. 称金属盘加湿土的质量

取代表性试样，其数量按粒径范围确定，具体要求为：颗粒粒径分别小于50mm、100mm、200mm、400mm，试样数量分别为500g、1000g、1500g、3000g。将取好的试样置于金属盘内，称量金属盘和湿土的质量为 m_1。

3. 炒干试样

将盛有湿砂土的金属盘置于电炉或火炉上将土炒干。在炒干过程中随时用搅棒翻拌，直至试样发白松散完全干燥后，继续炒数分钟停止。炒干时间与试样数量和炉温有关，一般为10min左右。

4. 称金属盘加干砂的质量

金属盘中的砂土炒干后盖上盒盖，待其冷却至室温后称量，得金属盘加干土质量 m_2。

5. 称量数据处理

试验称量准确至0.5g（称量小于1000g）或准确至1.0g（称量大于1000g），计算准确至0.1%，并需进行两次平行试验，取其算术平均值。

（四）成果整理

含水率计算公式和试验记录同烘干法。

四、含水率试验方法（三）——酒精燃烧法

（一）基本原理

酒精燃烧法是将酒精倒入土样中，通过燃烧酒精将土中的水分去掉，反复几次，直至水分完全去掉，通过称量计算得到失去水分的质量和干试样质量，从而求得土的含水率。该方法测试速度快，又称“快速法”。

（二）仪器设备

（1）铝盒。

（2）天平：称量200g，最小分度值为0.01g；称量1000g，最小分度值为0.1g。

（3）酒精：纯度95%。

（4）滴管、火柴、调土刀等。

（三）操作步骤

1. 称铝盒质量

在天平上称量干燥铝盒的质量 m_0，准确至0.01g。

2. 称铝盒加湿土的质量

取代表性试样（黏土5～10g，砂土20～30g），置于铝盒中称量铝盒加湿土的质量

为 m_1。

3. 注入酒精并燃烧

用滴管将酒精注入含有试样的铝盒中，直至盒中出现自由液面为止，为使酒精在试样中充分混合均匀，可将盒底在桌面上轻轻敲击。点燃盒中酒精，烧至火焰熄灭。

4. 重复燃烧

将试样冷却数分钟，重复步骤 3，再加酒精，燃烧二次，当第三次火焰熄灭后，立即盖好盒盖。

5. 称含水盒加干砂的质量

待盖好盒盖的试样冷却至室温后称量铝盒加干土的质量 m_2。

(四) 成果整理

含水率计算公式和试验记录同烘干法。

五、注意事项

(1) 打开土样后，应立即取样称量湿土质量或铝盒加湿土质量，以免水分蒸发。同时，试样宜靠近土样中间或环刀内采取，边缘的试样更容易失去部分水分，不能更好地反映土样的真实含水情况，对较干燥的土应适当增加试样数量。

(2) 烘箱周围必须保持良好的通风条件，以降低烘箱内相对湿度，确保烘箱内各处温度相同。

(3) 土样必须按要求烘至恒重，否则影响测试精度。对块状黏土和高塑性的饱和黏土，由于水分不易蒸发，需适当延长烘烤时间，返工试样或待烘干试样只占烘箱容积的 1/4 时，烘干时间可以减半。

(4) 烘干的试样应立即盖上铝盒盖，并放置在干燥器中冷却后称量，防止热土吸收空气中的水分，并避免天平受热不均影响称量精度。

(5) 在 105～110℃烘干含有结晶水的土样（如含石膏的土样）或有机土时，土会失去结晶水或有机质会发生燃烧，这种试样的干燥宜用真空干燥箱在近乎 1 个大气压力作用下将土干燥，或将电热烘箱温度调至 65～75℃，干燥 8h 以上为好。

(6) 测定膨胀性土的试前、试后含水率时，应以整个环刀内的土块为试样，全部烘干，单个计算每个试件的含水率。

(7) 在没有烘箱时，为尽快获得含水率的结果，可采用酒精燃烧法、红外线干燥法等试验方法，用这些方法时，必须经常与标准试验方法（烘干法）进行对照。

(8) 保持铝盒外壁干净。

六、思考题

(1) 土的含水率测定方法有哪些？各种方法的适用条件是什么？

(2) 如何使用烘箱和干燥器？使用烘箱烘干含水试样时，其温度应控制在多少度？为什么？

(3) 在烘干法等试验方法中，为什么取好试样后要立即盖好铝盒盖？试样放入烘箱时，为什么要打开盒盖？试样烘干或炒干或烧干后，为什么要立即盖好盒盖？

(4) 土样烘干后能否立即称量？为什么？

(5) 为什么含水盒的盒身和盒盖都要编号？

(6) 如果烘干后的试样在空气中冷却，对试验结果有何影响？

(7) 含有机质的土样在烘干时应注意什么？如果按一般黏性土进行烘干，结果会偏大还是偏小？

(8) 土的含水率在工程中的作用是什么？

第三节　土的密度试验

测定土的湿密度是为了解土的疏密和干湿状态，用于换算孔隙比、干密度等土的其他物理性质指标。同时，对于挡土墙土压力的计算、人工和天然斜坡稳定的设计与评价、地基承载力和沉降量的计算以及路基填土施工时压实程度的控制，皆需要土的密度。该试验属于基础性试验，是土工试验的必做项目。

一、基本原理及试验方法

(一) 基本原理

土的密度或重度可根据以下关系求得

密度 ρ 计算公式

$$\rho=\frac{m}{V},\ \mathrm{g/cm^3}$$

重度 γ 计算公式

$$\gamma=\frac{W}{V}=\frac{mg}{V},\ \mathrm{kN/m^3}$$

式中　m——土样的质量，g；

V——土样的体积，$\mathrm{cm^3}$；

W——土样的重量，kN；

g——重力加速度，$\mathrm{m/s^2}$。

(二) 试验方法

由于试验原理及使用工具的不同，测定密度或重度的方法有以下 5 种。

1. 环刀法

环刀法适用于一般的黏性土，对坚硬易碎裂的土不适用。

此法是利用一定体积的环刀切削土样，使土充满其中，测单位体积中土的质量或重量。试验成果的正确性在很大程度上决定环刀的高度与直径之比。若环刀太高，则切土时摩擦太大，如直径太大则不易切成平面，而且土样过于薄弱，结构也易被扰动。故一般以直径为 6～8cm，高度为 2～2.5cm，壁厚为 0.15～0.2cm 的环刀为宜。如在环刀内壁能涂以凡士林，则可减少土与环刀壁的摩擦。随着对试验要求的不同，环刀规格也可改变。

2. 蜡封法

蜡封法适用于各种黏性土及不能用环刀切取试样的坚硬、易裂或形状不规则的土。对于大孔隙性土，由于大量熔蜡会浸入土的孔隙中，故不宜采用。

此法是根据阿基米德定理测求试样的体积，即物体在水中所受的浮力（或减少的重量）等于其排开同体积的水的重量。通过测定蜡封试样在水中重量减少的量（浮力）就可计算出其体积，该体积减去试样周围蜡膜的体积就得到试样的体积。具体做法是，将不规则的土样（体积不小于 $30cm^3$）称其质量 m 后，浸入熔化的石蜡中，使试样为石蜡所包裹，然后称其在空气中的质量 m_1 与在水中的质量 m_2。则蜡封试样的体积 V_d 为

$$V_d=\frac{m_1-m_2}{\rho_w}$$

而试样周围蜡膜的体积 V_n 为

$$V_n=\frac{m_1-m}{\rho_n}$$

试样的体积等于蜡封试样的体积减去试样周围蜡膜的体积，即

$$V=V_d-V_n=\frac{m_1-m_2}{\rho_w}-\frac{m_1-m}{\rho_n}$$

由此可得土的密度为

$$\rho=\frac{m}{V}=\frac{m}{\dfrac{m_1-m_2}{\rho_w}-\dfrac{m_1-m}{\rho_n}}$$

式中 V_d——蜡封试样的体积，cm^3；

V_n——试样周围蜡膜的体积，cm^3；

m——试样质量，g；

m_1——蜡封试样在空气中的质量，g；

m_2——蜡封试样在水中的质量，g；

ρ_w——在称重时该温度下蒸馏水的密度，g/cm^3；

ρ_n——事先求出的石蜡密度，一般以 $0.92g/cm^3$ 计；

V——试样体积，cm^3；

ρ——试样的密度，g/cm^3。

需要说明，此法所得密度值较其他方法的结果为大，这是因为在任何情况下难以避免熔蜡浸入土内孔隙的缘故。因此，在正常情况下应尽量不用此法。

3. 液体石蜡法

本法适用于各类黏性土，尤其是对软土及坚硬易碎或形状不规则的土体可用本法测定。其测定步骤是选取一块（约 $30cm^3$）具有代表性的土体，先在空气中称得质量为 m，然后在液体石蜡中称其质量为 m_1，则土的密度可按下式计算，即

$$\rho=\frac{m}{V}=\frac{m}{\dfrac{m-m_1}{\rho_n}}$$

式中 ρ——土的密度，g/cm^3；

m——湿土质量，g；

m_1——湿土在液体石蜡中质量，g；

V——湿土体积，cm^3；

ρ_n——液体石蜡密度，取 $0.83g/cm^3$。

本测定方法是基于液体石蜡不具有极性，当它与土体接触，其体积保持不变，亦不产生吸附和浸湿作用。所以在工作实践中结合阿基米德原理便可有效地用来进行土的密度试验，并较蜡封法、水银排开法和环刀法等试验具有更高的精度和适用性。

4. 现场坑测法

在山区对含有卵砾石地层，可用挖试坑的方法测定其密度。先测定挖出的试样质量，再通过测定质量的方法测定试坑的体积，依据测定体积的方法不同，常有灌水法和灌砂法两种试验方法。对形状不规则的试坑，可通过灌水法测其体积。测量时为防止水的渗漏，可在挖好试坑内铺好一层塑料薄膜，然后往试坑内灌水，称量塑料薄膜的容水量，可求出试坑的体积。这种方法效果好，但在测试中必须注意塑料薄膜与坑壁贴紧，开挖试坑前，需将试坑范围表面整成水平表面，同时对薄膜本身所占体积进行校正。对于颗粒粒径不大的土层也可用灌砂法测定。灌砂法是利用标准砂灌满试坑，灌满试坑所需的标准砂的质量与试验前求出的标准砂的密度之比就是试坑的体积。灌砂筒有不同的型号，其选择由试坑大小决定，颗粒较大的土层，试坑要求较大，应选择大型号的灌砂筒；细粒土要求的试坑较小就可用小型的灌砂筒。

5. 放射性同位素法

放射性同位素法通常采用人工放射性同位素钴 60 作为放射源，用 γ 射线散射吸收法来测定土的密度。放射性物质蜕变时放射出 γ 射线，而 γ 射线经过土体产生散射，并被邻近的土所吸收，土体密度越大，吸收越多，通过率定或测得这种射线强度的变化，就可求出土的密度。

（三）试验技术要求

（1）土样上下扰动部分应除去，用环刀切取土样时，应垂直土面切取，用刮刀削平土面时，应尽量减少反复抹面，以免使土面受到更多扰动。

打开土样后，应及时试验，用环刀切好的土样应及时用玻璃板盖上，并用湿布盖好，以免失水。开土和切样工作不能在阳光直射下或暖气设备附近操作。

（2）软塑土样应先用细钢丝锯将土样锯成若干段，然后用环刀切取试样，以免土体因上部受压而使下部变形，对带状土应注意切取试样的代表性。

（3）蜡封后称土质量时，绑土块宜用细丝线。

二、密度试验方法（一）——环刀法

（一）基本原理

环刀法是利用一定容积的环刀切取土样，使土样充满环刀，这样环刀的容积即为试样体积，并称量试样质量，根据定义可计算出土的密度。环刀法简单方便，是目前最常用的试验方法。该方法适用于较均匀的可塑黏性土。

（二）仪器设备

（1）环刀：内径 61.8mm，高为 20mm。

（2）天平：称量 500g，最小分度值为 0.1g；称量 200g，最小分度值为 0.01g。

(3) 游标卡尺。

(4) 其他：切土刀、钢丝锯、凡士林、玻璃板等，如图 2-4 所示。

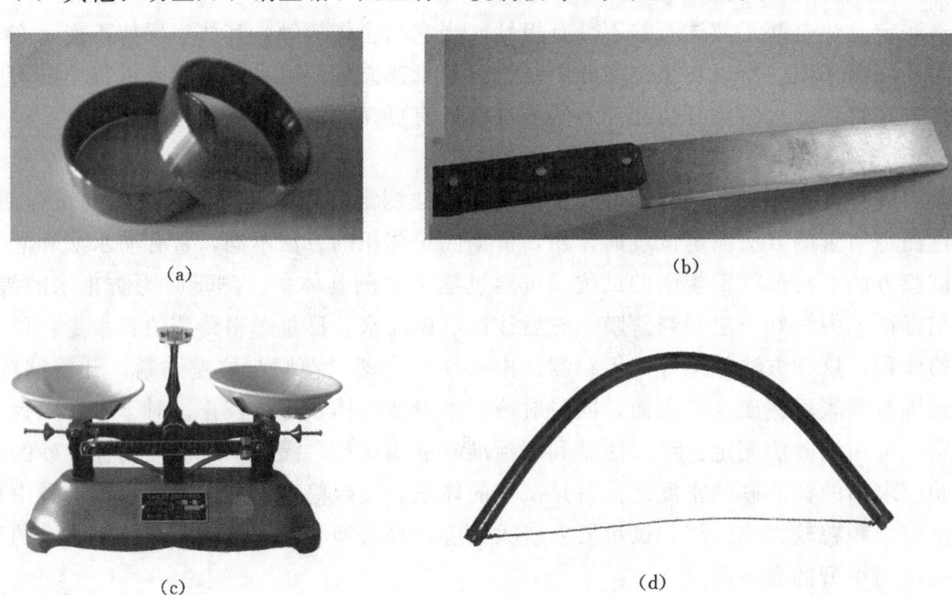

图 2-4　密度试验设备（环刀法）
(a) 环刀；(b) 切土刀；(c) 架盘天平；(d) 钢丝锯

(三) 操作步骤

1. 测定环刀的质量及体积

用游标卡尺测量环刀内径及高度，计算环刀的体积。然后用天平称量环刀质量为 m_1。

2. 开样

将土样筒按标明的上下方向放置，剥去蜡封和胶带（野外送到实验室的原状土样都是用土样筒装好并进行严格密封的），开启土样筒取出土样。

3. 切取土样

在环刀内壁涂一薄层凡士林，将环刀刃口向下放在土样上，垂直下压环刀，并用切土刀沿环刀外侧将土样切削成略大于环刀的土柱，边压边削至土样伸出环刀。距离刃口约 10mm 处用钢丝锯和切土刀将试样和环刀一起与土样断开。将切下来的内含试样的环刀放于实验台面上，先削平环刀上端的余土，使土面与环刀边缘齐平，再置于玻璃板上。然后削平环刀刃口一端的余土，使之与环刀刃口齐平。如果是软土，可用钢丝锯整平试样两端。若两面的土有少量剥落，可用切下的碎土轻轻补上。

4. 测定环刀加试样质量

擦净环刀外壁，称量环刀加试样的质量 m_2，准确至 0.1g。

(四) 成果整理

(1) 试样湿密度按下式计算（计算准确至 0.01g/cm³），即

$$\rho=\frac{m_2-m_1}{V}$$

式中　ρ——试样的密度，g/cm^3；

m_1——环刀的质量，g；

m_2——环刀加试样的质量，g；

V——试样的体积，大小等于环刀的容积，cm^3。

（2）试样干密度按下式计算（计算准确至0.01g/cm^3），即

$$\rho_d=\frac{\rho}{1+0.01\omega}$$

式中　ρ_d——试样的干密度，g/cm^3；

ω——试样的含水率，%。

（3）本试验需进行至少两次平行测定，即分别用环刀在土样上切取2～4个试样，分别测定其密度，取其平均值，其平均差值不得大于0.03g/cm^3。

（4）试验数据记录参见表2-4。

表2-4　　　　密度试验记录表（环刀法）

试样编号	环刀号	试样体积/cm^3	环刀质量/g	试样加环刀质量/g	试样质量/g	试样密度/(g/cm^3)	平均密度(g/cm^3)

试验小组：＿＿＿＿；试验成员：＿＿＿＿；计算者：＿＿＿＿；试验日期：＿＿＿＿。

（五）注意事项

（1）用环刀法切取土样时，取样环刀应垂直于土样面切取，并严格按试验步骤操作，下压环刀用力要均匀，下压一点将环刀周围的土削去一些，真正做到边压边削，不得急于求成。如果用力过猛，或图省事不削成土柱，直接将环刀一次性压入，这样非常容易使试样开裂和扰动，结果事倍功半。

（2）修平环刀两端余土时，不得在试样表面往返压抹，以免使土面受到更多扰动。

对于较软的土宜先用钢丝锯将土样锯成几段，然后用环刀切取，以免土体因上部受压而使下部变形，对带状土应注意切取试样的代表性。

三、密度试验方法（二）——封蜡法

（一）基本原理

封蜡法是将已知质量的土块浸入熔化的石蜡中，使试样完全被一层蜡膜外壳包裹。通过分别称得带有蜡壳的土样在空气中和水中的质量，根据阿基米德定理，计算出试样体积，便可测出土的密度。

（二）仪器设备

（1）石蜡及熔蜡设备（电炉和锅）。

（2）天平：称量500g，最小分度值为0.1g；称量200g，最小分度值为0.01g。

(3) 其他：切土刀、盛水烧杯、细线、温度计和针等。

(三) 操作步骤

1. 切取土样

从原状土样中切取体积不小于 $30cm^3$ 的代表性土样，削去松浮表土和尖锐棱角，使之成较整齐的形状，系上细线，置于天平盘上称量试样质量为 m。

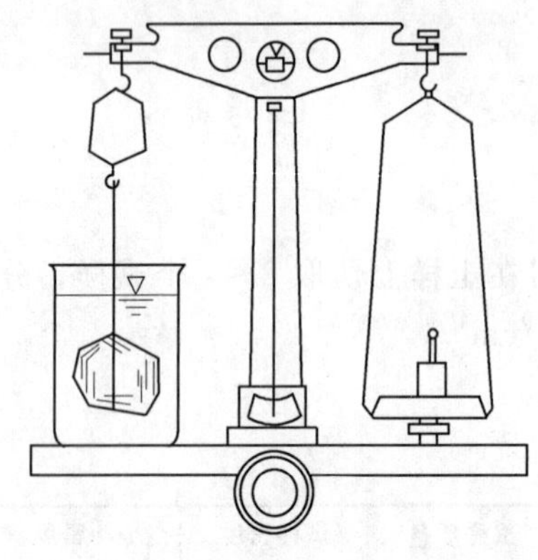

图 2-5　称蜡封试样在水中质量

2. 封蜡

手持细线将试样徐徐浸入刚过熔点（温度 50～70℃）的蜡液中，待全部浸没后立即提出，检查试样表面的蜡膜，当有气泡时用烧热的针刺破，再用蜡液补平，让其冷却。

3. 测定试样体积

(1) 将冷却后的蜡封试样放在天平上称其质量为 m_1。

(2) 用细线将试样吊在天平的一端，浸没于盛有蒸馏水的烧杯中（图 2-5），称其在水中的质量为 m_2。

(3) 将试样从水中取出，擦干蜡封薄膜表面水分，置于天平上称量检查是否有水进入土样中，若此时试样质量大于浸水前的蜡封试样质量并超过 0.03g，则实验应重做。

(四) 成果整理

1. 试样体积计算

试样体积等于蜡封试样体积减去蜡膜体积。

蜡封试样体积 V_d 按下式计算，即

$$V_d=\frac{m_1-m_2}{\rho_w}$$

试样周围蜡膜的体积 V_n 按下式计算，即

$$V_n=\frac{m_1-m}{\rho_n}$$

试样体积 V 按下式计算，即

$$V=V_d-V_n$$

2. 试样密度 ρ 的计算

按下式来计算（准确至 $0.01g/cm^3$），即

$$\rho=\frac{m}{V}=\frac{m}{\dfrac{m_1-m_2}{\rho_w}-\dfrac{m_1-m}{\rho_n}}$$

式中　m——试样的质量，g；

m_1——蜡封试样的质量，g；

m_2——蜡封试样在水中的质量，g；

ρ_w——在称重时该温度下蒸馏水的密度，g/cm^3；

ρ_n——事先求出的石蜡密度，一般以 0.92g/cm^3 计。

本实验需做两次平行测定，取其平均值，其平均差值不得大于 0.03g/cm^3。

3. 试验数据记录

将试验数据记录在表格中，记录表格可参见表 2-5。

表 2-5　　密度试验记录表（蜡封法）

试样编号	试样质量 /g	蜡封试样质量 /g	蜡封试样水中质量 /g	水的温度 /℃	水的密度 /(g/cm^3)	蜡封试样体积 /cm^3	蜡膜体积 /cm^3	试样体积 /cm^3	试样密度 /(g/cm^3)	平均密度 /(g/cm^3)

试验小组：________；试验成员：________；计算者：________；试验日期：________。

（五）注意事项

（1）在封蜡时应将土样徐徐浸入蜡中，并立即提上，以免蜡膜产生气泡和防止土样扰动。

（2）称蜡封试样质量时，应在另一砝码盘中放入一条与该试样等长度的细线，以平衡线的质量。

（3）在称蜡封试样浮重时，应注意勿使封蜡试样与烧杯壁接触，同时应排除附在其周围的气泡。

（4）蜡封后称土质量时，绑土块宜用细丝线。

四、密度试验方法（三）——灌水法

（一）基本原理

灌水法是现场测定表层土密度的方法之一。通过在土层表面开挖一个一定体积的试坑，称量挖出试样的质量，通过往试坑灌水的方法测定试坑的体积，由此计算出试样的密度。

（二）试验仪器设备

（1）储水筒：直径均匀，并附有刻度和出水管。

（2）台秤：称量 50kg，最小分度值为 10g。

（3）其他：刮土刀，小土铲，盛土容器，套环，水准尺，塑料薄膜袋等。

（三）操作步骤

1. 确定试坑尺寸

依据试样最大粒径确定试坑尺寸。试样最大粒径小于 20mm 时，试坑直径为 150mm，深 200mm；试样最大粒径小于 40mm 时，试坑直径为 200mm，深 300mm；试样最大粒径小于 60mm 时，试坑直径为 250mm、深 300mm。

2. 下挖试坑和称量试样质量

（1）将选定试验处的表层松散土层除去，用刮刀整平表面，并用水准尺检查。

（2）按确定的试坑直径画好试坑轮廓线，在轮廓线内下挖至要求深度，边挖边将挖出的试样放入盛土容器内，称试样质量 m，准确至 10g。

3. 安放塑料薄膜

试坑挖好后，放上相应尺寸的套环，并用水准尺找平。将大于试坑容积的塑料薄膜袋平铺于坑内，翻过套环压住薄膜四周。

4. 灌水测量试坑体积

记录储水筒初始水位高度 H_1，拧开阀门用出水管将水缓慢注入塑料薄膜袋内。当水面接近套环边缘时，将水流调小，直到袋内水面与套环边缘齐平时关闭出水管，持续 3～5min，记录储水筒内水位的高度 H_2。如果袋内出现水面下降，则另取塑料薄膜袋重做试验。

(四) 成果整理

1. 试坑体积计算

试坑体积 V_p 按下式来计算，即

$$V_p=(H_1-H_2)A_w-V_0$$

式中　V_p——试坑的体积，cm^3；

H_1——储水筒内初始水位高度，cm；

H_2——储水筒内注水终了时水位高度，cm；

A_w——储水筒断面面积，cm^2；

V_0——套环体积，cm^3。

2. 试样密度计算

试样密度 ρ 按下式计算，即

$$\rho=\frac{m}{V_p}$$

式中　m——取自试坑内试样的质量，g。

3. 试验记录

灌水法密度试验记录表参见表 2-6。

表 2-6　　密度试验记录表（灌水法）

试坑编号	储水筒水位高度/cm		储水筒断面面积/cm^2	套环体积/cm^3	试坑体积/cm^3	试样质量/g	试样密度/(g/cm^3)
	初始	终了					

试验小组：＿＿＿＿；试验成员：＿＿＿＿；计算者：＿＿＿＿；试验日期：＿＿＿＿。

(五) 注意事项

(1) 灌水用的薄膜塑料袋材料为聚氯乙烯，薄膜袋的尺寸应与试坑大小相适应。

(2) 开挖试坑时，坑底和坑壁应规则，试坑直径与深度只能略小于薄膜塑料袋的尺寸，铺设时应使薄膜塑料袋紧贴坑壁；否则测得的容积会偏小，而求得偏大的密度。

五、密度试验方法（四）——灌砂法

(一) 基本原理

本试验适用于现场测定细粒土、砂类土、砾类土等的密度，测定土层的厚度在 200～

300mm。试验所用仪器是由容砂瓶和灌砂漏斗组成的灌砂器，试验前先用容砂瓶测定标准砂的密度，试验时，通过在挖好的试坑内灌满标准砂，测得与试坑体积相等的标准砂的质量，利用标准砂的密度可计算出试坑的体积，则试坑内挖出的试样质量与试坑体积之比就是土的密度。

（二）仪器设备

（1）密度测定器：由容砂瓶、灌砂漏斗和底盘组成（图 2-6）。灌砂漏斗高 135mm，直径为 165mm，底部有孔径为 13mm 的圆柱形阀门；容砂瓶容积为 4L，容砂瓶和灌砂漏斗之间用螺纹接头连接，底盘中央有圆孔。

（2）台秤：称量 10kg，最小分度值为 5g；称量 500g，最小分度值为 0.1g。

（3）标准砂：粒径为 0.25～0.50mm，密度为 1.47～1.61g/cm³。

（4）其他：挖试坑设备，长柄勺，盛土容器，塑料袋等。

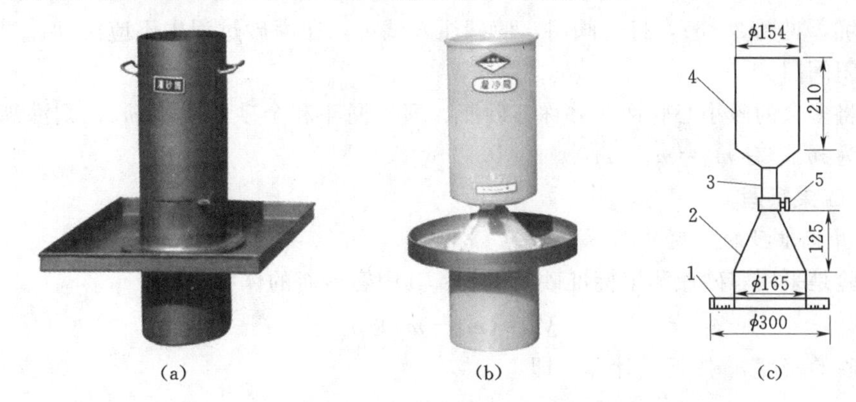

图 2-6　灌砂筒的实物图片和示意图

（a）实物一；（b）实物二；（c）示意图

1—底盘；2—灌砂漏斗；3—螺纹接头；4—容砂瓶；5—阀门

（三）操作步骤

1. 测定标准砂密度

（1）测灌砂筒质量 m_1。组装容砂瓶、灌砂漏斗，拧紧螺纹连接处，称其质量 m_1。

（2）测容砂瓶中装满标准砂时灌砂筒质量 m_2。将灌砂筒竖立放置，灌砂漏斗口向上，向灌砂漏斗内注满标准砂，打开阀门让砂漏入容砂瓶内，继续向漏斗内注砂直至砂停止流动时迅速关闭阀门。倒掉漏斗内多余的砂，称容量瓶、灌砂漏斗和标准砂的质量为 m_2。试验时应避免震动。

（3）测容砂瓶中装满水时灌砂筒质量 m_3。倒掉容砂瓶内标准砂，通过灌砂漏斗向容砂瓶内注水至水面高出阀门，关闭阀门，倒掉漏斗内多余的水，称容砂瓶、灌砂漏斗和水的质量 m_3，准确至 5g，并测定水的温度，准确至 0.5℃。重复测定 3 次，3 次测量值之间差值不得大于 3mL。重复测量时，卸掉灌砂漏斗，用滴管吸去部分水使水面低于阀门，然后重新装上灌砂漏斗并向容砂瓶内灌水，重复第 1 次试验步骤，即不必将容砂瓶内的水全部倒掉。

2. 下挖试坑，称量挖出试样质量 m

按灌水法测定土样密度的方法中下挖试坑的步骤挖好规定尺寸的试坑。将挖出的试样放在已知质量的塑料袋内，避免水分挥发，称试样质量 m。试坑尺寸可参考表 2-7。

表 2-7　　试坑尺寸与相应的试样最大粒径　　单位：mm

试样最大粒径	试坑尺寸	
	直　径	深　度
5～25	150	200
25～60	200	250
80	250	300

3. 灌砂以确定试坑用砂质量 m_s

（1）将容砂瓶灌满标准砂，关闭阀门，称容砂瓶、灌砂漏斗和标准砂的质量 m_4。

（2）将底盘置于试坑上，开口对准试坑，灌砂筒倒置（容砂瓶向上）于底盘上（对准挖好的试坑，见图 2-6），打开阀门，使砂注入试坑，在灌砂过程中不应震动。当砂注满试坑时关闭阀门。

（3）将多余的砂小心收回，并称容砂瓶、灌砂漏斗和余砂的质量 m_5，则灌满试坑所用砂质量为 m_s，有 $m_s=m_4-m_5$。

（四）成果整理

1. 计算标准砂的密度

本试验是采用容砂瓶测定标准砂的密度，其中容砂瓶的体积 V_r 为

$$V_r=(m_3-m_1)/\rho_{wr}$$

标准砂的密度 ρ_s 按下式计算，即

$$\rho_s=\frac{m_2-m_1}{V_r}$$

式中　V_r——容砂瓶的体积，cm^3；

m_1——容砂瓶和灌砂漏斗的质量，g；

m_2——容砂瓶灌满标准砂时，容砂瓶和灌砂漏斗的质量，g；

m_3——容砂瓶加满水时，容砂瓶和灌砂漏斗的质量，g；

ρ_{wr}——与容砂瓶中水温对应的水的密度，可查表 2-10，g/cm^3；

ρ_s——标准砂的密度，g/cm^3。

2. 计算试样的密度 ρ

试样密度按下式计算，即

$$\rho=\frac{m}{V}=\frac{m}{\dfrac{m_s}{\rho_s}}=\frac{m}{\dfrac{m_4-m_5}{\rho_s}}$$

式中　ρ——试样的密度，g/cm^3；

V——试坑的体积，$V=(m_4-m_5)/\rho_s$，cm^3；

m_4——容砂瓶灌满标准砂时，容砂瓶和灌砂漏斗的质量，g；

m_5——灌满试坑后，容砂瓶、灌砂漏斗和余砂的质量，g；

m_s——灌满试坑所用标准砂的质量，g。

3. 试验记录

灌砂法试验记录参见表 2-8 和表 2-9。不同温度水的密度见表 2-10。

表 2-8　　标准砂密度试验记录表（灌砂法）

试坑编号	试验次数	容器质量/g	容器灌满标准砂时质量/g	容量瓶中标准砂质量/g	容器灌满水时质量/g	水温/℃	容量瓶的体积/cm^3	标准砂密度/(g/cm^3)	平均密度/(g/cm^3)
	1								
	2								

试验小组：__________；试验成员：__________；计算者：__________；试验日期：__________。

表 2-9　　密度试验记录表（灌砂法）

试样编号	容器加量砂质量/g	容器加余砂质量/g	试坑标准砂质量/g	试坑体积/cm^3	试样质量/g	试样密度/(g/cm^3)

试验小组：__________；试验成员：__________；计算者：__________；试验日期：__________。

表 2-10　　不同温度水的密度

温度/℃	水的密度/(g/cm^3)	温度/℃	水的密度/(g/cm^3)	温度/℃	水的密度/(g/cm^3)	温度/℃	水的密度/(g/cm^3)
4.0	1.0000	12.0	0.9995	20.0	0.9982	28.0	0.9962
5.0	1.0000	13.0	0.9994	21.0	0.9980	29.0	0.9959
6.0	0.9999	14.0	0.9992	22.0	0.9978	30.0	0.9957
7.0	0.9999	15.0	0.9991	23.0	0.9975	31.0	0.9953
8.0	0.9999	16.0	0.9989	24.0	0.9973	32.0	0.9950
9.0	0.9998	17.0	0.9988	25.0	0.9970	33.0	0.9947
10.0	0.9997	18.0	0.9986	26.0	0.9968	34.0	0.9944
11.0	0.9996	19.0	0.9984	27.0	0.9965	35.0	0.9940

六、思考题

1. 什么情况下用环刀法测定土的密度？什么情况下用蜡封法？
2. 在环刀法中影响试验准确性的因素有哪些？
3. 为什么在土样封蜡时，要使石蜡刚过熔点，不能过高，也不能过低？
4. 在什么条件下只能用灌砂法或灌水法测定土的密度，为什么？
5. 土的密度在工程中的意义？
6. 蜡封法测得的密度为什么总是比其他方法测得的密度偏大？

第四节　土粒比重试验

土粒比重是土的物理性质基本指标之一，是计算土的孔隙比、饱和密度和饱和度等其他物理性质指标以及颗粒分析的密度计试验、固结试验等其他试验成果整理的必需数据。该试验属于基础性试验，是土工试验中必做项目。

一、试验基本原理

（一）测定土粒比重的一般方法

土粒比重是指土粒的质量与同体积4℃时水的质量之比（无因次），用G_s表示，即

$$G_s=\frac{m_s}{V_s\rho_{w(4℃)}}$$

土的比重是土中各种矿物颗粒密度的平均值，其值的大小与组成土颗粒矿物的种类及其含量有关。砂土的比重约为2.65，黏土的比重变化范围较大，常介于2.68～2.75之间。土的比重与土的成分没有固定的关系。若土中含铁锰矿物较多时，则比重偏大，含有机质或腐殖质较多时，则比重较小，其值可降到2.40以下。

比重试验就是测定干土的质量和相应土颗粒体积。干土的质量是将制备好的土在105～110℃下烘干至恒重冷却的土，以天平直接称得到。相应土颗粒的体积则采用排水法求得，即将土放于盛有液体的比重瓶等容器中，根据其所排开的液体体积求得。依据测定土颗粒体积使用的仪器不同，测定比重的方法分为比重瓶法、虹吸法和浮称法。其中比重瓶法是采用比重瓶测定土颗粒的体积；虹吸法是采用虹吸筒测定土颗粒的体积；浮称法是采用浮称天平测定土颗粒的体积。

比重瓶法适用于粒径较细的土（小于5mm），其基本原理是通过测定瓶中加满水时（瓶加水）的质量和瓶中有土颗粒再加满水时（瓶加土加水）的质量，计算得到土颗粒排开水的体积，即土颗粒的体积。

虹吸法是适用于粒径大于5mm且粒径大于20mm的颗粒含量小于10%的土，该方法的原理是将颗粒放入盛有一定水位的虹吸筒中，排开的水量即为试样的体积。

浮称法适合于颗粒较大的土，通过用浮称天平称量土颗粒在水中受到的浮力，由此计算土颗粒的体积。

（二）比重瓶法基本原理和液体介质的选用

1. 比重瓶法基本原理（用蒸馏水作为液体介质）

现讨论用蒸馏水测定比重的具体试验原理和法则，可以设m_s为干土质量（g），m_1为在温度T℃时，比重瓶盛满蒸馏水至一定标记时的总质量（g），m_2为在温度T℃时，比重瓶装入干土后，再盛满蒸馏水至同一标记时的总质量（g）。

按上述三者的关系，可以想象，将质量为m_s的干土放入盛满蒸馏水的比重瓶内，则必有一部分蒸馏水被挤出瓶外。当水中无空气存在时，被挤出的蒸馏水体积必然等于放入的干土颗粒体积，其大小可用三者的质量关系求得，计算公式为

$$V_s=\frac{m_1+m_s-m_2}{\rho_{w(T℃)}}$$

与土同体积4℃时的蒸馏水质量：

$$m_{w(4℃)}=\frac{m_1+m_s-m_2}{\rho_{w(T℃)}}\rho_{w(4℃)}$$

所以土的比重为

$$G_s=\frac{m_s}{m_{w(4℃)}}=\frac{m_s}{m_1+m_s-m_2}\frac{\rho_{w(T℃)}}{\rho_{w(4℃)}}$$

式中　V_s——土粒的体积，cm^3；

m_s——土粒的质量，g；

m_1——比重瓶加蒸馏水的质量，g；

m_2——比重瓶加蒸馏水加土粒的质量，g；

m_w——与土粒同体积4℃时水的质量，g；

G_s——土粒比重；

$\rho_{w(T℃)}$——T℃时蒸馏水的密度，查表2-10，g/cm^3；

$\rho_{w(4℃)}$——4℃时蒸馏水的密度，查表2-10，g/cm^3。

2. 液体介质的选用

但当土中含有水溶盐（如盐渍土）、亲水性胶质（如蒙脱黏土）及有机质（如泥炭、腐殖）时，试验时所用的液体不能采用蒸馏水，上述原理也就不能适用。因为对于含有水溶盐的土，水溶盐遇水后，尤其在试验时的煮沸过程中，会溶解于水而成溶液，导致土粒所排开水的体积减小。因为未溶解之前的盐和水的总体积大于溶解后盐溶液的体积；同时水溶盐中原有的结晶水的密度较蒸馏水为小（$CaSO_4\cdot 5H_2O$、$CaSO_4\cdot 5H_2O$及$NaSO_4\cdot 10H_2O$中的结晶水的密度分别为$0.71g/cm^3$、$0.79g/cm^3$、$0.85g/cm^3$），这两种原因都会使土粒排开水的体积减少，从而使试验结果偏大。故按上式计算所得比重值会随含盐量的增多而递增，对不同含盐量的土样进行试验的结果（表2-11）也证明了这点。

表2-11　　不同含盐量的土的比重测定成果比较

含盐量/%	0.5	1.0	2.0	3.0
比重值增大数值	0.012	0.020	0.039	0.043

对于土中含亲水矿物时，亲水矿物具有较强的电场引力，在水分充足的情况下，会吸附较多的水分子形成较厚的结合水膜。结合水的密度比自由水大（一般从$1.20\sim1.75g/cm^3$不等），土中结合水的多少决定于胶粒含量、矿物成分和吸附阳离子成分。因而使比重瓶中水与土的质量增加。由于有机质的亲水性很强，对含有机物的土，这种现象更加明显。因此，如试验时所用液体为蒸馏水，用上述公式计算，则结果也是偏大。

综上所述，含有水溶盐及亲水性胶体的土（占干土质量的5%以上），其比重的测定应用中性液体（如煤油、苯等代替水），以防盐类的溶解和结合水的形成。

(三) 试样排水方法选用

土粒比重测定过程中需要将土颗粒周围的空气排除干净，否则试验结果会偏小。常用的排气方法有蒸馏水煮沸法、蒸馏水抽气法及中性液体抽气法三种。对不含或少含水溶盐及亲水胶体的土，采用第一种方法和第二种方法比较合适。其中，尤以蒸馏水抽气法的效果较好。这是因为前者在煮沸过程中，土颗粒本身借热膨胀作用，可以将残留在土颗粒间的空气得以较好排除，但是根据经验得知，此法操作程序繁琐，在煮沸过程中，为防止砂颗粒跳动和土液溅出，需有专人看管，兼之水温变化大和难以控制等问题。故此法确实不如蒸馏水抽气法准确简便。如在抽气尚能辅之振荡器配合使用，则将更加完善。

中性液体抽气法，适用于含较多水溶盐、亲水胶体或有机质的土，其操作程序与蒸馏水抽气法相同。所不同之处，是以中性液体代替蒸馏水。关于中性液体的采用，目前多采用煤油，但也有采用苯的，鉴于各种液体的比重不同，故在使用之前，必须同时测量中性液体的比重。此外，为排尽土粒间的空气，应保证足够的真空度。由于各地区海拔高程不同，其气压标准各异，因而无法对汞柱高度作硬性规定。一般抽至近一个大气压时算起，黏性土需 1.5h，砂性土需 1h。

二、土粒比重试验方法（一）——比重瓶法

（一）基本原理

比重瓶法测定土粒比重是利用排水法通过比重瓶测定一定质量土粒的体积，从而计算出土粒比重。其中，土粒的体积是通过测定土粒的质量、比重瓶加水的质量、比重瓶加水加土粒的质量计算得到。该法适合于粒径小于 5mm 的各类土。

（二）仪器设备

(1) 比重瓶：容量为 $100cm^3$ 或 $50cm^3$；有毛细式［图 2-7（a）］和长颈式两种［图 2-7（b）］。

(2) 分析天平：量程 200g，最小分度值 0.001g［图 2-7（c）］。

(3) 真空抽气设备［图 2-7（d）］。

(4) 砂浴：应能调节温度［图 2-7（e）］。

(5) 恒温水槽：准确度为±1℃［图 2-7（f）］。

(6) 温度计：测定范围 0～50℃，精确至 0.5℃。

(7) 其他：烘箱、蒸馏水、小漏斗、干毛巾、小洗瓶、瓷钵和研棒、孔径为 5mm 筛等。

（三）操作步骤

1. 土样制备

取有代表性的风干土样约 100g，充分研散并全部过 5mm 的筛。将过筛风干土及洗净的比重瓶在 105～110℃下烘干，取出后置于干燥器内冷却至室温后备用。

2. 称量干土质量

将烘干冷却的比重瓶在天平上称其质量 m_{01}，使用 100mL 比重瓶时，称量烘干土 15g 左右，当使用 50mL 的比重瓶时称 10g 左右，通过漏斗倾入比重瓶中，然后称量瓶加土的质量 m_{02}，则瓶中土粒的质量 $m_s = m_{02} - m_{01}$。

通常在操作熟练时，可以直接称量烘干土质量作为土粒质量 m_s，小心倒入比重瓶内。但初学者操作时应防止土粒漏失，以免影响试验准确度。

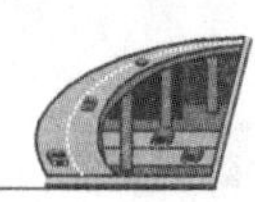

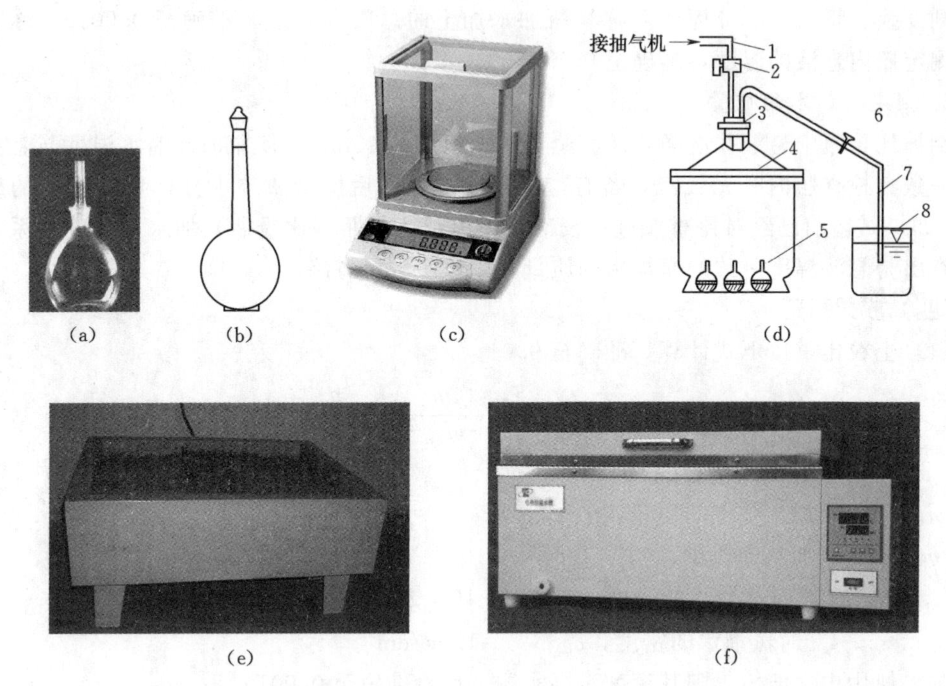

图 2－7　比重试验设备（比重瓶法）

(a) 毛细式比重瓶；(b) 长颈式比重瓶；(c) 分析天平；(d) 真空抽气装置示意图；(e) 砂浴；(f) 恒温水槽

1—接气管；2—二通阀；3—橡皮塞；4—真空缸；5—装有土样的比重瓶；6—管夹；7—引水管；8—盛水器

3. 煮沸（或抽气）排气

(1) 煮沸排气。

向盛有土样的比重瓶中注入蒸馏水至半满，轻摇比重瓶使土粒分散，将瓶置于砂浴上煮沸，从开始沸腾时算起，若为砂土或粉土煮沸时间应不少于 30min，黏性土应不少于 1.0h，以排出土粒内的气体。煮沸过程中应注意比重瓶内的悬液不得溅出瓶外。

(2) 抽气排气。

将盛有土样及半满蒸馏水的比重瓶放在真空抽气缸内，接上真空泵，真空度应接近一个大气负压，直至摇动时无气泡逸出为止，抽气时间一般为 1～2h。对于砂土宜用真空抽气法；对于含可溶性盐、有机质、亲水性胶体的土必须用中性液体（如煤油）代替蒸馏水，并用真空抽气法排气，真空表读数宜接近当地一个大气负压值，抽气不得小于 1h。

4. 测定瓶加水加土的质量

(1) 若用煮沸排气法时，煮沸完毕后，取出比重瓶冷却至室温，注蒸馏水于比重瓶中（毛细式注至近满加盖，长颈式则注至近刻度处）。然后将比重瓶置于恒温水槽内直至温度稳定，瓶内上部悬液澄清后，取出比重瓶。如果是采用中性液体，则向比重瓶内注入经过抽气后的中性液体。

(2) 若为毛细式比重瓶注蒸馏水至瓶口，塞上瓶塞，使多余的水自毛细管中溢出。瓶塞塞好后，瓶内不应留有空气，如有应再加水重新塞好。如果是长颈比重瓶，加蒸馏水至规定刻度线。将瓶外水分擦干后称量瓶加水加土的总质量 m_{bws}，准确至 0.001g，称完后立即测定瓶内悬液的温度，准确至 0.5℃。

5. 测定瓶加水的质量

倒掉比重瓶中悬液并洗净，注满蒸馏水，恒温约 15min，使瓶内蒸馏水温度与悬液的温度一致。检查瓶内有无气泡，若有，需排除之。然后擦干瓶外水分称量瓶加水的质量 m_{bw}。如果试验前已经对比重瓶进行校准，得出温度与瓶（比重瓶）加水质量的关系，可直接查出与悬液温度一致的瓶加水的质量，则该步骤可省略。

（四）成果整理

（1）土粒比重按下式计算，准确至 0.01。

$$G_s=\frac{m_s}{m_{w(4℃)}}=\frac{m_s}{m_s+m_{bw}-m_{bws}}\frac{\rho_{w(T℃)}}{\rho_{w(4℃)}}$$

式中　m_s——土粒的质量，g；

m_{bws}——瓶加水加土的质量，g；

m_{bw}——瓶加水的质量，g；

$\rho_{w(T℃)}$——T℃时蒸馏水的密度，查表 2-10，g/cm³；

$\rho_{w(4℃)}$——4℃时蒸馏水的密度，$\rho_{w(4℃)}=1.0$g/cm³。

如果使用中性液体，则其密度需要实测，称量准确至 0.001g。

（2）该试验必须进行两次平行测定，两次测定的误差不得大于 0.02，最后结果取两次测定值的平均值。

（3）试验记录参见表 2-12。

表 2-12　　土粒比重试验记录表（比重瓶法）

试样编号	比重瓶号	土粒质量/g	瓶加水加土质量/g	悬液温度/℃	液体密度/(g/cm³)	瓶加水质量/g	土粒比重	平均值

试验小组：________；试验成员：________；计算者：________；试验日期：________。

三、土粒比重试验方法（二）——浮称法

（一）基本原理

浮称法是利用排水法测量土粒的体积。用浮称天平称量土粒在水中的质量，再称量土粒的质量，两者之差就是土粒所受到的浮力，利用阿基米德定律计算土粒的体积。从而可依据比重的定义计算土粒比重。该方法适用于粒径大于等于 5mm 的各类土，且其中粒径大于 20mm 的土质量小于总土质量的 10%。

（二）仪器设备

（1）铁丝筐：孔径小于 5mm，边长 10～15cm，高 10～20cm。

（2）盛水容器：尺寸大于铁丝筒。

（3）浮称天平：称量2000g，最小分度值0.5g，如图2-8所示。

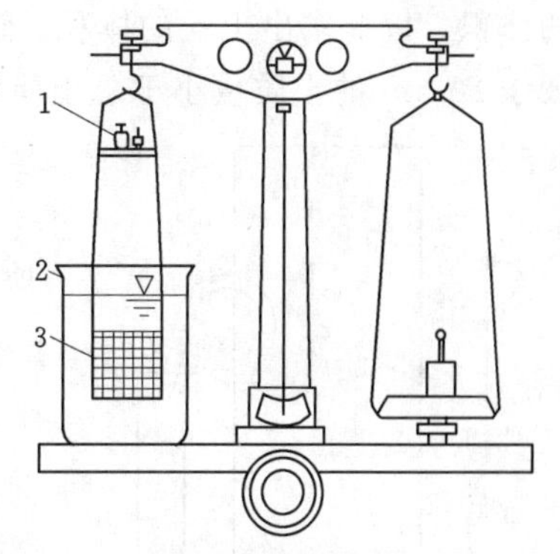

图2-8　浮称天平

1—平衡砝码；2—盛水容器；3—盛试样的容器

（4）天平：称量1000g，最小分度值0.1g。

（5）温度计：测定范围0～50℃，精确至0.5℃。

（三）操作步骤

（1）试样准备。取代表性试样500～1000g，将试样表面清洗洁净，浸入水中一昼夜后取出，放入铁丝筐，并缓慢地将铁丝筐浸没于水中，在水中摇动至土中无气泡溢出。

（2）称铁丝筐和土粒在水中的质量 m_{st}。

（3）将铁丝筐中试样小心取出并在105～110℃下烘干，用天平称烘干土粒质量 m_s。

（4）称铁丝筐在水中的质量 m_t，并测定盛水容器中水的温度 T，准确至0.5℃。

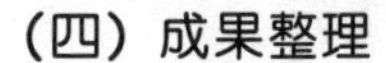

（四）成果整理

（1）土粒比重按下式计算，准确至0.01。

$$G_s=\frac{m_s}{V_s\rho_{w(4℃)}}=\frac{m_s}{m_s-(m_{st}-m_t)}\frac{\rho_{w(T℃)}}{\rho_{w(4℃)}}$$

式中　m_s——土粒的质量，g；

m_{st}——铁丝筐和试样在水中的质量，g；

m_t——铁丝筐在水中的质量，g；

$\rho_{w(T℃)}$——T℃时蒸馏水的密度，查表2-10，g/cm³；

$\rho_{w(4℃)}$——4℃时蒸馏水的密度，查表2-10，g/cm³。

（2）该试验必须进行两次平行测定，两次测定的误差不得大于0.02，最后结果取两次测定值的平均值。

（3）试验记录。

将试验数据记录在表格中，记录表格可参见表2-13。

表2-13　　土粒比重试验记录表（浮称法）

试样编号	铁丝筐编号	水的温度/℃	水的密度/(g/cm³)	干试样质量/g	铁丝筐加试样在水中质量/g	铁丝筐在水中质量/g	土粒比重	比重平均值

四、土粒比重试验方法（三）——虹吸法

（一）基本原理

虹吸法也是利用排水法测量土粒的体积。利用带虹吸管的虹吸筒直接测定土粒排开水

的体积，以此求出土粒的体积。该方法适用于粒径大于等于 5mm 的各类土，且其中粒径大于 20mm 的土质量小于总土质量的 10%。

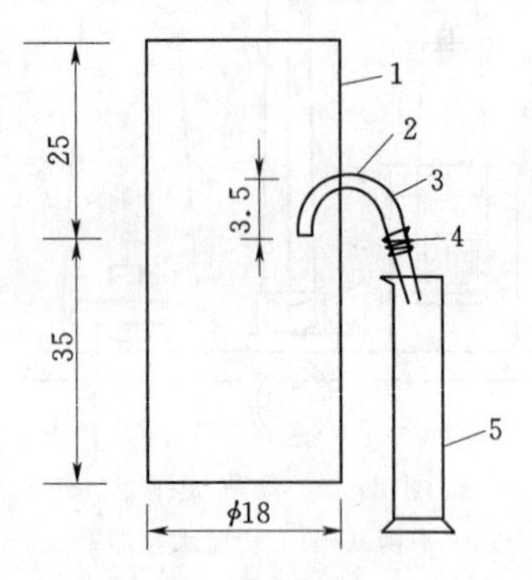

图 2-9　虹吸筒装置

1—虹吸筒；2—虹吸管；3—软管；4—软管夹；5—量筒

(二) 仪器设备

(1) 虹吸筒装置：由虹吸筒和虹吸管组成，如图 2-9 所示。

(2) 量筒：容积大于 500mL。

(3) 天平：称量 1000g，最小分度值 0.1g。

(4) 温度计：测定范围 0～50℃，精确至 0.5℃。

(三) 操作步骤

1. 称量量筒质量和准备试样

称干燥时量筒的质量 m_c，准确至 0.1g。

取代表性试样 700～1000g，将试样表面清洗洁净，浸入水中一昼夜后取出晾干。对大颗粒试样用干布擦干表面，并称晾干试样质量 m_{ad}。

2. 放试样入虹吸筒

将清水注入虹吸筒至虹吸管口有水溢出时关闭管夹，将试样缓慢放入虹吸筒中，边放边搅拌，直到试样中无气泡溢出为止，搅拌时水不得溅出筒外。

3. 测定试样排开水的质量

当虹吸筒内水面平稳时打开管夹，将试样排开的水从虹吸管流入量筒，称量筒与水的总质量 m_{cw}，准确至 0.5g。同时测量筒内的水温 T，准确至 0.5℃。

4. 测定烘干试样的质量

取出试样烘干至恒重，称烘干试样质量 m_s，准确至 0.1g。

(四) 成果整理

(1) 土粒比重计算。

土粒比重按下式计算，准确至 0.01。

$$G_s=\frac{m_s}{V_s\rho_{w(4℃)}}=\frac{m_s}{(m_{cw}-m_c)-(m_{ad}-m_s)}\cdot\frac{\rho_{w(T℃)}}{\rho_{w(4℃)}}$$

式中　m_s——烘干状态时土粒的质量，g；

m_{cw}——量筒和水的质量，g；

m_c——量筒的质量，g；

m_{ad}——晾干状态时土粒的质量，g；

$\rho_{w(T℃)}$——T℃时蒸馏水的密度，查表 2-10，g/cm^3；

$\rho_{w(4℃)}$——4℃时蒸馏水的密度，$\rho_{w(4℃)}=1.0g/cm^3$。

(2) 该试验必须进行两次平行测定，两次测定的误差不得大于 0.02，最后结果取两次测定值的平均值。

(3) 试验记录试验数据及结果见表 2-14。

表 2-14 土粒比重试验记录表（虹吸法）

试样编号	量筒质量 /g	晾干试样质量 /g	量筒加水质量 /g	量筒中水温度 /℃	水的密度 /(g/cm³)	烘干试样质量 /g	土粒比重	比重平均值

五、土颗粒的平均比重

当土颗粒中既含有大于 5.0mm 的粗颗粒，又含有小于 5.0mm 的细颗粒时，试验时先用 5mm 孔径的标准筛把粗颗粒和细颗粒分为两部分，再分别用不同的方法测定其土粒比重。工程实践中采用其平均比重作为该土粒比重。平均比重的计算公式为

$$G_{sm}=\frac{1}{\frac{P_1}{G_{s1}}+\frac{P_2}{G_{s2}}}$$

式中 G_{sm}——土粒平均比重；

G_{s1}，G_{s2}——粒径大于等于 5.0mm 土粒和粒径小于 5.0mm 土粒的比重值；

P_1，P_2——粒径大于等于 5.0mm 土粒和粒径小于 5.0mm 土粒占试样总质量的百分含量，%。

六、注意事项

(1) 煮沸（或抽气）排气时，必须防止悬液溅出瓶外，火力要小，并防止煮干。必须将土中气体排尽，否则影响实验成果。

(2) 必须使瓶中悬液与蒸馏水的温度一致。

(3) 称量必须准确，测定瓶加水加土或瓶加水的质量时，必须将比重瓶外水分擦干。

(4) 若用长颈式比重瓶，液体灌满比重瓶时，液面位置前后几次应一致，以弯液面下缘为准。

七、思考题

(1) 用比重瓶法测定土的比重时，为什么要将加适量水的比重瓶放在砂浴上煮沸 1h? 如果省去此步骤，所得比重值是偏大还是偏小？为什么？

(2) 土在天然状态时，孔隙中的水含各种离子成分，在用比重瓶法测比重时，用蒸馏水测得的结果和天然状态相比是偏大还是偏小？为什么？

(3) 土的比重在工程实践中有何意义，为什么其试验精度要求更高？

第五节 试 验 案 例

一、试验案例 1：含水率试验（烘干法）

本试验通常和压缩试验或直接剪切试验一起做，用切削下来土样进行试验。

(一) 操作步骤

1. 称量含水盒质量

为进行平行试验，准备两个含水盒（注意：盒盖和盒体编号要相同），记下含水盒编号 1034 和 542，用天平称量含水盒质量 m_0 分别为 11.83g 和 11.81g。

2. 称量盒加湿土质量

在含水盒中装入大半盒要测试的黏土试样，盖上盒盖，用天平称含水盒加湿土质量 m_1 分别为 41.18g 和 40.89g。

3. 烘干

打开盒盖，放在搪瓷托盘内，放入烘箱烘干，调整烘箱温度至 105～110℃，启动烘箱烘干，烘干持续时间不少于 8h（试样为黏土）。

4. 冷却并称量盒加干土质量

自烘箱中取出托盘和试样，盖上含水盒盒盖，立即放入干燥器中冷却至室温，称含水盒加干土质量 m_2 分别为 37.88g 和 37.52g。

上述试样数据记入试验记录表。

(二) 成果整理

1. 含水率计算

对应于盒号 1034 的试样含水率：

$$\omega=\frac{m_1-m_2}{m_2-m_0}\times100\%=\frac{41.18-37.88}{37.88-11.83}\times100\%=12.7\%$$

对应于盒号 572 的试样含水率计算结果为 12.9%。

两个含水盒测得的含水率相差 0.2%，未超过 1.0%的允许平行误差，所以，以两者算术平均值 12.8%为试验结果（准确至 0.1%）。

2. 试验数据记录

试验数据及结果见表 2-15。

表 2-15　　含水率试验记录表（烘干法）

试样编号	盒号	盒质量 m_0/g	盒+湿土质量 m_1/g	盒+干土质量 m_2/g	水分质量 (m_1-m_2)/g	干土质量 (m_2-m_0)/g	含水率 /%	平均含水率 /%
001	1034	11.83	41.18	37.88	3.30	26.05	12.7	12.8
	542	11.81	40.89	37.52	3..37	25.71	12.9	

试验小组：________；试验成员：______________；计算者：________；试验日期：__________。

二、试验案例 2：密度试验（环刀法）

本试验通常和直接剪切试验一起做，因为直接剪切试样也需要用环刀切取试样。

(一) 操作步骤

1. 准备环刀，称量环刀质量

为进行平行试验，选用 4 个环刀（至少要 2 个环刀），记下编号分别为 79、91、74、32，在天平上称其质量 m_1 分别为 46.28g、43.92g、45.08g、43.40g。

2. 切样，称量环刀+土质量

用四个环刀按要求切取 4 个试样，将环刀外壁擦拭干净，用天平称量环刀加试样质量 m_2 分别为 154.49g、153.18g、153.29g、149.04g。

相应试验数据写入试验记录表。

(二) 成果整理

1. 密度计算

环刀体积为 60cm³，环刀编号为 79 的试样密度：

$$\rho=\frac{m_2-m_1}{V}=\frac{154.49-46.28}{60}=1.80\text{g/cm}^3$$

其余三个试样的密度计算结果分别为 1.82 g/cm³、1.80 g/cm³、1.76 g/cm³，4 个试样中，环刀编号为 97 和 32 的两个试样结果相差 0.06 g/cm³，超过允许平行差值 0.03 g/cm³，前三个试样平行误差为 0.02 g/cm³，小于允许差值，所以，取前三个试样平均值 1.81 g/cm³ 作为试验结果。

2. 试验数据记录

试验数据及结果见表 2-16。

表 2-16　密度试验记录表（环刀法）

试样编号	环刀号	试样体积 V /cm³	环刀质量 m_1/g	试样+环刀质量 m_2/g	试样质量 $m=m_2-m_1$/g	试样密度 ρ /(g/cm³)	平均密度 ρ /(g/cm³)
91	79	60	46.28	154.49	108.21	1.80	1.81
	91	60	43.92	153.18	109.26	1.82	
	74	60	45.08	153.20	108.12	1.80	
	32	60	43.40	149.04	105.65	1.76	

说明：取前三个试样试验结果计算平均值作为试验结果，第四个试验值偏差过大舍弃。

试验小组：________；试验成员：________________；计算者：________；试验日期：________________。

三、试验案例 3：比重试验（比重瓶法）

(一) 操作步骤

1. 准备比重瓶，称量土粒质量

选用两个 50mL 比重瓶，记下瓶的编号分别为 202 和 207。用干锅分别称量烘干黏土试样质量 m_s 为 14.945g 和 14.940g。

2. 土粒装入比重瓶，加水煮沸

将称量的土粒分别装入比重瓶，注入半瓶纯水，适当摇匀放到砂浴上煮沸不少于 1h，煮沸时应注意土液不能溢出瓶外。

3. 比重瓶冷却并注满水

煮沸结束后取出比重瓶放在试验台上冷却约 10min 至不烫手，加纯水至瓶颈下缘，继续冷却至接近室温，用滴管加水至瓶颈中间位置，插入瓶塞，多余水分从瓶塞毛细管中溢出。

4. 称量瓶加水加土的质量

擦干瓶外水分，用天平称量瓶＋水＋土的质量 m_{pws}，分别为 144.225g、144.191g，立即测量瓶内水温 T 分别为 26℃、29℃。

5. 查表获取瓶加水的质量

在试验室准备好的相关表格中查找相应瓶号和相应温度的瓶＋水的质量 m_{pw} 分别为 134.714g、134.696g。

将试验数据写入记录表。

（二）成果整理

1. 比重计算

瓶号为 202 的试样比重：

$$G_s=\frac{m_s}{m_s+m_{pw}-m_{pws}}\frac{\rho_{w(T℃)}}{\rho_{w(4℃)}}=\frac{14.945}{14.945+134.714-144.225}\times\frac{0.9968}{1.000}=2.72$$

瓶号为 207 试样计算结果为 2.73，两个比重瓶的试验结果偏差为 0.01，小于允许误差值 0.02，试验结果可信，取两者算术平均值 2.72 为试验结果。

2. 试验数据记录

试验数据及结果见表 2－17。

表 2－17　　土粒比重试验记录表（比重瓶法）

试样编号	比重瓶号	土粒质量 m_s/g	瓶＋水＋土质量 m_{pst}/g	悬液温度/℃	液体密度/(g/cm³)	瓶＋水质量 m_{pw}/g	土粒比重	平均值
11－5	202	14.945	144.225	26.0	0.9968	134.714	2.72	2.72
	207	14.940	144.191	29.0	0.9959	134.696	2.73	

试验小组：________；试验成员：________________；计算者：________；试验日期：______________。

第三章 液塑限试验

第一节 试验基本原理和方法

一、稠度的基本概念

（一）稠度和界限含水率

1. 黏性土的稠度

稠度是黏性土的水理性质之一，是指黏性土的干湿程度或在某一含水率下抵抗外力作用而变形或破坏的能力。它除了与黏性土本身特性有关外，主要受含水率的影响。含水率的变化可使土处于不同的稠度状态。当含水率很大时（如饱和淤泥、泥浆等），不能保持其形状，极易流动，则称其处于流动状态；当黏性土的含水率减少到某一范围，黏性土就具有塑性特征；含水率继续减少时，黏性土就进入半固态、固态。稠度反映了土粒间的连接强度，是土体在不同含水率时对外力引起变形的抵抗能力。所以，稠度状态直接决定着土的变形和强度等力学性质特征。

2. 塑性

黏性土在外力作用下可塑成任意形状而不开裂，且不改变体积，在外力撤除后，变形即行停止并保持已有形状，这种性质称为塑性。自然界中，黏性土多数具有塑性特征，塑性是其水理性质之一。

3. 稠度界限含水率

含水率的变化不仅引起土的稠度状态的变化，还会导致土的体积增减，这种变化可用图 3-1 表示。其中，流动状态是指土具有液体的性质，抗剪强度接近于零，加很小的剪力土就发生变形，甚至自由流动；可塑状态是指土具有显著的可塑性特征；半固态是指土体不能再塑成任意形状，并具有较大的抗剪强度。要确定土所处的稠度状态，需要确定黏

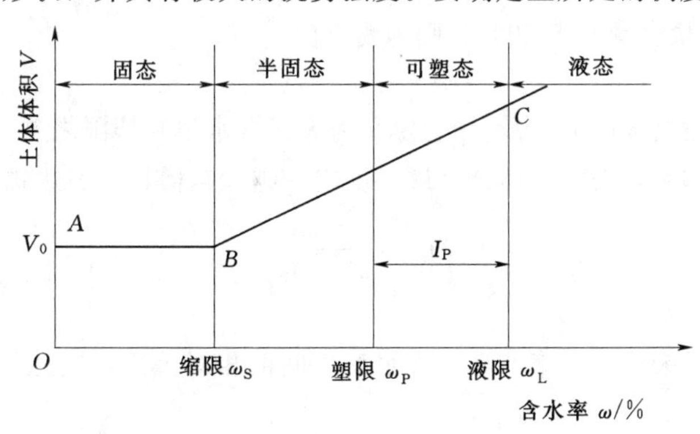

图 3-1 黏性土的状态转变过程

性土由一种状态转变为另一种状态的界限含水率，这种界限含水率称为土的稠度界限含水率。若依据含水率从大到小将土的稠度状态划分为液态、可塑态、半固态和固态，则相应的界限含水率有液限、塑限和缩限。最早提出稠度界限的是瑞典农业土壤学家阿太堡（A. Atterberg，1911）提出的，故稠度界限也称阿太堡界限。

液限：土由可塑状态转变为流动状态的界限含水率，用 ω_L 表示。

塑限：土从半固态转变为可塑状态的界限含水率，用 ω_P 表示。

缩限：为半固态与固态的界限含水率，用 ω_S 表示。

黏性土稠度状态的变化是由土中含水率的增减引起的，就其实质而言，乃是与土中结合水膜的厚度变化有关。当土呈流动状态时，土粒之间及孔隙中心都充以自由水，粒间距离较大，连接力几乎消失，此时起决定作用的是自由水；随着土中含水率的减少，首先是自由水的减少，粒间和孔隙中心的自由水完全消失，土粒间和孔隙中心完全被结合水膜占据，并相互重叠，粒间连接力增强，土的流动性消失，可塑成任意形状，土内起决定作用的是相互重叠的结合水膜，此时进入可塑状态；土中含水率继续减少，土粒周围的弱结合水膜厚度开始减少，粒间连接力有所增强，当含水率减少到弱结合水膜变得很薄时，土粒间的连接主要由强结合水膜起作用，它们相互接触重叠，孔隙中心开始出现空气，土的体积随之缩小，土体进入半固态状态；随着含水率再继续减少，弱结合水膜完全消失，孔隙中心的空气增多，粒间连接完全决定于强结合水膜的重叠，由于强结合水膜的厚度很小，很难变化，土的体积不再有明显减少，土体进入固体状态。

（二）塑性指数和液性指数

1. 塑性指数

塑性指数：是液限与塑限之差。用 I_P 表示，取整数，表达式为

$$I_P=\omega_L-\omega_P$$

塑性指数反映了土处于塑性状态时含水率的变化范围或幅度。其大小直接与一定质量的土粒中结合水的最大可能含量有关，结合水的最大可能含量越大，塑性指数越大。而土中结合水的含量与土粒的大小、矿物成分、水化膜中阳离子成分和浓度等有关。因此，塑性指数是反映黏性土性质的一个综合性指标。一般塑性指数越大，土的黏粒含量越高，所以，塑性指数常用来对黏性土进行分类。如《建筑地基基础设计规范》（GB 50007—2011）将黏性土划为：$10<I_P\leqslant 17$ 为粉质黏土；$I_P>17$ 为黏土；若 $I_P\leqslant 10$，且小于 0.075mm 的颗粒质量含量大于 50%，则为粉土。

2. 液性指数

液性指数：液性指数用 I_L 表示，它定义为天然含水率和塑限之差与塑性指数的比值，用小数表示。其值越小，表明土体越坚硬；反之，越大越稀软。表达式为

$$I_L=\frac{\omega-\omega_P}{\omega_L-\omega_P}$$

式中　ω——天然含水率。

液性指数表征了天然含水率与界限含水率之间的相对关系，表达了土体所处的状态。由上式可知：

当 $\omega\leqslant\omega_P$，$I_L\leqslant 0$，土处于坚硬状态。

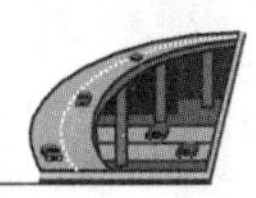

当 $\omega_P < \omega \leqslant \omega_L$，$0 < I_L \leqslant 1$，土处于可塑状态。

当 $\omega > \omega_L$，$I_L > 1$，土处于流动状态。

所以，在工程实践中，黏性土的稠度并不直接用界限含水率来划分，而是常用液性指数 I_L 来划分，《建筑地基基础设计规范》(GB 50007—2011) 依据液性指数将黏性土的稠度状态划分为坚硬、硬塑、可塑、软塑和流塑 5 种状态，具体划分标准见表 3-1。

表 3-1　　黏性土的状态划分

状　态	坚　硬	硬　塑	可　塑	软　塑	流　塑
液性指数 I_L	$I_L \leqslant 0$	$0 < I_L \leqslant 0.25$	$0.25 < I_L \leqslant 0.75$	$0.75 < I_L \leqslant 1.0$	$I_L > 1.0$

二、稠度界限测定的基本原理

从稠度变化的实质看，测定稠度界限的方法应基于一定的物理与力学意义。现行测定稠度的方法是瑞典农业土壤学家阿太堡 A. Atterberg (1911) 提出的。当时是为了研究农业土壤的物理性质，并没有考虑土的工程问题，并完全忽略了土的结构对稠度的影响，所以其工程意义只能局限于一般情况，不能适应所有情况。

(一) 液限试验方法及技术要求

1. 液限试验方法

目前测定液限的方法有两种，即锥式仪法和碟式仪法。

(1) 锥式仪法。

锥式仪法又称瓦氏液限仪法，是根据瓦西里耶夫 (A. M. Vasiliev) 建议采用顶角 30°，重 76g 的圆锥仪锥入一定含水率的试样，并指出当土具有液限的稠度时，锥体在 15s 内的入土深度应为 10mm，即瓦氏认为当土的含水率为液限时，沿锥体表面的极限剪应力为

$$\tau = \frac{0.076\cos^2 15°}{\pi 1^2 \tan 15°} = 0.084\text{kg/cm}^2 = 8.4\text{kPa}$$

瓦氏液限仪法的主要仪器结构如图 3-2 所示，主要部分是用不锈钢精磨制而成圆锥，其表面十分光滑，此外还有直径为 19～20mm 的平衡金属球。

(a)

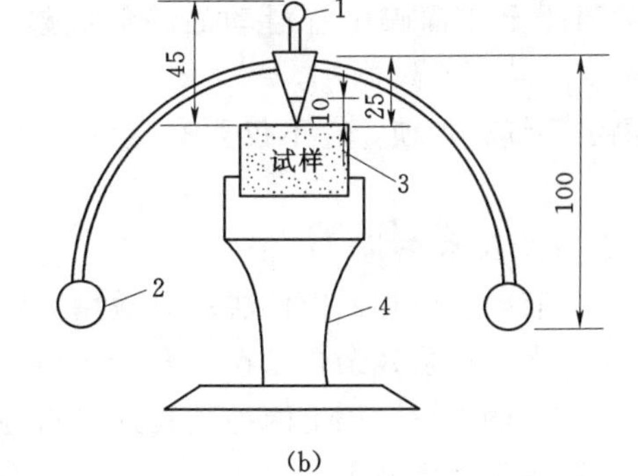

(b)

图 3-2　锥式（瓦氏）液限仪

(a) 实物；(b) 示意图

1—手柄；2—平衡金属球；3—盛土杯；4—底座

由于其物理意义明确，方法又非常简便，一些国家相继采用，但有的国家对锥角、锥重和锥入土深度做了不同的规定。

（2）碟式仪法。

碟式仪法又称卡氏液限仪法。该方法采用碟式液限仪（图 3-3）进行试验，仪器主要由黄铜制成的盛土碟、硬橡皮座、刮刀和摇柄组成。试验时，将一定含水率的土样装于铜碟内，并在试样中间刻有 V 形槽，通过转动摇柄，使铜碟不断起落，坠击橡皮底座，测读试样合拢一定长度时的坠击次数来确定土体的液限。试验的理论基础是，在某一含水率范围内的土体，大体上都处于塑性状态，具有抗剪强度，抗剪强度的大小与坠击次数成正比，坠击次数的对数与土的含水率呈线性关系。

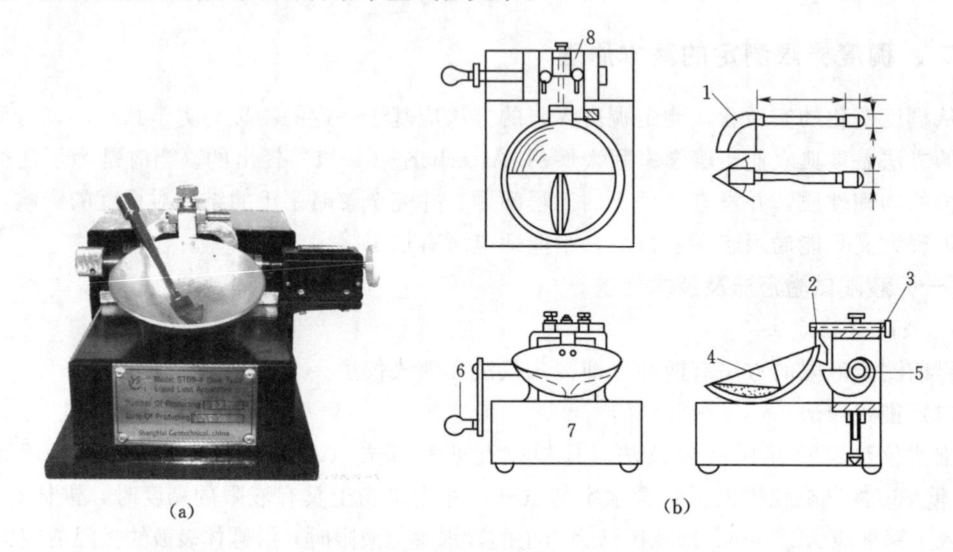

图 3-3　碟式液限仪

（a）实物；（b）示意图

1—开槽器；2—销子；3—支架；4—土碟；5—涡轮；6—摇柄；7—底座；8—调整板

碟式仪法的缺点如下：

1）在某些土中，尤其是含砂的土中，刻槽困难。

2）低塑性土在铜碟中有滑动的趋势或趋于液化（如粉土），而不是像塑性体那样流动。

3）测定手续较烦琐，它不仅要有熟练的技能，而且还需测定 4～5 个不同含水率的试样。

2. *液限试验技术要求*

（1）卡氏液限仪法和瓦氏仪法均只适用于粒径小于 0.5mm 有机质含量小于 5%且具有塑性的土。当有机物残余含量在 5%～10%时，试验结果宜注明其含量，以便在使用试验成果时做相应的考虑。以上两种试验方法测得的液限结果是不一样的，对黏性土来说，卡氏液限一般高于瓦氏液限。

（2）如天然土中无大于 0.5mm 的粗粒，则尽可能以天然湿度的试样进行试验，以保存土的原有胶结成分，也可节省试验时间。如天然土中有大于 0.5mm 的粗粒，则宜用风

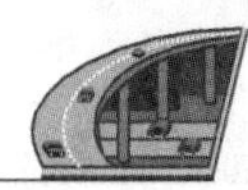

干土。拌和土样时如加水过多应在空气中干燥，不应掺入干土去调整含水率。

(3) 一般情况下不适宜采用烘干土样。因为土加热后会改变其中的有机质和胶体颗粒，从而改变土的塑性，试验结果会偏低4%～8%。

(4) 放锥时应保证锥体作用在土样上的垂直压力为其自重，不宜有冲击作用；同时，锥体下沉是自接触土面开始的。因此，当锥尖接触土面时，宜使圆锥把手自手指间缓缓滑下，以消除冲击作用。电磁铁吸引放锥法，往往发生冲击作用，使锥体入土过深，测得的液限含水率较低。

关于观测锥体下沉时间，目前国内外多数采用15s为准，此时间对大多数情况是合适的。因为锥体在绝大部分土样中的下沉可在0.5min内完全稳定，对于水析作用较大的低塑性土，土样受压排水，锥体会连续下沉，为此，应在土样无水析之前读数为宜，一般在5s左右。

(二) 塑限试验方法及试验技术要求

目前，通常采用搓滚法测定土的塑限，具体方法是将土块捏紧成团，然后用手掌在毛玻璃板上轻压滚搓至土条直径达3.0mm，并自然断裂成约10mm长的短条，此时土条的含水率即为试样的塑限。

塑限滚搓法的试验要求：①滚搓土条应保证土条内外湿度均匀，防止外干内湿；②滚搓所施加压力要轻重均匀，防止土条发生中空现象和低塑性土出现水析现象；③滚搓时应以手掌轻压于土条上，使土条得以向两端伸展，避免在手掌下不受压力的滚搓。

第二节　锥式仪液限试验方法

一、基本原理

锥式仪测定液限的基本原理是用一定重量和固定锥角的平衡锥沉入土中一定深度时的含水率恰为液限。当锥体重为76g，锥角为30°，锥体沉入深度为10mm时，土对锥体表面产生的剪应力为8.232kPa，这是土对锥体沉入的抵抗能力，前苏联的瓦西里耶夫认为此时土的含水率即为液限。

二、仪器设备

(1) 铝盒2个。

(2) 锥式液限仪（图3-2）。

(3) 天平：称量200g，最小分度值为0.01g。

(4) 标准筛：筛孔0.5mm。

(5) 瓷钵和橡皮头研棒。

(6) 烘箱。

(7) 其他：调土皿，调土刀，干燥器，棉纱布或保湿器，电热吹风机。

三、操作步骤

1. 制备试样

(1) 取土过筛。取有代表性的天然含水率试样 50g，若试样已经风干或试样不均匀，取风干土样，当试样中含大于 0.5mm 的土团和杂物时，取试样 80g 用带橡皮头的研棒或用木棒在橡皮板上将土团压碎，过 0.5mm 的筛。

(2) 制备土膏。将所取试样放在调土皿中，加纯水调制成土膏，盖上湿布或置于保湿器内，静置 12h 以上，使水分均匀。

2. 装土样于试杯中

将备好的土样再充分调拌均匀，然后分层装入试杯中，用调土刀压实尽量不留空孔，用手掌轻拍试杯，使杯中空气逸出，土样填满后，用调土刀抹平土面，使之与杯缘齐平。

3. 放锥

(1) 在平衡锥尖部分涂上一薄层凡士林，以拇指和食指捏住锥柄细线，使锥尖与试样面接触并保持锥体垂直，松开手指，使锥体在其自重作用下沉入土中。注意放锥时要平稳，避免产生冲击力。

(2) 放锥 15s 后，观察锥体沉入土中的深度，以土样表面与锥接触为准，若恰为 10mm（锥上有黑色标示线），则认为此时试样的含水率就为液限。若锥体入土深度大于或小于 10mm 时，表示试样含水率大于或小于液限。此时应挖去沾有凡士林的土，取出全部试样放在调土皿中，使水分蒸发或加蒸馏水重新调匀，再放锥，直至锥体下沉深度恰为 10mm 为止。

4. 测液限含水率

将所测得的合格试样，挖去沾有凡士林的部分，取锥体附近试样少许（为 15～20g）放入铝盒中测定其含水率，此含水率即为液限。

5. 试验要求

本试验须做两次平行测定，计算准确至 0.1%，取算术平均值，两次平行差值不得大于 2%。

四、成果整理

1. 液限含水率

液限含水率按下式计算，即

$$\omega_L = \frac{m_1 - m_2}{m_2 - m_0} \times 100$$

式中 ω_L——试样的液限，%；

m_0——铝盒（或含水盒）的质量，g；

m_1——铝盒加湿土的质量，g；

m_2——铝盒加干土的质量，g。

2. 试验记录

锥式仪液限试验记录参见表 3-2。

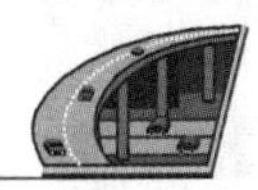

表 3-2　　锥式仪液限试验记录表

试样编号	盒号	盒质量	盒加湿土质量/g	盒加干土质量/g	含水率 ω/%	液限 ω_L/%
		(1)	(2)	(3)	$\frac{(2)-(3)}{(3)-(1)}\times 100\%$	

试验小组：________；试验成员：________；计算者：________；试验日期：________。

五、试验注意事项

(1) 若调制土样含水率过大，只需在空气中晾干或吹风机吹干，也可用调土刀搅拌或用手搓捏，切不能加干土或放在电炉上烘烤。

(2) 放锥时要平稳，避免产生冲击力。

(3) 从试杯中取出土样时，必须将沾有凡士林的土弃掉，方能重新调制或者取样测含水率。

第三节　碟式仪塑限试验方法

一、基本原理

试验采用专门的碟式仪，试验时将制备好的试样装入铜碟的前部并刮平，用开槽器将试样分成两半，以 2 次/s 的速率将铜碟由 10cm 高度下落，当击数为 25 次时，两半土膏在碟底合拢长度刚好达到 13cm，此时土样的含水率为液限。

二、仪器设备

(1) 碟式液限仪：由铜碟、支架、底座组成，底座由硬橡胶制成（图 3-3）。

(2) 开槽器：带量规，具有一定的形状和尺寸。

(3) 其他：烘箱、铝盒、调土刀、天平等。

三、操作步骤

1. 碟式仪校正

(1) 松开调整板的定位螺钉，将开槽器的量规垫在铜碟与底座之间，调整螺钉将铜碟提升高度调整到 10mm。

(2) 保持量规位置不变，迅速转动摇柄以检验调整是否正确。当蝶形轮碰击从动器时，铜碟不动，并能听到轻微的声音，表明调整正确。

（3）拧紧定位螺钉，固定调整板。

2. 试样制备

试样制备方法同锥式仪液限试验。对天然含水率土样取 250g，对风干土样取过 0.5mm 筛的试样 200g。

3. 装样与开槽

（1）将制备好的试样用调土刀充分搅拌均匀，铺于铜碟前半部，用调土刀将铜碟前沿试样刮成水平，使试样中心厚度为 10mm。

（2）用开槽器经蝶形轮中心沿铜碟直径将试样划开成 V 形槽。

4. 转动摇柄和记录坠击次数

以 2r/min 的速度转动摇柄，使铜碟起落，坠击于底座上，数记坠击次数，直至槽底两边试样合拢的长度为 13mm 时，记下坠击次数，并在槽的两边取试样不少于 10g，放入铝盒内，测其含水率。

5. 其他含水率试样的试验

将加有不同水量的试样按上述步骤试验，测记槽底两边试样合拢长度为 13mm 时所需的坠击次数和试样相应含水率。试样宜为 4～5 个，试样制备所加水量以将试样合拢所需坠击次数控制在 15～35 次之间。

四、成果整理

1. 各试样含水率计算

计算方法同锥式仪液限试验。

2. 绘制坠击次数与含水率关系曲线

以坠击次数对数为横坐标，以含水率为纵坐标，在半对数坐标系中绘制坠击次数与含水率关系曲线（图 3-4）。

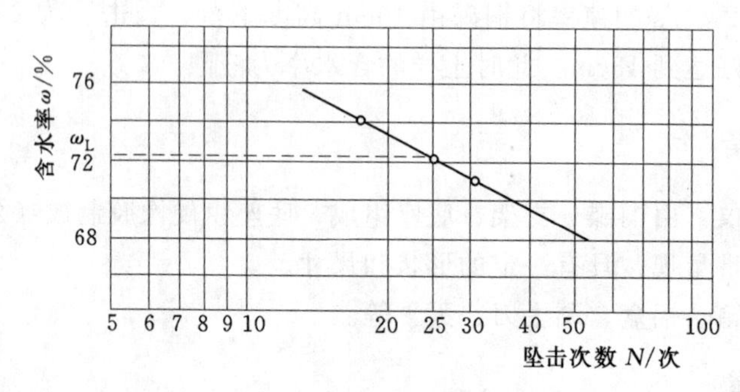

图 3-4 坠击次数与含水率关系曲线

3. 确定液限含水率

在坠击次数与含水率关系曲线上取坠击次数为 25 次所对应的整数含水率为液限。

4. 试验记录

碟式仪液限试验记录参见表 3-3。

表 3-3　　碟式仪液限试验记录表

试样编号	坠击次数	盒号	盒质量	盒加湿土质量 /g	盒加干土质量 /g	含水率 ω /%	液限 ω_L /%
			(1)	(2)	(3)	$\frac{(2)-(3)}{(3)-(1)}\times 100\%$	

试验小组：__________；试验成员：__________；计算者：__________；试验日期：__________。

第四节　滚搓法塑限试验方法

一、基本原理

塑限是指土的可塑态与半固态间的界限含水率。塑限测定方法主要根据土处于可塑态时可塑成任意形状也不产生裂纹，处于半固态时很难搓成任意形状，若勉强搓成时，土面会产生裂纹或断折等现象，以这两种物理状态特征作为可塑态和半固态的界限。即当黏性土搓成一定粗细的土条，表面刚好开始出现裂纹时的含水率，定为塑限。

二、仪器设备

(1) 铝盒 2 个。

(2) 毛玻璃板：尺寸约 300mm×200mm。

(3) 天平：称量 200g，最小分度值为 0.01g。

(4) 标准筛：筛孔 0.5mm。

(5) 瓷钵和橡皮头研棒。

(6) 烘箱。

(7) 其他：调土皿，调土刀，干燥器，棉纱布或保湿器，电热吹风机。

三、操作步骤

1. 制备土样

将风干试样碾散并过 0.5mm 的标准筛，取筛下的代表性试样 100g，放入调土皿中，加纯水拌匀，湿润过夜。但加的水分要少，使土团不沾手。试验时，将制备好的试样在手中揉捏至不粘手，当捏扁会出现裂缝时，表示其含水率接近塑限。

2. 搓条

(1) 取接近塑限的试样 8～10g，用手搓成椭球形，置于毛玻璃板上，用手掌轻轻滚搓，滚搓时手掌的压力要均匀施加在土条上，不得使土条无压力地在毛玻璃板上滚动，土条长度不能超过手掌宽度，土条不能出现空心现象。

（2）当土条搓至直径为3mm时，产生裂纹，并开始断裂，此时的含水率恰为塑限。若土条搓至3mm仍未产生裂纹，表示该试样含水率高于塑限，应将土条重新揉捏，再搓滚之。若土条直径大于3mm就断裂，表示其含水率低于塑限，应弃去，重新取土揉捏搓滚，直至达到标准为止。

3. 取样测定含水率

（1）取直径为3mm有裂纹的土条放在含水盒（铝盒）中，每搓好一合格土条后，应立即将其放在铝盒里，盖上盒盖，避免水分蒸发，直到土条达3～5g时止。

（2）测塑限含水率。称量铝盒和湿土条的质量，然后打开盒盖放在烘箱中在105～110℃的温度下烘至恒重，称量冷却后铝盒与干土的质量，计算含水率。

4. 平行试验

本实验须做两次平行测定，计算准确至0.1%，取算术平均值，以百分数表示，两次平行差值：当含水率小于40%时，为1%；当含水率大于40%时，为2%，对层状或网状构造的冻土不大于3%。

四、成果整理

1. 计算塑限含水率

塑限含水率按下式计算，即

$$\omega_P=\frac{m_1-m_2}{m_2-m_0}\times 100$$

式中　ω_P——试样塑限，%；

m_0——铝盒（或含水盒）质量，g；

m_1——铝盒加湿土的质量，g；

m_2——铝盒加干土的质量，g。

2. 试验记录

滚搓法塑限试验记录参见表3-4。

表3-4　　滚搓法塑限试验记录表

试样编号	盒　号	盒质量	盒加湿土质量/g	盒加干土质量/g	含水率 ω/%	塑限 ω_P/%
		(1)	(2)	(3)	$\frac{(2)-(3)}{(3)-(1)}\times 100\%$	

试验小组：_________；试验成员：_________；计算者：_________；试验日期：_________。

五、注意事项

（1）搓滚土条时必须用力均匀，以手掌轻压，不得做无压滚动，应防止土条产生中空

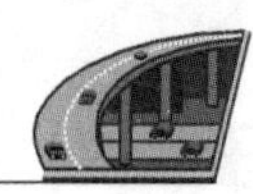

现象，所以搓滚前土团必须经过充分揉捏。

（2）土条在数处同时产生裂纹时达塑限，如仅有一条断裂可能是用力不均所致，产生的裂纹必须成螺纹状。

第五节　液、塑限联合测定方法

一、基本原理

试验采用专门的光电式液、塑限联合测定仪，该仪器主要包括圆锥（常用圆锥质量为76g，锥角为30°，也有质量为100g的）、显示圆锥入土深度的显示屏和自动放锥的电磁铁3部分。试验时用联合测定仪对3种不同含水率的试样进行放锥锥入，得到圆锥入土深度和相应试样含水率，然后，以圆锥入土深度为纵坐标，含水率为横坐标，作双对数曲线，3个点应连成一条直线，直线上锥入深度为10mm对应的含水率为液限，锥入深度为2mm对应的含水率为塑限。

本试验适用于粒径小于0.5mm以及有机质含量不大于试样总质量5%的土样。

二、仪器设备

（1）光电式液、塑限联合测定仪（图3-5）；锥体质量为76g，锥角为30°。

（2）天平：称量200g，最小分度值为0.01g。

（3）其他：标准筛（孔径0.5mm），调土刀、调土皿、研钵（附带橡皮头的研棒）或橡皮板和木棒、干燥器、吸管、棉纱布或保湿器、凡士林、蒸馏水等。

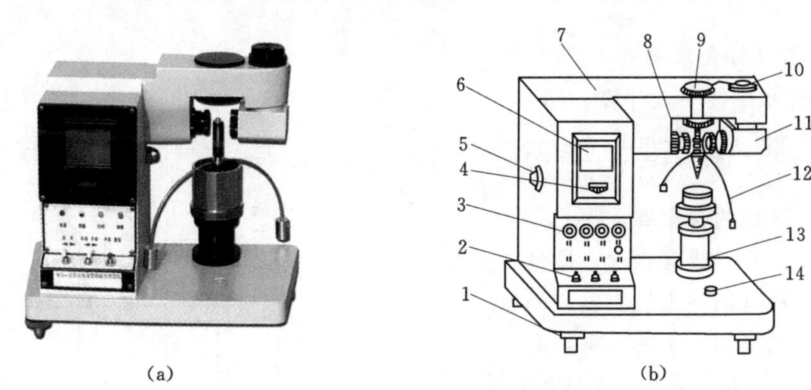

图3-5　光电式液、塑限联合测定仪

（a）实物；（b）示意图

1—水平调节螺钉；2—控制开关；3—指示灯；4—零线调节螺钉；5—反光镜调节螺钉；6—显示屏；7—机壳；8—物镜调节螺钉；9—电磁铁装置；10—光源调节装置；11—光源；12—圆锥仪；13—升降台；14—水平泡

三、操作步骤

1. 制备土样

（1）取土过筛。取有代表性的天然含水率试样250g，当试样已经风干或不均匀时，采用风干试样，如试样中含大于0.5mm的颗粒和杂物时，用带橡皮头的研棒或用木棒在橡皮板上压碎土块，过0.5mm的筛，取筛下试样200g。

(2) 制备土膏。将所取试样分别放在3个调土皿中，加纯水调制成3种不同含水率的土膏，盖上湿布或置于保湿器中，静置12h以上，浸润过夜。

2. 装土入杯

将制备好的试样充分搅拌均匀，分层将试样装入试样杯，用力压密，使空气逸出。对于较干的试样应先充分搓揉，用调土刀使其密实地填入试样杯内。填满后刮平表面。

3. 放锥入土

(1) 将装好试样的试样杯放在联合测定仪的升降座上，在圆锥上涂抹一薄层凡士林，接通电源，使电磁铁吸住圆锥。

(2) 调节零点，将屏幕上的标尺调在零位，调整升降座，锥尖接触试样表面，指示灯亮时圆锥在自重下沉入试样，经5s后测读圆锥下沉深度 h_1（显示在屏幕上）。

4. 测含水率

取出试样杯，挖去锥尖入土处的凡士林，取锥尖附近试样不少于10g，放入含水盒，测其含水率。

5. 测量要求

将其他两份试样重复步骤2和步骤3，测定试样的圆锥下沉深度及相应含水率，液、塑限联合测定应不少于3点（即需用3种不同含水率的试样分别进行试验），3点圆锥的入土深度宜分别为3～4mm、7～9mm、15～17mm。

四、成果整理

1. 计算各试样含水率

各试样含水率按下式计算，即

$$\omega=\frac{m_1-m_2}{m_2-m_0}\times 100$$

式中　ω——试样的含水率，%；

m_0——铝盒（或含水盒）质量，g；

m_1——铝盒加湿土的质量，g；

m_2——铝盒加干土的质量，g。

2. 绘制圆锥下沉深度与含水率关系曲线

以含水率为横坐标，圆锥下沉深度为纵坐标，在双对数坐标纸上绘制关系曲线，3点应在一直线上（图3-6中A线）。当3点不在一直线上时，通过高含水率的点与其余两点连成两条直线，在下沉深度为2mm处查得相应的两个含水率，当两个含水率的差值小于2%时，应以该两点含水率的平均值与高含水率的点连一直线（图3-6中B线）。当两个含水率的差值不小于2%时，应重做试验。

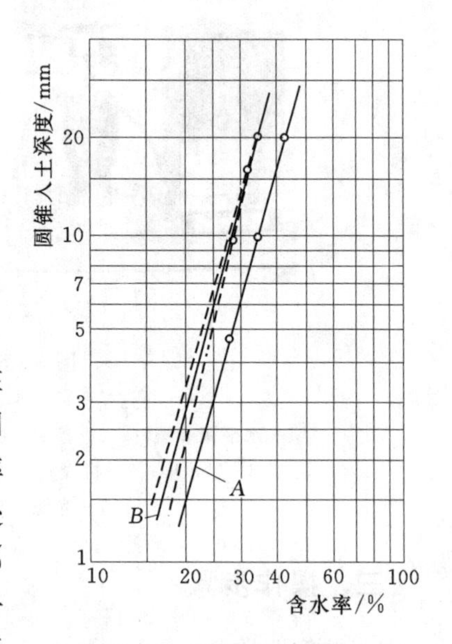

图3-6　圆锥下沉深度与含水率的关系曲线

3. 读取液、塑限值

在含水率与圆锥下沉深度的关系曲线上，查得下沉深度为17mm所对应的含水率为17mm液限，查得下沉深度为10mm，所对应的含水率为10mm液限，查得下沉深度为2mm所对应的含水率为塑限，取值以百分数表示，准确至0.1%。

4. 计算塑性指数和液性指数

塑性指数按下式计算，即

$$I_P = \omega_L - \omega_P$$

式中　I_P——土的塑性指数；

ω_L——土的液限，%；

ω_P——土的塑限，%。

液性指数按下式计算，即

$$I_L = \frac{\omega - \omega_P}{\omega_L - \omega_P}$$

式中　ω——土的天然含水率，%。

5. 试验记录表

液、塑限联合测定仪法试验记录参见表3-5。

表3-5　　液、塑限联合测定仪法记录表

试样编号	圆锥下沉深度	盒　号	铝盒质量/g	盒加湿土质量/g	盒加干土质量/g	含水率 ω/%	液限 ω_L/%	塑限 ω_p/%
			(1)	(2)	(3)	$\frac{(2)-(3)}{(3)-(1)} \times 100\%$		

试验小组：＿＿＿＿；试验成员：＿＿＿＿；计算者：＿＿＿＿；试验日期：＿＿＿＿。

五、思考题

(1) 工程实践中，黏性土的稠度依据什么进行划分？液限与塑限之差为塑性指数，其大小说明了土的什么特性？

(2) 在平衡锥测定液限时，如何将试样紧密地装入试样杯？如果试样中出现空气，对试验结果有何影响？

(3) 用搓条法测定土的塑限时，有哪些现象可以说明土条的含水率达到塑限？

第六节　试验案例：液限塑限试验（液塑限联合测定法）

一、操作步骤

1. 制备土膏

将试样分别放在三个调土皿中，加纯水调制成三种不同含水率的土膏，充分搅拌均匀。

2. 装土入杯

将调制好的土膏试样分层装入试样杯，可用调土刀压密，使空气逸出，刮平表面。

3. 测试圆锥锥入深度

（1）将试样杯放在联合测定仪的升降座上，圆锥上涂抹一薄层凡士林，接通电源，吸住圆锥。

（2）调节零点，将屏幕上的标尺调在零位，调整升降座，锥尖接触试样表面，指示灯亮时圆锥在自重下沉入试样，经5s后读取锥入深度h（显示在屏幕上），三个试样杯的锥入深度分别为4.70mm、9.80mm、19.15mm。土工试验规程规定三个试样杯的锥入深度约为3～5cm、7～9cm和15～17cm（不是严格规定），本试验锥入深度尽管偏大，但保持了一定间距，可保证曲线绘制精度。

4. 测含水率

取三个含水盒，盒号为206、283、036，称量含水盒质量m_0分别为11.83g、11.83g、11.83g，分别从三个试样杯中取试样约10g土样分别放入含水盒，盖上盒盖并称盒加湿土质量m_1分别为17.57g、19.22g和22.41g，打开盒盖放入烘箱烘干，冷却后称盒加干土质量m_2分别为16.32g、17.33g和19.32g。

试验数据记入试验记录表。

二、成果整理

1. 计算含水率

盒号为206试样含水率：

$$\omega_1=\frac{m_1-m_2}{m_2-m_0}\times100=\frac{17.57-16.32}{16.32-11.83}\times100\%=27.8\%$$

同样可计算盒号为283和036试样含水率分别为34.4%和41.2%。

2. 绘制圆锥下沉深度与含水率双对数关系曲线，读取液、塑限值

以含水率（%）为横坐标，圆锥下沉深度（mm）为纵坐标，在双对数坐标纸上绘制关系曲线（图3-7），三个试样的锥入深度与相应含水率对应的点分别为A、B、C三点不在一条直线上，所以通过高含水率的C点与其余两点A和B连成两条直线CA和CB，并与下沉深度为2mm的横线相交于D和E点，两点对应的含水率分别为21.9%和22.4%，两者差值0.7%，小于允许范围2%，试验精度满足要求，所以取两点含水率平均值22.2%对应的点F与高含水率点C连一直线CF。

在直线CF上，下沉深度10mm所对应的含水率34.5%为液限，下沉深度2mm所对应含水率22.2%为塑限，所以试验结果为液限34.5%，塑限22.2%。

3. 计算塑性指数和液性指数

塑性指数（用整数表示）：

$$I_P=\omega_L-\omega_P=34.5-22.0=12.5$$

假定已经测得天然含水率$\omega=25\%$，计算液性指数：

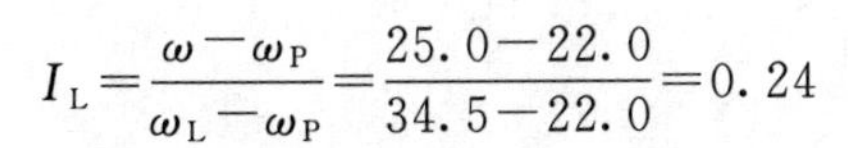

$$I_L=\frac{\omega-\omega_P}{\omega_L-\omega_P}=\frac{25.0-22.0}{34.5-22.0}=0.24$$

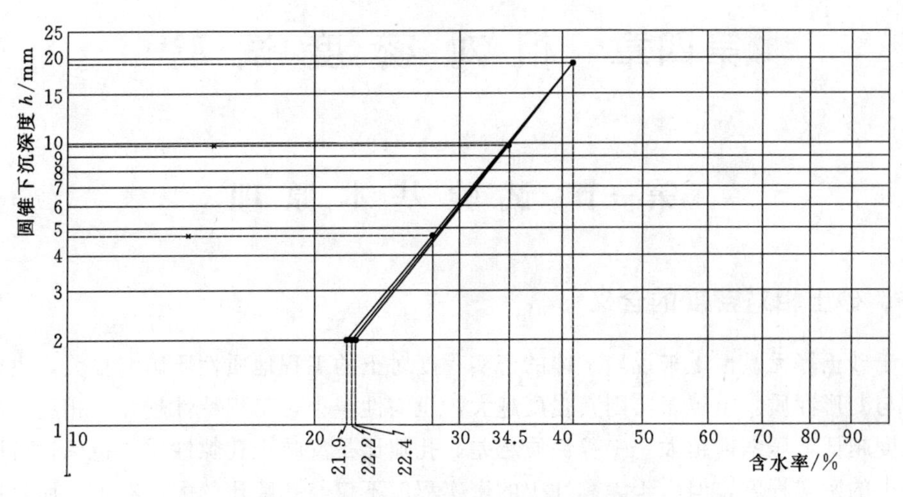

图 3-7　圆锥下沉深度与含水率的关系曲线

4. 试验成果记录表

试验成果记录见表 3-6。

表 3-6　液、塑限联合测定法记录表

试样编号	圆锥下沉深度/mm	盒号	铝盒质量/g	盒＋湿土质量/g	盒＋干土质量/g	含水率 ω/%	液限 ω_L/%	塑限 ω_p/%
			(1)	(2)	(3)	$\frac{(2)-(3)}{(3)-(1)}\times100$		
11-8	4.70	206	11.83	17.57	16.32	27.8	34.5	22.0
	9.80	283	11.83	19.22	17.33	34.4		
	19.15	036	11.83	22.41	19.32	41.2		

试验小组：________；试验成员：______________；计算者：______；试验日期：__________。

第四章　相对密度试验

第一节　试验基本原理

一、砂土相对密度的含义

对于砂土等无黏性土来说，土体的密实程度对土的工程地质性质影响很大，决定着土的强度与变形性质。土越密实则其强度越大，压缩性越小，工程特性越好；相反，越疏松则其强度越低，压缩性越大，工程性质越差。孔隙比是反映土孔隙性质的指标，可以较好地表征土的密实程度，但由于无黏性土的密实程度不仅与孔隙比的大小有关，而且更重要的是与其颗粒大小、形状、级配等关系密切，故难以单独用孔隙比表征。

在工程实践中经常会发现，两种天然孔隙比完全相同的砂土，可能具有完全不同的密实度；反之，松紧程度巧合的两种砂土所具有的孔隙比可能相差悬殊。造成这种现象的原因是不同的砂土，在各自的最松散与最密实状态下所具有的最大与最小孔隙比各异，因而天然状态土的密实程度决定于天然孔隙比与最大及最小孔隙比三者的对比情况。所以砂土等无黏性土的密实度常称为相对密度，它是砂土在某一状态下的孔隙比与其最大及最小孔隙比三者的相对差之比。

目前，工程实践中常用相对密度（用符号 D_r 表示）来衡量无黏性土的紧密程度，它是以该无黏性土自身的最松和最密两种极限状态作为标准，其定义为

$$D_r=\frac{e_{max}-e}{e_{max}-e_{min}} \tag{4-1}$$

式中　e_{max}——砂土处于最松状态时的孔隙比；

e_{min}——砂土处于最密状态时的孔隙比；

e——砂土的天然孔隙比或填筑孔隙比。

相对密度的应用表达式可以写成干密度的表达形式。由土的三相比例关系有

天然状态时，$e=\frac{G_s\rho_w}{\rho_d}-1$

最密状态时，$e_{min}=\frac{G_s\rho_w}{\rho_{dmax}}-1$

最松状态时，$e_{max}=\frac{G_s\rho_w}{\rho_{dmin}}-1$

代入式（4-1），得到相对密度的干密度表达式为

$$D_r=\frac{(\rho_d-\rho_{min})\rho_{max}}{(\rho_{max}-\rho_{min})\rho_d} \tag{4-2}$$

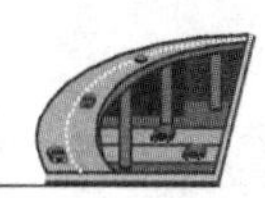

式中　ρ_{max}——砂土处于最密状态时的干密度，g/cm³；

ρ_{min}——砂土处于最松状态时的干密度，g/cm³；

ρ_{d}——砂土的天然孔隙比或填筑干密度，g/cm³。

由相对密度的定义可知，当 $D_r=1$ 时 $e=e_{min}$，表示无黏性土处于最密实状态；当 $D_r=0$ 时 $e=e_{max}$，表示无黏性土处于最疏松状态。在工程实践中，用相对密实度划分无黏性土的状态如下：

$0<D_r\leqslant 1/3$　疏松状态

$1/3<D_r\leqslant 2/3$　中密状态

$2/3<D_r\leqslant 1$　密实状态

二、测求最大与最小孔隙比的方法

相对密实度试验至今尚无统一而公认为最完善的方法。测求最大与最小孔隙比的各种仪器及具体操作步骤都有很大的差异，因而各种不同的方法所得的效果是不同的，故有不同的评价。

1. 测求最大孔隙比的方法

（1）量筒倒转法。将定量的砂土放于量筒内，捂住管口反复倒转，使颗粒重新自由排列，从而求得最疏松状态的孔隙比。在操作中又可分快速倒转量筒法和缓慢倒转量筒法（图 4-1）。

（2）漏斗法。将砂土倒入漏斗中，通过漏斗使颗粒分散后，缓慢且均匀地落入量筒中，求得最大的体积，以求出最疏松状态时的孔隙比（图 4-2）。

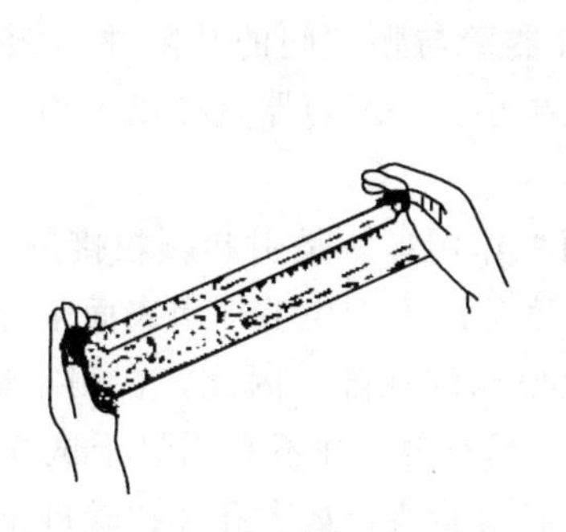

图 4-1　量筒倒转法示意

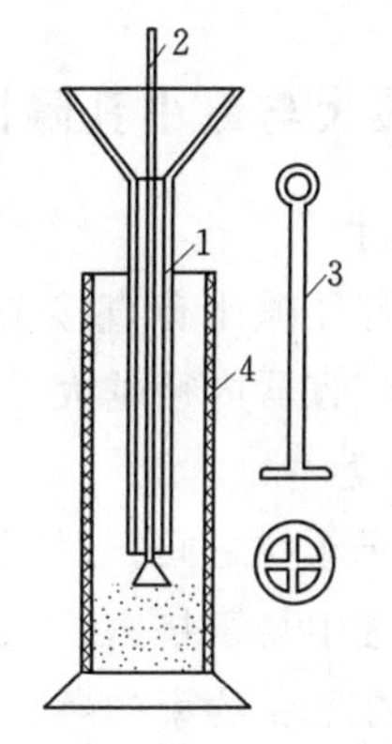

图 4-2　漏斗法测求最大孔隙比

1—长颈漏斗；2—锥形塞；3—砂面拂平器；4—量筒

（3）松砂器法。将弹簧或十字形提环放于量筒中，再倒入砂土，然后将其提出使砂土松动，以求得最大孔隙比。

上述 3 种方法是在保持土的原有级配并在颗粒均匀分布的条件下设法求得其最疏松状态的孔隙比。根据经验得知，量筒倒转法较其余二法可以得到满意的结果。究其原因：一是全部颗粒都能得到重新排列的充分机会；二是颗粒在重新排列过程中的自由落距较小，

因而消除了一部分由于自重的冲击影响所引起的增密作用。漏斗法由于受漏斗管径的限制适用于较小颗粒的砂样，且颗粒自由落距较大，易使砂土结构增密。松砂器法因松动砂土范围较小，不能使全部颗粒重新排列，特别对级配不均匀的砂土，效果较差。

2. 测求最小孔隙比的方法

（1）锤击法。用一定重量的击锤，自适当高度击实砂土以求其最紧密状态的孔隙比。此法所用击实工具如图 4－3 所示。电动相对密实度仪如图 4－4 所示。

（2）振动法。利用振动台或人工敲振的方法使砂土紧密。振动时试样上始终加有一定荷重，由于土受到上部重物持续惯性力的作用，能起到较好的加密效果，可减轻劳动强度。该方法分为干法与湿法，试验时用这两种试验方法测定土的最大干密度，取其大者。此法适用于细粒（小于 0.075mm）含量不大于 12%的砂土。

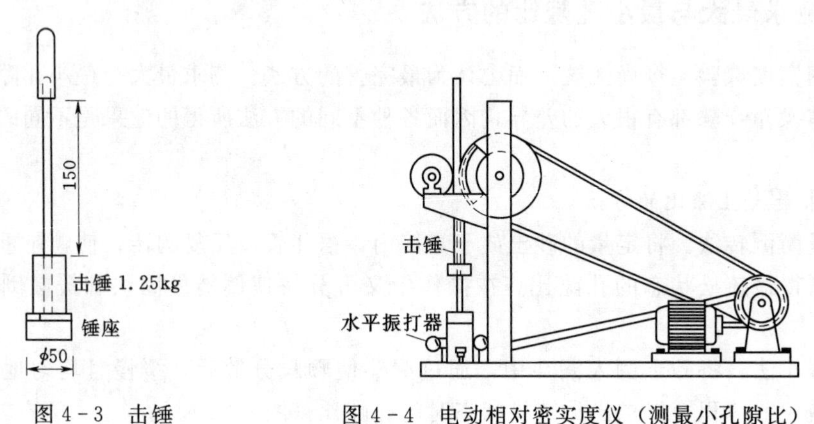

图 4－3　击锤　　　图 4－4　电动相对密实度仪（测最小孔隙比）

三、影响最大与最小孔隙比的因素

1. 容器的尺寸

容器的大小与孔隙比有直接关系。因为容器壁与颗粒间的孔隙并非颗粒间应有的孔隙。据实验得知，容器内径越大，所得孔隙比越小。一般容器直径以不小于 7cm 为宜。

2. 土样的湿度

水分子存在于颗粒之间，对颗粒结构有两种作用：一是引起颗粒接触面的润滑作用，使颗粒在击振过程中易于挤密；二是在一定湿度范围内产生毛细水表面张力，引起结构的假内聚力作用，在不受约束的条件下可以造成虚构的孔隙。因此，在测定最小孔隙比时，可以使砂土处于近乎最佳含水量（4%～10%）下击实，并不宜用烘干试样进行试验，但在测求最大孔隙比时，则应使用干燥土样。有时实验所得最大孔隙比较砂土天然孔隙比为小，此现象的原因多系天然砂土具有一定湿度而在钻探采样过程中有部分扰动，在假黏聚力作用下形成拱构结构，增大孔隙所致。有时也会出现最小孔隙比要比天然孔隙比大的现象，一般情况是不合理的，但在某些地质作用下，可能使砂土得到很紧密的排列，而用人工方法是难以达到的。当遇到这种情况时，应研究其原因，并重复试验加以验证。

这里尤应指出，砂土的相对密实度试验成果的准确性在一定程度上与钻探工艺，取样方式及砂样在运输过程中的扰动和天然含水量的损失有关，即与影响砂土天然状态的因素有关。

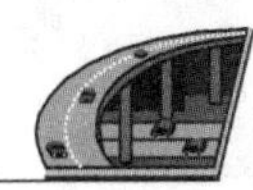

第二节 砂土相对密度试验方法

一、基本原理

砂土的相对密度试验包括砂的最大干密度和最小干密度试验，通过计算得出砂的相对密实度。测定最小干密度就是保证砂土处于最松散状态时的干密度，而最大干密度就是保证砂土处于最密实状态时的干密度。砂的最小干密度试验宜采用漏斗法和量筒法，砂的最大干密度试验宜采用振动锤击法。

本试验方法适用于粒径不大于5mm的土，且粒径为2～5mm的试样质量不大于试样总质量的15%。试验必须进行两次平行测定，两次测定的密度差值不得大于0.03g/cm³，取两次测值的平均值。

二、最小干密度试验

（一）设备仪器

（1）量筒：容积500mL和1000mL，后者内径应大于60mm。

（2）长颈漏斗：颈管的内径为1.2cm，颈口应磨平。

（3）锥形塞：直径为1.5cm的圆锥体，焊接在铁杆上（图4-2）。

（4）砂面拂平器：十字形金属平面焊接在铜杆下端（图4-2）。

（二）操作步骤

1. 漏斗法

（1）将锥形塞杆自长颈漏斗下口穿入，并向上提起，使锥底堵住漏斗管口，一并放入1000mL的量筒内，使其下端与量筒底接触。

（2）称取烘干的代表性试样700g，均匀缓慢地倒入漏斗中，将漏斗和锥形塞杆同时提高，移动塞杆，使锥体略离开管口，管口应保持高出砂面1～2cm，使试样缓慢且均匀分布地落入量筒中。

（3）试样全部落入量筒后，取出漏斗和锥形塞，用砂面拂平器将砂面拂平，测记试样体积，估读至5mL。

注：若试样中不含大于2mm的颗粒时，可取试样400g用500mL的量筒进行试验。

2. 量筒法

用手掌或橡皮板堵住量筒口，将量筒倒转并缓慢地转回到原来位置，重复数次，记下试样在量筒内所占体积的最大值，估读至5mL。

3. 取上述两种方法测得的较大体积值，计算最小干密度

（三）最小干密度计算

1. 计算最小干密度

最小干密度按下式计算，即

$$\rho_{\mathrm{dmin}}=\frac{m_{\mathrm{d}}}{V_{\mathrm{d}}}$$

式中　ρ_{dmin}——试样的最小干密度，g/cm^3；

m_d——干试样的质量，g；

V_d——测得试样的较大体积值，cm^3。

2. 计算最大孔隙比

最大孔隙比按下式计算：

$$e_{max}=\frac{\rho_w G_s}{\rho_{dmin}}-1$$

式中　e_{max}——试样的最大孔隙比；

ρ_w——水的密度，g/cm^3；

G_s——土粒的比重。

3. 砂的最小干密度试验记录

最小干密度试验记录格式见表4-1。

表4-1　　相对密度试验记录

工程名称：＿＿＿＿　试验编号：＿＿＿＿

土粒比重 G_s=		天然干密度 ρ_{d0}=　　(g/cm^3)
	最小干密度	最大干密度
	漏斗法	振动法
试样干质量 m_d/g		
试验体积 m_d/cm^3		
干密度 ρ_{dmin}、$\rho_{dmax}/(g/cm^3)$		
平均干密度/(g/cm^3)		
相对密度		
备注		

试验小组：＿＿＿＿；试验成员：＿＿＿＿；计算者：＿＿＿＿；试验日期：＿＿＿＿。

三、最大干密度试验

（一）试验仪器

（1）金属圆筒：容积250mL，内径为5cm；容积1000mL，内径为10cm，高度均为12.7cm，并带护筒。

（2）振动叉（图4-5）。

（3）击锤：锤质量1.25kg，落高15cm，锤直径5cm（图4-6）。

相对密度仪实物如图4-7所示。

（二）操作步骤

（1）取代表性试样2000g，拌匀，分3次倒入金属圆筒进行振击，每层试样宜为圆筒容积的1/3，试样倒入筒后用振动叉以往返150～200次/min的速度敲打圆筒两侧，并在同一时间内用击锤锤击试样表面，30～60次/min，直至试样体积不变为止。如此重复第二层和第三层。

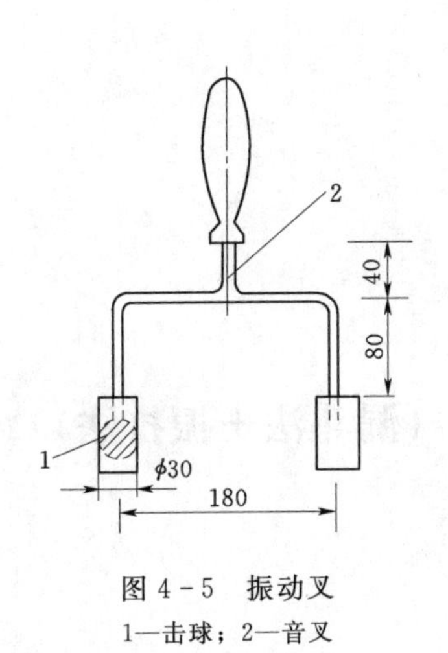

图 4-5　振动叉

1—击球；2—音叉

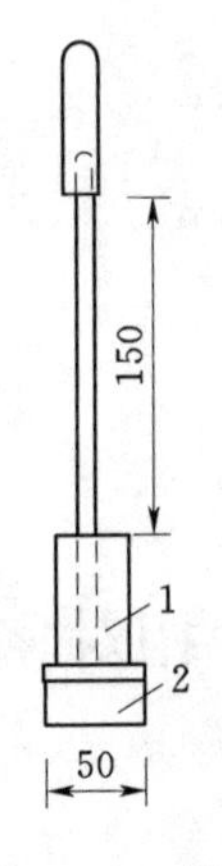

图 4-6　击锤

1—击锤；2—锤座

图 4-7　相对密度仪实物

(2) 取下护筒，刮平试样，称圆筒和试样的总质量，计算出试样质量。

(三) 最大干密度计算

1. 计算最大干密度

最大干密度按下式计算，即

$$\rho_{dmax}=\frac{m_d}{V_d}$$

式中　ρ_{dmax}——试样的最大干密度，g/cm^3；

m_d——圆筒中干试样的总质量，g；

V_d——圆筒的容积，cm^3。

2. 计算最小孔隙比

最小孔隙比按下式计算，即

$$e_{min}=\frac{\rho_w G_s}{\rho_{dmax}}-1$$

式中　e_{min}——试样的最小孔隙比；

ρ_w——水的密度，g/cm^3；

G_s——试样的比重。

3. 最大干密度试验记录

最大干密度试验记录格式见表 4-1。

四、相对密度计算

砂的相对密实度按下式计算，即

$$D_r=\frac{e_{max}-e_0}{e_{max}-e_{min}}$$

或

$$D_r=\frac{(\rho_d-\rho_{min})\rho_{max}}{(\rho_{max}-\rho_{min})\rho_d}$$

式中　D_r——砂的相对密度；

e_0——砂的天然孔隙比；

ρ_d——砂的天然干密度，g/cm^3。

五、相对密度试验记录

相对密度试验记录参见表4-1。

第三节　试验案例：相对密度试验（漏斗法+振打法）

一、最小干密度试验

（一）操作步骤

1. 漏斗法

（1）试样最大粒径小于2cm，采用500mL的量筒进行试验，称量400g试样。

（2）将锥形塞杆自长颈漏斗下口穿入，一并放入1000mL量筒内，使其下端与量筒底接触。

（3）将试样均匀缓慢地倒入漏斗中，将漏斗和锥形塞杆同时提高，移动塞杆，使锥体略离开管口，试样缓慢且均匀分布地落入量筒，管口保持高出砂面1～2cm。

（4）试样全部落入量筒后，取出漏斗和锥形塞，用砂面拂平器将砂面拂平，测记试样体积为$335cm^3$，估读至5 cm^3。

2. 量筒法

测记完试样体积后，用手掌堵住量筒口，将量筒倒转并缓慢地转回到原来位置，测记试验体积，重复数次，试样在量筒内的最大体积为$335cm^3$。

取上述两种方法测得的较大体积值$335cm^3$，计算最小干密度。

重新称量420g的试样，进行第二次试验，重复步骤（1）、步骤（2）和步骤（3），测得试样最大体积为$350cm^3$。

（二）最小干密度计算

（1）计算最小干密度。最小干密度按：

第一次试验：

$$\rho_{dmin}=\frac{m_d}{V_d}=\frac{400}{335}=1.19g/cm^3$$

第二次试验：

$$\rho_{dmin}=\frac{m_d}{V_d}=\frac{420}{350}=1.20g/cm^3$$

试样结果取平均值$1.2g/cm^3$。

（2）计算最大孔隙比。

测得土粒比重$G_s=2.65$，最大孔隙比：

$$e_{max}=\frac{\rho_w G_s}{\rho_{dmin}}-1=\frac{1\times 2.65}{1.20}-1=1.21$$

（3）砂的最小干密度试验记录格式见表4-1。

二、最大干密度试验（振打法）

（一）试验步骤

（1）取代表性试样2000g，拌匀，分3次倒入金属圆筒进行振击，每层试样为圆筒容积的1/3，试样倒入筒后用振动叉以每分钟往返150～200次的速度敲打圆筒两侧，并在同一时间内用击锤锤击试样表面，每分钟30～60次，直至试样体积不变为止。如此重复第二层和第三层。

（2）取下护筒，刮平试样。

（3）第二次试样，重复试验步骤（1）和步骤（2），称圆筒和试样的总质量216.5g，试样筒质量1750g，试样质量m_d为415g。

（二）最大干密度计算

1. 计算最大干密度

试样筒体积为250cm³，则最大干密度为

第一次试验：

$$\rho_{dmax}=\frac{m_d}{V_d}=\frac{412}{250}=1.65g/cm^3$$

第二次试验：

$$\rho_{dmax}=\frac{m_d}{V_d}=\frac{415}{250}=1.66g/cm^3$$

试样结果取平均值1.66g/ cm³。

2. 计算最小孔隙比

测得土粒比重$G_s=2.65$，最小孔隙比为

$$e_{min}=\frac{\rho_w G_s}{\rho_{dmax}}-1=\frac{1\times 2.65}{1.66}-1=0.59$$

三、相对密度计算

测得天然孔隙比$e_0=1.04$，天然干密度$\rho_d=1.30$，则砂的相对密度为

$$D_r=\frac{e_{max}-e_0}{e_{max}-e_{min}}=\frac{1.21-1.04}{1.21-0.59}=0.27$$

或

$$D_r=\frac{(\rho_d-\rho_{min})\rho_{max}}{(\rho_{max}-\rho_{min})\rho_d}=\frac{(1.30-1.20)\times 1.66}{(1.66-1.20)\times 1.30}=0.27$$

四、试验记录

试验数据和结果记录参见表4-2。

表 4-2　　　　**相对密度试验记录**

工程名称：________　试验编号：________

土颗粒比重 $G_s=2.65$			天然孔隙比 $e_0=1.04$，天然干密度 $\rho_d=1.30g/cm^3$			
	最小干密度				最大干密度	
	第一次试验		第一次试验		振动法	
	漏斗法	量筒法	漏斗法	量筒法		
试样干质量 m_d/g	400	400	420	420	412	415
试验体积 m_d/cm^3	335	335	350	350	250	
干密度 ρ_{dmin}、$\rho_{dmax}/(g/cm^3)$	1.20		1.20		1.65	1.66
平均干密度/(g/cm^3)	1.20				1.66	
孔隙比 e	1.21				0.59	
相对密度	0.27					
备注						

试验小组：________；试验成员：______________；计算者：________；试验日期：____________。

第五章 击 实 试 验

第一节 击实试验的基本原理

一、基本概念

1. 土的压（击）实性

工程中，用于填筑路堤等的填料均处于松散的三相状态，在以机械方法施加击实功能的条件下，可以压实增加密度，使其具有足够的强度、较小的压缩性和很小的透水性。土的这种通过碾压施以一定压实功能，密度增加的特性称为土的压实性。在用黏性土作为填筑材料时，常用干密度 ρ_d 表示填土的密实性。

2. 击实试验

为了获得最理想的压实效果，需要充分了解土的压实特性，其中，影响压实特性的主要因素是含水率和施加的压实功能。为此，在工程实践中常常在模拟现场施工条件（包括施工机械和施工方法）下，找出压实密度与填土含水率之间的关系，从而获得压实填土的最佳密度（即最大干密度）和相应的最优含水率。击实试验就是为了这种目的而利用标准化的击实仪，得到土的最大干密度与击实方法（包括土的含水率和击实功能等）的关系，据以在现场控制施工质量，保证在一定的施工条件下压实填土达到设计的密实度标准。所以击实试验是填土工程如路堤、土坝、机场跑道及房屋填土地基设计施工中不可缺少的重要试验项目。

工程经验表明，欲将填土压实，必须使其含水率降低在饱和状态以下，即要求土体处于三相介质的非饱和状态。土在瞬时冲击荷载重复作用下，颗粒重新排列，其固相密度增加，气相体积减小；当锤击力作用于土样时，首先产生压缩变形，当锤击力消失后，土又出现了回弹现象。因此，土的击实过程，即不是固结过程，也不同于一般压缩过程，而是一个土颗粒和粒组在不排水条件下的重新组构过程。

用击实试验模拟现场土的压实，这是一种半经验方法。由于土的现场填筑辗压和室内击实试验具有不同的工作条件，两者之间的关系是根据工程实践经验求得的，因此很多国家及一个国家的不同部门就可能有其自用的击实试验方法及仪器。

国内常用的击实试验仪器如图 5-1 所示，其主要包括击实筒和击锤两部分，仪器型号和试验方法不同，其尺寸参数各异。

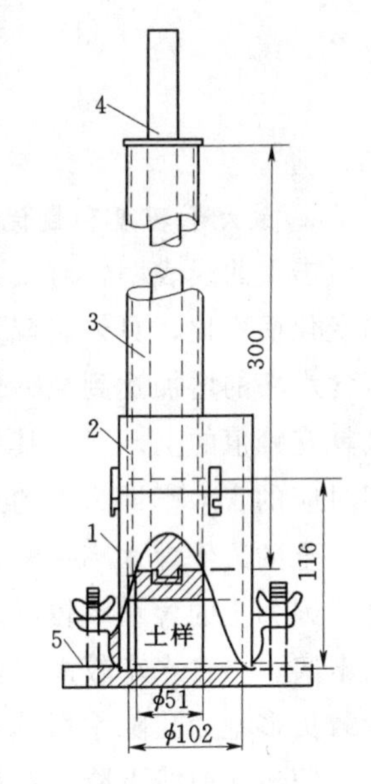

图 5-1 击实仪

1—击实筒；2—护筒；3—导筒；4—击锥；5—底板

3. 击实曲线

室内击实试验，一般是备用同一土质不同含水率的数个土样，通常为5～6个，分别拌和均匀，分层装入击实筒，按一定功能进行击实，测定击实后土样的湿密度和含水率，按下式计算土样的干密度，即

$$\rho_d = \frac{\rho}{1+0.01\omega} \tag{5-1}$$

式中　ρ_d——击实后土样的干密度，g/cm³；

ρ——击实后土样的湿密度，g/cm³；

ω——击实后土样的含水率，%。

同一土质数个不同含水率的土样经击实试验得到相应干密度 ρ_d 和含水率 ω，然后在以干密度为纵坐标、以含水率为横坐标的直角坐标系中绘制 ρ_d－ω 曲线，如图5－2所示，该曲线即称为击实曲线。

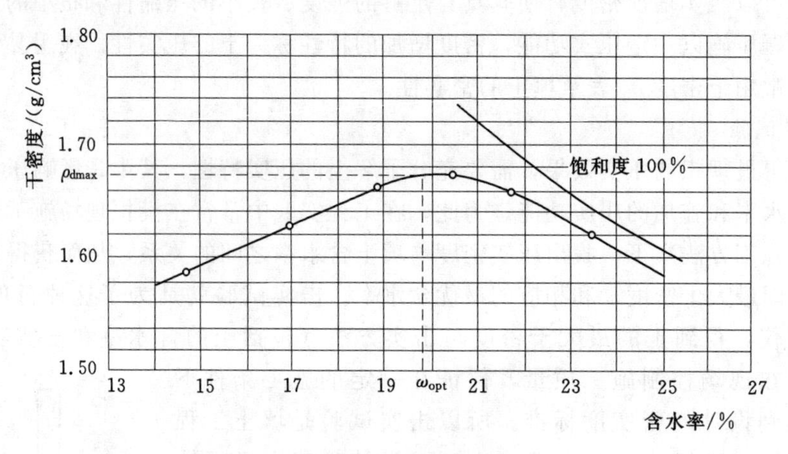

图5－2　击实曲线

4. 最大干密度和最优含水率

击实曲线表明，对于某一填筑土料，在同一击实功能作用下，填土的干密度随含水率的变化而变化，具体表现为，当含水率较小时，土的干密度随着含水率的增加而增大，而当含水率的增加达到某一值后，含水率继续增加反而使干密度减少。所以击实曲线的形态呈具有峰值的上凸形，其峰点对应的干密度即为土的最大干密度，常用 ρ_{dmax} 表示，与其相对应的含水率即为土的最优含水率，常用 ω_{opt} 表示，如图5－2所示。

土的最优含水率一般在塑限附近［即 $\omega_P \pm (2\% \sim 3\%)$］，为液限的0.55～0.65倍。这是因为土的含水率较小时，土粒周围的结合水膜较薄，连接较牢，土粒不易移动，故难以击实；当含水率较大时，结合水膜较厚，从而把颗粒分隔开，此时作用在土体上的锤击荷载更多地为孔隙水所承担，从而使得作用在颗粒上的有效应力减小，反而减少土的密度，使击实曲线下降。在最优含水率时，水膜厚度适中，土粒连接较弱，又不存在多余的水分，故易于击实，使土粒靠近而排列得最紧密。可以认为击实的机理主要取决于土中水膜厚度的变化和孔隙水的多少。

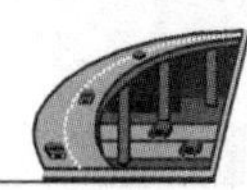

5. 压实度

工程实践中用压实度来控制黏性土的压实标准，压实度的定义是现场填土的干密度与室内标准击实试验得到的最大干密度之比，用百分数表示。

我国《碾压式土石坝设计规范》(SL 274—2001) 中对土石坝的黏性土压实度有如下要求，1 级、2 级坝和高坝填土的压实度应达到 98%～100%，3 级中低坝及 3 级以下的中坝压实度应为 96%～98%。

6. 表面压实法和重锤夯实法

表层压实法是利用机械碾压或机械振动对填土、湿陷性黄土、松散粉细砂表层进行压实。其压实功能影响深度较小，在填土工程中通常分层碾压，压实后的厚度控制在 30～40cm，该方法也用于处理表层厚度较小的软弱地基。

重锤夯实法是利用重锤自由下落时的冲击能来夯实填土或浅层地基。夯实效果与夯锤重量、锤底直径、落距及土质等因素有关。

二、土的击实性

1. 击实土样的含水率特性

图 5-3 (a) 所示曲线右上方的一条线是饱和度为 100% 的饱和曲线。它表示当土在饱和状态时的含水率与干密度之间的关系。根据土的三相比例关系可以导出饱和曲线的表达式为

$$\omega_{sat}=\left(\frac{1}{\rho_d}-\frac{1}{G_s\rho_w}\right)\times 100\% \tag{5-2}$$

式中　ω_{sat}——饱和含水率，%；

G_s——土粒比重或相对密度；

ρ_w——水的密度，g/cm^3；

ρ_d——土的干密度，g/cm^3。

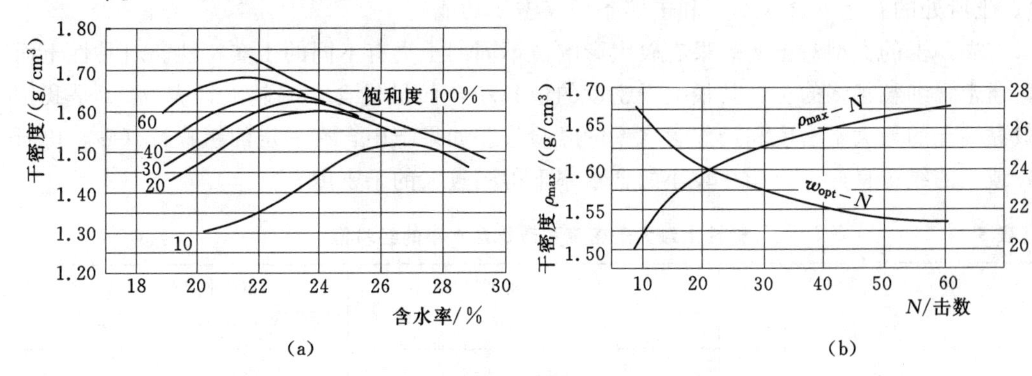

图 5-3　不同击实功能对击实性的影响

(a) 击数对击实曲线的影响；(b) 最大干密度和最优含水率与击实功能的关系

由于土是处于三相状态，所以当土被击实达到最大密度时，土孔隙中的空气不易排出，即使加大击实功能也不能将土中受困气体排尽，故被击实的土体不可能达到完全饱和的程度。因此当土的干密度相等时，其击实曲线上各点的含水率必然都小于饱和曲线上相

应的含水率。这就是为什么被击实土的曲线均位于饱和曲线的左下侧，而不可能与饱和曲线有交点的原因。对于一般黏性土来说，其最大干密度（峰点）相应的饱和度约为80%。这是因为在迅速冲击荷载作用下，土中的气体不能全被排出，即无论如何击实，土的饱和度都达不到100%。

2. *击实功能对最大干密度和最优含水率的影响*

土的最优含水率和最大干密度与击实功能的大小密切相关。图5-3（a）是某一粉质黏土在击数分别为10、20、30、40、60击的击实功能作用下，得到的不同击实曲线。曲线说明，最大干密度随击实功能增加而增加，最优含水率则随击实功能增加而减少，或者说用较大的击实功能在较小的含水率状态下，可获得较大的最大干密度；而用较小的击实功能，需要在较大的最优含水率情况下，获得较小的最大干密度。这是因为含水率较小时，水膜较薄，抵抗土粒移动的力较大，只有用较大的击实功能才能克服这种抵抗力；反之，用较小的击实功能不易克服较大的抵抗力，只有在较大含水率情况下，才能把土压实，而获得较小的最大干密度。

图5-3（b）所示曲线显示，击实功能越大，所得的击实效果越好，得到的最大干密度越大。但在击实功能较小时，增大击实功能，干密度增加较快；击实功能较大时，击实功能增大，最大干密度增加缓慢。这是因为土被击实达到一定密实度后，土粒已经移动到新的位置，增强了土的抵抗力，继续击实效果不佳。同时，随着击实功能的增加，最优含水率不断减少。

综上所述，当填料的含水率较小时，要获得较大的干密度，必须加大击实功能；或者适当增加填土料的含水率，在较小的击实功能作用下获得一定的干密度。

三、影响土击实性的主要因素

通过以上分析可知，影响土的击实性的主要因素包括土质情况（矿物成分和粒度成分）、土所处的状态（含水率）和击实条件（击实功能）。

首先，土的类型对击实效果有较大影响，不同的土类有不同的击实特性。对黏性土而言，通常含细粒越多的土，其最大干密度的值越小，而最优含水率越大，表5-1是我国一般黏性土的最大干密度和最优含水率的经验值。如果土中含有一定的粗颗粒（砂、砾石等）或土的级配良好，土能在较小的含水率下得到较大的干密度。

表5-1　　黏性土最大干密度和最优含水率的经验值

塑性指数 I_P	最大干密度 ρ_{dmax}/(g/cm³)	相应的最优含水率 ω_{opt}/%
<10	>1.85	<13
10～14	1.75～1.85	13～15
14～17	1.70～1.75	15～17
17～20	1.65～1.70	17～19
20～22	1.60～1.65	19～21

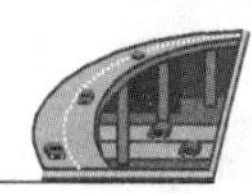

土中所含有机质对土的击实效果有不良的影响，有机质亲水性强，不易将土击实到较大的干密度，且有机质还会进一步分解而使土的性质恶化，故对填筑土料中有机质含量有一定的限制。

其次，由于黏性土填料存在最优含水率，在填土施工时应将土料的含水率尽量控制在其左右，以期用较小的能量获得最佳的压实密度，含水率偏低或偏高均不利于土的压实。含水率偏低时，压实土具有凝聚结构特征，均匀性好，强度较高，较脆硬，但浸水容易产生附加沉降；当含水率偏高时，压实填土具有分散结构特征，可塑性大，变形稳定，但强度较低。可见，含水率偏高或偏低均有各自的优、缺点，在设计土料时要根据工程要求和当地土料的天然含水率情况，选择合适的施工含水率。

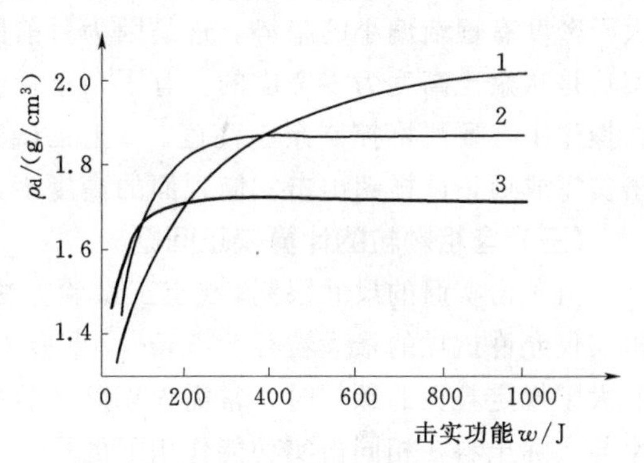

图 5-4　土的干密度与击实功能的关系
1—ω=12%；2—ω=16%；3—ω=20%

此外，击实功能对压实密度的影响与土的含水率大小有关，图 5-4 为 3 种不同含水率土的击实特征，当含水率较低时，增加击实功能可有效地增加填土的压实密度，如含水率较高，只能在击实功能较小时，增加击实功能可增加压实密度，击实功能稍大一些时，再增加击实功能对压实密度的增加效果就很小。

四、击实试验应注意的几个问题

（一）关于试验用土

1. 使用风干或烘干土问题

目前绝大多数单位采用风干土做试验，但也有采用烘干土的。采用烘干土制备试样，固然方便，但却改变了土的天然特性，不符合施工实际情况。由于烘干使土中的某些胶质或有机质被灼烧或分解，致使失去胶粒与水作用的活性，显然是会影响试验成果的。实践证明，用烘干土和用风干土比较，用烘干土做试验得到的最优含水率一般偏小，而最大干密度偏大。所以在击实试验中，应用风干土做试验更为合理。

2. 试样加水拌和浸润与养护问题

在土样制备中，对计算控制的水量，能否准确、均匀地施加于土样上，这是保证击实试验准确性的一个关键问题。目前加水方法有两种：一种是体积控制法；另一种是质量控制法。其中以质量控制法的效果最好。此两法都是借助特制的喷洒器将规定喷洒的水量，在边洒边拌和的情况下，使水能均匀地分布于土样内。通过称量水土总质量控制加水的量，不断洒水直到所加水量等于所规定的水土总量为止。再将湿土从盘中取出，置于密闭容器或薄膜袋中，放置阴凉处保湿，其静置时间可视土质具体情况而定，一般都不应少于 12h，甚至一昼夜，粉质土可适当缩短浸润时间，使之有充分时间浸透，并干湿均匀。

3. 土样重复使用问题

欲将击实试样恢复到原有松散状态很难做到，进而影响了水分再次施加、拌和和浸透，特别对裂隙发育的易碎性土和高塑性黏土，更不易分散和被水浸透，击实功能越大，最大干密度差别也越大，故一般情况下土样不宜重复使用，而应采用新土做试验。

（二）关于击实容器中余土的高度问题

这个问题尚未引起人们的普遍重视，一般试验规程中尚无严格的明确规定。实际上，由于击实容器中余土高度的影响，不仅使试验数据分散，而且随着余土高度的增大，其最大干密度有逐渐偏小的趋势。这是因为目前国内外广泛使用的定体积击实试验，其标准击实功是从余土高度为零考虑的。有了余土，使用击数来表示的单位击实功就不真实。所以在操作中，要严格控制余土高度。《土工试验方法标准》（GB/T 50123—1999）中规定，击实完成后，试样超出击实筒顶面的高度不大于6mm。

（三）含粗颗粒的计算校正问题

由于击实筒的尺寸限制，《土工试验方法标准》（GB/T 50123—1999）中规定，轻型击实仪允许试样的最大粒径为5mm，重型击实试验允许的最大粒径为40mm。当土内含有大于规定粒径的颗粒时，常需先剔除然后进行试验。这样测出的最大干密度和最优含水率与实际土料在相同击实功能作用下的最大干密度和最优含水率不同，故对试验结果需要进行校正。对于轻型击实试验，当土内粒径大于5mm的土粒含量不超过25%（土粒呈片状）或30%（土粒呈浑圆状）时，可以认为土内粗土粒可均匀分布在细土粒之内，不影响细土粒的击实效果，即细土粒能够达到最大干密度。所以，实际土料的最大干密度和最优含水率需要依据试验结果进行校正。轻型击实试验最大干密度和最优含水率的校正公式如下：

1. 最大干密度校正

$$\rho'_{max}=\frac{1}{\frac{1-P_5}{\rho_{max}}+\frac{P_5}{\rho_w G_{s2}}} \tag{5-3}$$

式中　ρ'_{max}——校正后试样的最大干密度，g/cm³；

ρ_{max}——粒径小于5mm土的击实试验最大干密度，g/cm³；

P_5——粒径大于5mm土的质量百分数，%；

G_{s2}——粒径大于5mm土粒的饱和面干比重（即饱和面干状态时土粒的比重）。

2. 最优含水率校正（准确至0.01%）

$$\omega'_{opt}=\omega_{opt}(1-P_5)+P_5\omega_{ab} \tag{5-4}$$

式中　ω'_{opt}——校正后试样的最优含水率，%；

ω_{opt}——击实试验试样的最优含水率，%；

ω_{ab}——粒径大于5mm土颗粒的饱和面干状态下的含水率，%。

当土中含有大于5mm颗粒超过30%时，这些颗粒会在土中形成骨架作用，使土的物理力学性质发生明显的改变，上述校正公式已不适用。如因工程需要，可改用大型击实仪或做专门性的试验。

（四）试验成果检验

首先应检查击实曲线的右方是否与饱和曲线接近平行，且所有试验点均应在其左边。其次，在同一击实标准下，级配不均匀的土所得曲线较陡，土的密度大；级配均匀的土所

得曲线较平缓，土的密度小。此外还须注意，土的塑性指数越高，最大干密度越小。实践资料表明，黏性土的最优含水率一般接近塑限值，或近似地取0.5～0.7（平均0.6）倍液限含水率。

此外，在击实试验中还应使锤击的间歇时间超过土的回弹后效时间（一般弹性变形的恢复需几秒钟），因为过快锤击会使部分能量被回弹作用力抵消，压实效果欠佳，试验中尤应注意。

（五）关于最大干密度的计算

对一些中小工程，由于缺乏试验设备，或因施工紧急，没有条件进行击实试验时，可按下式估算最大干密度的大小，即

$$\rho_{dmax}=\eta\times\frac{G_s\rho_w}{1+\omega_{opt}G_s} \tag{5-5}$$

式中　G_s——土的比重；

ρ_w——水的密度，g/cm^3；

ω_{opt}——最优含水率，按当地经验确定或取，ω_P+2,%；

η——经验系数，黏土为0.95，粉质黏土为0.96，粉土为0.97。

第二节　标准型击实试验方法

一、基本原理

击实试验的目的是在室内利用击实仪，测定土样在一定击实功能作用下达到最大密度时的含水率（最优含水率）和此时的干密度（最大干密度），借以了解土的压实特性，作为选择填土密度、施工方法、机械碾压或夯实次数及压实工具等的主要依据。所谓标准型击实试验是指采用专门的击实仪和规定的击实方法对土体施加一定的击实功能。

本试验分为轻型击实和重型击实，我国以往采用轻型击实试验较多，水库、堤防、铁路路基填土均采用轻型击实试验，轻型击实试验分3层击实，适用于粒径小于5mm的黏性土；重型击实试验常常应用于高等级公路和机场跑道等工程填土中，试验若分5层击实，则适用于粒径不大于20mm的土，若分3层击实，则最大粒径不得大于40mm。同时，在轻型击实试验中，对试样中粒径大于5mm的土质量不大于试样总质量的30%时，需要对最大干密度和最优含水率进行校正。

二、仪器设备

(1) 击实仪。主要由击实筒和击锤组成。击实试验分轻型击实试验和重型击实试验，两者所用的击实仪有所差异，其主要参数如表5-2、图5-5～图5-7所示。其中，击锤要配导杆，导杆与击锤之间要有足够间隔使击锤自由下落；电动控制的击锤必须有控制落距的跟踪装置和锤击点按一定角度（轻型53.5°，重型45°）均匀分布的装置（重型击实仪中心点每圈加一击）。

表 5-2　　**击实仪主要部件尺寸**

试验方法	锤底直径/mm	锤质量/kg	落距/mm	击实筒			护筒高度/mm	单位体积击实功/(kJ/m³)
				内径/mm	筒高/mm	容积/cm³		
轻型	51	2.5	305	102	116	947.4	50	592.2
重型	51	4.5	457	152	116	2103.9	50	2684.9

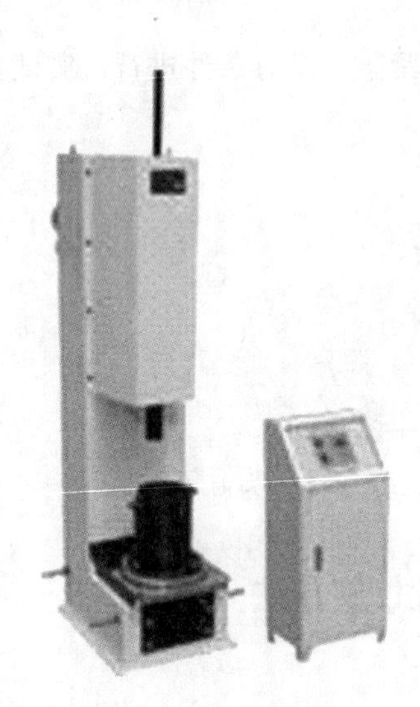

图 5-5　电动击实仪

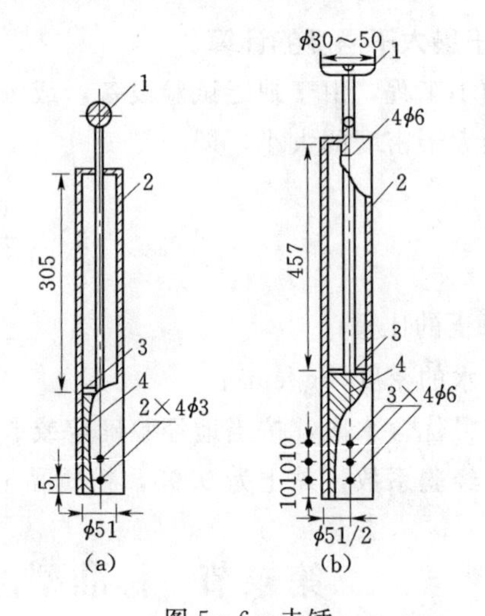

图 5-6　击锤

(a) 2.5kg 击锤；(b) 4.5kg 击锤

1—提手；2—导筒；3—硬橡皮垫；4—击锤

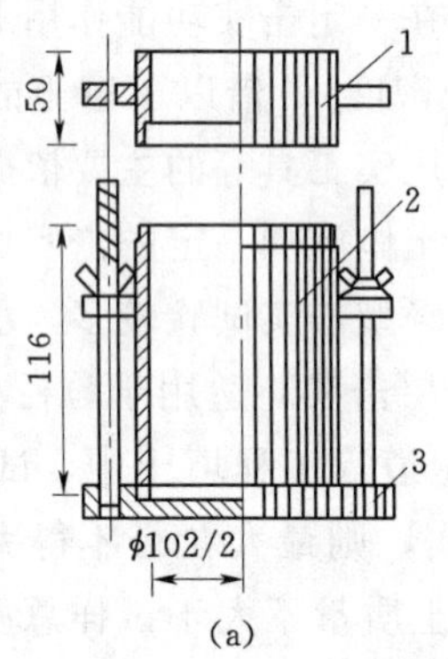

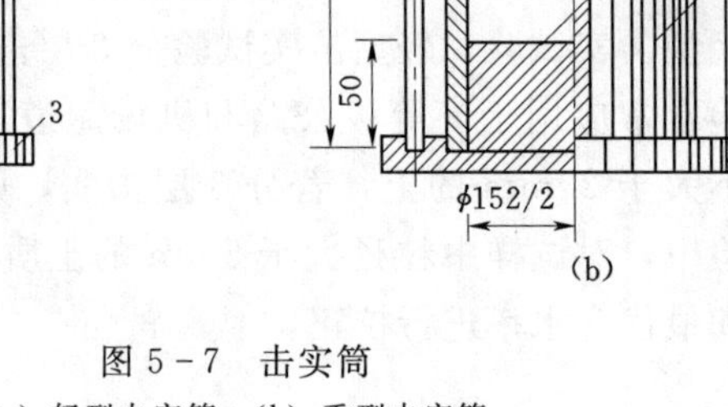

图 5-7　击实筒

(a) 轻型击实筒；(b) 重型击实筒

1—护筒；2—击实筒；3—底板；4—垫块

(2) 天平：称量 200g，最小分度值为 0.01g；称量 2kg，最小分度值为 1.0g。

(3) 台秤：称量 10kg，最小分度值为 5g。

(4) 推土器。

(5) 标准筛：孔径为 5mm、20mm 或 40mm。

(6) 其他：喷水设备、碾土设备、修土刀、小量筒、盛土盘、测含水率设备、保湿器等。

三、操作步骤

(一) 制备土样

制备土样分为干法和湿法两种。

1. 干法制备

(1) 取代表性风干（或在小于60℃下烘干）土样放在橡皮板上用木碾碾散，轻型过5mm（重型过20mm或40mm）筛，轻型取15～20kg（重型取50kg）备用，测土样风干含水率。

(2) 根据土的塑限预估土的最优含水率，按依次相差约2%的标准，通过喷水配制5～6个不同含水率的试样。其中，中间试样的含水率控制在预估最优含水率附近，以确保击实曲线出现峰值。预加水量按下式计算，即

$$m_w=\frac{m_0}{1+0.01\omega_0}\times 0.01(\omega_1-\omega_0)$$

式中 m_w——制备试样所需的加水量，g；

m_0——风干土样的质量，g；

ω_0——风干土样含水率，%；

ω_1——制样要求达到的含水率，%。

(3) 按预定含水率制备试样，每个试样取2.5kg，平铺于不吸水的平板（或调土盘）上，用喷水设备按预定水量均匀喷水并拌和均匀后，装入保湿器或塑料袋内，浸润备用。浸润时间一般是：高塑性土不少于24h；低塑性土不少于12h。

2. 湿法制备

(1) 轻型击实试验时，取天然含水率状态下的代表性土样20kg（重型为50kg），放在橡皮板上用木碾碾散，过5mm（重型过20mm或40mm）筛，将筛下土样拌匀，测其天然含水率。

(2) 计算至少5个不同含水率的试样所需加水或风干失水的量，具体方法和干法制备土样相同。

(3) 分别将天然含水率的土样风干或加水进行制备，注意保证制备好的土样水分均匀分布。

(二) 分层击实

(1) 将击实筒放在坚硬的地面上，在击实筒内壁涂一薄层润滑油并与底座连接好，称取一定量的试样倒入击实筒内，分层击实。其中，每个轻型击实试验的试样质量为2～5kg，分3层，每层25击；而重型击实，试样质量为4～10kg，分5层，每层56击，若分3层，每层94击。

把试样倒入击实筒后，要整平表面后开始击实，击实时落锤应铅直自由下落，落距轻

型为305mm，重型为457mm。锤迹必须均匀分布于土面。第一层击完后，安装套环，重复上述步骤，进行第二层和第三层土的击实，每层试样高度宜相等，两层交界处的土面应刨毛。击实后试样高出击实筒顶不得大于6mm。

(2) 卸下护筒，用直刮刀修平击实筒顶部的试样，拆除底板，试样底部若超出筒外也应修平，擦净筒外壁，称量筒与试样总质量，准确至1g，并计算试样湿密度。

(3) 用推土器将试样从击实筒内推出，取两个代表性试样（如在土样中心处取样）测其含水率，2个含水率差值不大于1%。

(4) 按上述（1）～(3）步骤，依次将不同含水率的几个试样进行分层击实和测定工作。

四、成果整理

1. 计算试样含水率ω、湿密度ρ和干密度ρ_d

含水率ω按下式计算（准确至0.1%），即

$$\omega=\frac{m_1-m_2}{m_2-m_0}\times100\%$$

湿密度ρ按下式计算（准确至0.01g/cm³），即

$$\rho=\frac{m}{V}$$

干密度ρ_d按下式计算（准确至0.01g/cm³），即

$$\rho_d=\frac{\rho}{1+0.01\omega}$$

式中　m_1，m_2，m_0——含水盒加湿土质量、含水盒加干土质量和含水盒质量，g；

m——击实后试样质量，大小等于击实筒加试样质量减去击实筒质量，g；

V——击实筒体积，cm³。

2. 计算饱和含水率

饱和含水率按下式计算（准确至0.1%），即

$$\omega_{sat}=\left(\frac{1}{\rho_d}-\frac{1}{G_s\rho_w}\right)\times100\%$$

3. 绘制击实曲线

以干密度ρ_d为纵坐标，ω为横坐标，在直角坐标系中绘制击实曲线，同时绘制饱和曲线。曲线上峰值点对应的纵坐标为该土的最大干密度ρ_{max}，对应的横坐标为最优含水率ω_{opt}（图5-2）。如不能连成完整曲线时应补点，土样不宜重复使用。

4. 最大干密度和最优含水率的校正

对轻型击实试验，试样中粒径大于5mm的土不大于试验总质量的30%时，最大干密

度和最优含水率需要校正。

(1) 最大干密度校正式 (5-3)，准确至0.01g/cm³。

(2) 最优含水率校正式 (5-4)，准确至0.1%。

5. 试验数据记录

击实试验记录表可参见表5-3。

表5-3　　击实试验记录表

击实仪编号____，土样类型______，估计最优含水率____%，风干含水率____%，分层数____，每层击数____

试样编号		1	2	3	4	5	6
加水质量/g							
筒加土质量/g	m_1						
筒质量/g	m_2						
筒体积/cm³	V						
湿密度 ρ /(g/cm³)	$\frac{m_1-m_2}{V}$						
盒加湿土质量/g	m_3						
盒加干土质量/g	m_4						
盒质量/g	m_5						
含水率 ω/%	$\frac{m_3-m_4}{m_4-m_5}$						
平均含水率$\overline{\omega}$/%							
干密度 ρ_d /(g/cm³)	$\frac{\rho}{1+0.01\overline{\omega}}$						

试验小组：__________；试验成员：__________；计算者：__________；试验日期：__________。

五、思考题

(1) 什么是最大干密度和最优含水率？两者有何实际意义？

(2) 击实试验分为轻型和重型两种，两者得到的最优含水率和最大干密度的大小有何差别？形成这种差别的根本原因是什么？

(3) 击实试验中余土（高出击实筒的土）高度对击实结果有何影响？

(4) 击实试验需要配制5～6份不同含水率的试样，为什么其含水率要控制在一定范围内，不能随便配制？

(5) 施工现场采用什么指标控制施工质量？是干密度吗？为什么？

(6) 在击实过程中，将松散的土加入击实筒时为什么要将表面整平并分层击实？

(7) 现场填土施工均采用分层碾压，碾压后每层土的厚度约40cm，在这一厚度范围内，不同位置土的干密度大小有何差异？现场检测填土质量时，如何避免不同检测人员得出不同的结论？

第三节　试验案例：轻型击实试验

一、操作步骤

1. 试样制备

(1) 取代表性土样风干（或在<60℃下烘干），放在橡皮板上用木碾碾散，过5mm筛，取20kg备用，测土样风干含水率为4.0%。

(2) 根据土的塑限预估土的最优含水率为23%，分别按19%、21%、23%、25%和27%通过喷水配制5个试样分别称为试样①、②、③、④和⑤（中间试样的含水率控制在预估最优含水率附近，相邻试样含水率相差约2%）。

(3) 预加水量计算。每个试样取风干质量3kg，含水率为4%，则配置试样①（预配含水率为19%）需加水质量为

$$m_{\omega=19\%}=\frac{m_0}{1+0.01\omega_0}\times 0.01(\omega_1-\omega_0)=\frac{3000}{1+0.04}\times(0.19-0.04)=432.7\text{g}$$

配置试样②、③、④、⑤（预配含水率为21%、23%、25%和27%）需加水质量分别为490.4g、548.1g、605.8g、663.5g。

(4) 每个试样取风干土样3.0kg，平铺于不吸水的平板（或调土盘）上，用喷水设备按所需水量均匀喷水并拌和均匀后，装入塑料袋内，浸润浸润24h。

2. 分层击实

(1) 击实筒内壁涂一薄层润滑油并与底座连接好，取试样①（预配含水率为21%）倒入击实筒，分三层击实，每层25击。

(2) 卸下护筒，用直刮刀修平击实筒顶部和底部试样，擦净筒外壁，称量击实筒与试样总质量 $m_{01}=2730\text{g}$。

(3) 用推土器将试样从击实筒内推出，用两个含水盒在土样中心处取试样测含水率分别为19.4%、19.2%，取其平均值19.3%为试样含水率。

(4) 按步骤(1)~(3)，依次将预配含水率分别为23%、25%、27%和29%的试样进行分层击实和测定含水率。

预配含水率为23%的试样，击实筒与试样总质量 $m_{02}=2790\text{g}$，含水率为21.3%。

预配含水率为25%的试样，击实筒与试样总质量 $m_{03}=2840\text{g}$，含水率为23.8%。

预配含水率为27%的试样，击实筒与试样总质量 $m_{04}=2850\text{g}$，含水率为25.9%。

预配含水率为29%的试样，击实筒与试样总质量 $m_{05}=2825\text{g}$，含水率为26.7%。

二、成果整理

1. 计算湿密度 ρ_i 和干密度 ρ_d

测得击实筒质量 $m_0=900\text{g}$，击实筒体积 $V=1000\text{cm}^3$，湿密度 ρ_i 大小为

$$\rho_i=\frac{m_{0i}-m_0}{V}$$

对试样①的湿密度为

$$\rho_1=\frac{m_{01}-m_0}{V}=\frac{2730-900}{1000}=1.83\mathrm{g/cm^3}$$

对试样②、③、④、⑤的湿密度分别为：$\rho_2=1.89\mathrm{g/cm^3}$、$\rho_3=1.94\mathrm{g/cm^3}$、$\rho_4=1.95\mathrm{g/cm^3}$、$\rho_5=1.93\mathrm{g/cm^3}$。

2. 计算干密度 ρ_d

干密度大小为

$$\rho_d=\frac{\rho}{1+0.01\omega}$$

对试样①的干密度为

$$\rho_{d1}=\frac{\rho_1}{1+0.01\omega}=\frac{1.83}{1+0.193}=1.53\mathrm{g/cm^3}$$

对试样②、③、④、⑤的湿密度分别为：$\rho_{d2}=1.56\mathrm{g/cm^3}$、$\rho_{d3}=1.57\mathrm{g/cm^3}$、$\rho_{d4}=1.55\mathrm{g/cm^3}$、$\rho_{d5}=1.52\mathrm{g/cm^3}$。

3. 绘制击实曲线

以干密度 ρ_d 为纵坐标，ω 为横坐标，在直角坐标系中绘制击实曲线（图 5-8）。最大干密度 ρ_{max} 为曲线峰值点对应的纵坐标，大小为 $1.57\mathrm{g/cm^3}$，最优含水率 ω_{opt} 为峰值点对应的横坐标，大小为 23.4%。

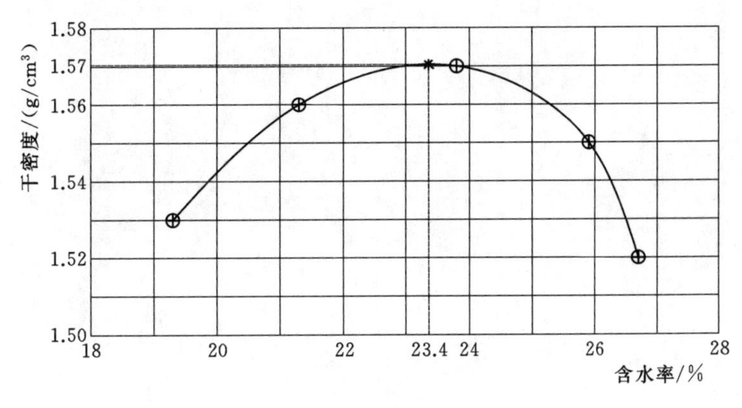

图 5-8　击实试验曲线

4. 最大干密度和最优含水率的校正

不需要校正。

5. 试验数据记录

击实试验记录表可参见表 5-3。

三、试验记录

试验数据和结果记录参见表 5-4。

表 5－4 **击实试验记录表**

击实仪编号01，土样类型黏土，估计最优含水率23％，风干含水率4.0％，分层数3，每层击数25

试样编号		①	②	③	④	⑤	备注
加水质量/g		432.7	490.4	548.1	605.8	663.5	1. 每个试样取3kg风干土样加水制备而成 2. 含水率试验数据记录省略
筒加土质量/g	m_{0i}	2730	2790	2840	2850	2825	
筒质量/g	m_0	900	900	900	900	900	
筒体积/cm^3	V	1000	1000	1000	1000	1000	
湿密度 $\rho/(g/cm^3)$	$\frac{m_{0i}-m_0}{V}$	1.83	1.89	1.94	1.95	1.93	
含水率 $\overline{\omega}$/%		19.3	21.3	23.8	25.9	26.7	
干密度 $\rho_d/(g/cm^3)$	$\frac{\rho}{1+0.01\omega}$	1.53	1.56	1.57	1.55	1.52	

试验小组：________；试验成员：________________；计算者：________；试验日期：______________。

第六章 渗 透 试 验

在土木或水利工程构筑物地基或土工建筑物内，一般都存在各种形态的水，而土本身具有透水性，所以会出现各种各样与水渗透有关的工程问题。这些问题可分为水的问题和土的问题。

所谓水的问题是指工程中由水渗流量、水质和赋存条件等引起的工程问题，如基坑排水问题、隧道涌水问题、水坝等以蓄水为目的的工程防渗问题、污水的渗透导致地下水污染问题及过度开采引起的地面沉降问题。

所谓土的工程问题是由于水的渗流引起的土的内部应力状态的变化或结构、强度的变化，从而引起建筑物或地基的失稳或产生有害变形。如渗流造成边坡、挡土墙等结构物内部应力状态的变化而引起失稳；土坝、堤防、基坑等构筑物的管涌和流土问题。

以上这些由于水的渗流引起的各种工程问题是否发生或有效处理主要决定于土被水透过的难易程度，即土的渗透系数。所以说，渗透系数是分析地基固结沉降的时间因数，估计天然地基、土坝、高填土等的渗流量和渗流稳定性，以及给排水设计、施工选料、人工降水与地基加固设计等所需的基本参数。

第一节 土的渗透基本理论

一、基本概念

1. *渗流*

土体是以土颗粒为骨架的松散堆积体，骨架之间有连续的孔隙，在水位差的作用下，水会透过孔隙而产生孔隙内的流动，此种发生在土的孔隙中水的流动，称为土的渗流。

2. *水头*

水中某点的压强，常用与此压强相当的水柱高度表示，即单位面积上水柱的重量与该压强相等，此水柱高度称为水头。水中任意两点间存在水头差时，就会产生渗流。

根据水力学原理得知，在水流中任何一点的总水头包括3项，即压力水头、速度水头和位势水头，且水流中各点的总水头同为一常数。当水在水头压差作用下流动时，水与器壁间的黏滞阻力作用必然要消耗水头。然而在工程中考虑土中水的渗流问题时，常因水的流速相对甚小，而将渗流的速度水头忽略不计，则图6-1所示情况的伯努利方程变为

$$\frac{P_1}{\gamma_w}+z_1=\frac{P_2}{\gamma_w}+z_2+\Delta H=\text{constant}\ (\text{常数})$$

式中 P_1，P_2——1、2两点上的水压力；

γ_w——水的重度；

z_1，z_2——位势水头；

ΔH——水头损失。

3. *层流和紊流*

水流动时，其中任一质点的运动轨迹，称为流线，如相邻两质点的流线互不相交，则该水流称为层流；反之如流线相交，则水中出现漩涡，使水流形成不规则状态，称为紊流。

水在土内微细的孔隙中的运动是层流还是紊流，是由流速的大小决定的，当流速不超过某一界线即为层流，如超出此界线即为紊流。通常称此界线流速为临界速度，此临界速度与土的颗粒大小及孔隙率有关。水在土内微细孔隙中的临界流速常较实际流速为大，因此在一般情况下皆呈层流出现，紊流情况常会在均匀的卵砾石中产生。

4. *水力梯度*

在图 6-1 中，水在土中任意两点 1 和 2 间产生渗流时，会有 ΔH 的水头损失，则水头损失 ΔH 与两点间渗流长度 ΔL 的比值称为水力梯度，也称水力坡降，常以无量纲量 i 表示，即

$$i=\frac{\Delta H}{\Delta L}$$

5. *起始水力梯度*

从水力梯度的定义可知，在饱和土体中只要存在着渗流就会有水力梯度，但是实践表明，有水力梯度并不总是会产生渗流。对于砂土等粗粒土而言，有水力梯度就会产生渗流，而对于黏性土等细粒土则并非如此。因为黏性土的颗粒很细，且主要由黏土矿物组成，这些细颗粒由于带电，在其周围形成一层厚度较大的结合水膜，渗流的产生必须首先克服颗粒周围结合水的黏滞阻力作用。换言之，由于这种黏阻作用的影响，在黏性土层的任意两点间必须具备足够大的水头差（或水力梯度）才能发生渗流。图 6-2 中 k_2 线所示为一黏土渗透实验曲线，它表明渗透速度与水力梯度呈线性关系。但当水力梯度小到一定限度时，这种线性关系实际上呈现为非线性，且土的渗透系数越小，起始部分越平缓，其极限即接近于水力梯度的横轴线，所以相对于某一渗透系数为 k 值的黏性土来说，都存

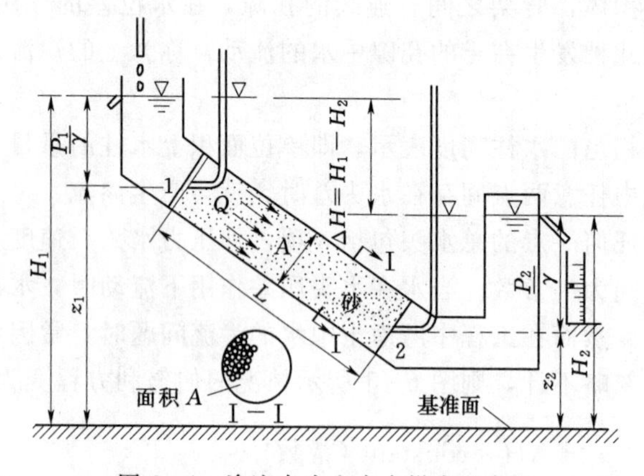

图 6-1　渗流水头和水力梯度示意图

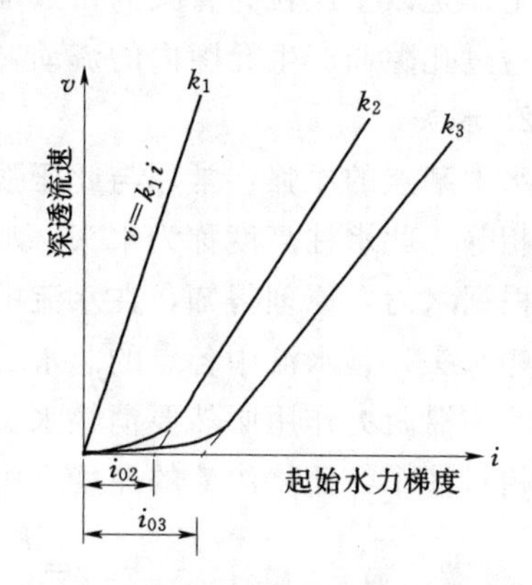

图 6-2　起始水力梯度示意图

（渗透系数 $k_1>k_2>k_3$）

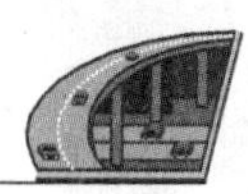

在着使渗流发生的某一个水力梯度初始值 i_0，此 i_0 值即称为该土的起始水力梯度。只有当实际水力梯度 i 大于起始水力梯度 i_0，黏性土才可能产生渗流。试验表明，不同渗透系数的土其 i_0 值也不同，i_0 随着土的渗透系数 k 值的大小而变，k 值越大，起始水力梯度 i_0 的值越小，k 大到一定程度时，像砂土具有较大的渗透系数，i_0 值为零，即不存在起始水力梯度。

6. 渗透力

渗透力是指水流通过渗透而作用在土体上的力或者是渗透水流施加于单位土体内土粒的拖拽力。设想一个用两条等水位线 AB、CD 和两条流线 AC、BD 限定的单位厚度的土单元体 $ABCD$，如图 6-3（a）所示。AB 和 CD 长度等于 b，渗流路径 AC 和 BD 长度为 a，则研究的单元体体积为 ab，令等水位线 AB 上的水头为 h_1 高于等水位线 CD 上的水头为 h_2，渗流流向由 AB 流向 CD。以该单元土体中的孔隙水为研究对象，其受力分析如图 6-3（b）所示。所受力包括以下几个：

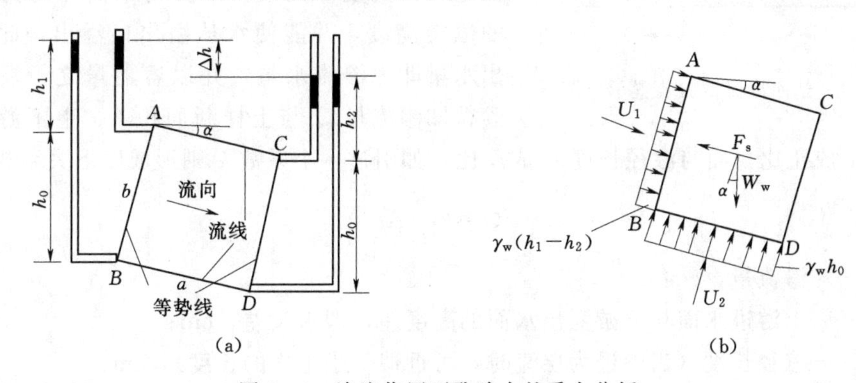

图 6-3　渗流作用下孔隙水的受力分析

（1）单元土体中孔隙水的重力及浮力的反作用力，方向竖直向下，大小为

$$V_v\gamma_w+V_s\gamma_w=V\gamma_w=ab\gamma_w$$

（2）在 AB 和 CD 上的水压力合力，方向与流向一致，大小为（h_1-h_2）$\gamma_w b$。

（3）渗流力的反作用力 F_s'，方向与水流方向相反。

沿水流方向建立平衡方程，则因 AC 和 BD 上的水压力与水流方向垂直，在水流方向的投影为零。所以由平衡条件有下列方程式，即

$$\gamma_w ab\sin\alpha+(h_1-h_2)\gamma_w b-F_s'=0 \tag{6-1}$$

由于渗流力 F_s 与 F_s' 是作用力与反作用力的关系，两者大小相等，由式（6-1）得

$$F_s=\gamma_w ab\sin\alpha+(h_1-h_2)\gamma_w b \tag{6-2}$$

由图 6-3 可知，$\sin\alpha=\dfrac{\Delta h+h_2-h_1}{a}$，代入式（6-2）中，得

$$F_s=\gamma_w b\Delta h$$

单位土体的渗流力的大小用 j 表示，则 j 的表达式为

$$j=\frac{F_s}{ab}=\gamma_w i \tag{6-3}$$

由式（6-3）可知，渗流力的大小与水力梯度成正比，而方向与水流方向一致，是一种体积力，常用单位为 kN/m^3。

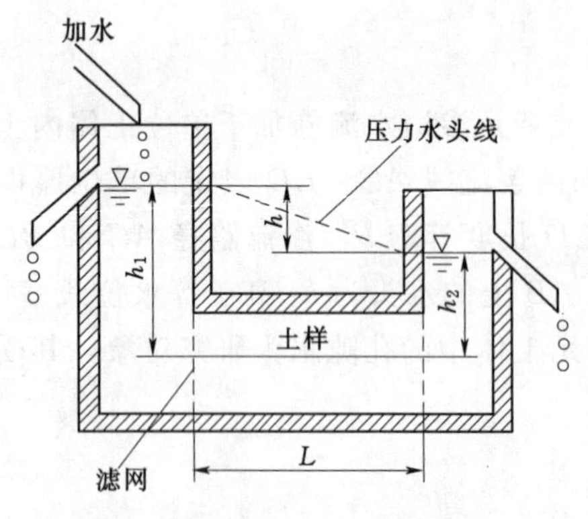

图 6-4　达西渗流试验装置示意图

二、达西渗透定律

（一）达西渗透定律表达式

为研究土的渗透性能，法国水力学家达西（Darcy. H，1855）曾以图 6-4 所示的示意装置进行实验。该装置是将土样置于水路中间，使水经由土样发生渗流，在土样上游维持进水面达某一恒定水头高度，在土样下游将水面保持另一更低的恒定高度，并能使水从溢出口溢出，此时，溢出水量即为渗流水量，并以容器量之。根据其实验得知渗流量 Q 与土样断面积 A、上下游水头差 h 和时间 t 成正比，而与渗径长度 L 成反比，如引进一个系数 k 则形成以下关系式，即

$$Q=k\frac{h}{L}At \tag{6-4}$$

式中　Q——渗流量，cm^3；

h——上游进水面与下游溢出水面的高度差，即水头差，cm；

L——渗径长度（当渗透为层流时，可近似等于土样的长度），cm；

A——渗流经过的土样横截面积，cm^2；

t——渗流时间，s；

k——渗透系数，cm/s。

其中，$h/L=i$ 为水力梯度，并设在单位时间（s）内的渗流量为 q，则式（6-4）可写成

$$q=kiA \tag{6-5}$$

达西把渗透速度写成

$$v=ki \tag{6-6}$$

式中　v——水在土中的渗透流速，是在一单位时间流过一单位面积的水量，cm/s。

式（6-5）或式（6-6）就是著名的达西渗透定律，该定律说明，渗透系数 k 的物理含义是当水力梯度 $i=1$ 时的渗透速度。

必须指出，由式（6-6）求出的渗透速度是一种假想的平均流速，因为它假定水在土中的渗透是通过整个土体截面来进行的。而实际上，渗透水仅仅通过土体中的孔隙流动。因此，水在土体中的实际平均流速要比式（6-6）达西渗透定律所求得的数值大。但由于土体中的孔隙形状和大小异常复杂，要直接测定实际的平均流速是困难的。目前，在渗流计算中广泛采用的流速是由达西渗透定律定义的流速。因此，下面所述的渗透速度均指这种流速。

(二) 达西渗透定律的适用条件

虽然从式（6-6）可以看到达西渗透定律是把流速 v 与水力坡度 i 的关系作为正比关系来考虑，但通过许多学者的研究证明这一正比关系在一定的条件下才能成立。太沙基通过大量实验证明，从砂土到黏土达西渗透定律在很大的范围内都能适用，其适用范围是由雷诺（Renolds）数（Re）来决定的，也就是说只有当渗流为层流的时候才能适用。

根据水的密度 ρ_w、流速 v、黏滞系数 η，土粒平均粒径 d，可以算出雷诺数 Re 为

$$Re=\frac{\rho_w vd}{\eta} \tag{6-7}$$

从层流转换为紊流时的 Re 数一般为 0.1～7.5，而一般认为在土的孔隙内水流只要 $Re<1.0$，达西渗透定律就可以满足。因此，达西渗透定律的适用界限可以考虑为

$$Re=\frac{\rho_w vd}{\eta}\leqslant 1.0$$

在式（6-7）内，如果考虑水的密度 $\rho_w=1.0\text{g/cm}^3$，水温 10℃时水的黏滞系数 $\eta=0.0131\text{g/(s·cm)}$，而一般的流速可以考虑 $v=0.25\text{cm/s}$ 的话，可以算出满足达西渗透定律的土的平均粒径 $d\leqslant \eta Re/(\rho_w v)\leqslant 0.52\text{mm}$。实践证明，对于砂土达西渗透定律是适用的，而对更细的黏土，只有当水力梯度较大时才适用，既存在起始水力梯度问题，对粗粒土来讲，只有在水力梯度很小或 $v<v_{cr}$ 时达西渗透定律才能适用，如图 6-5 所示。

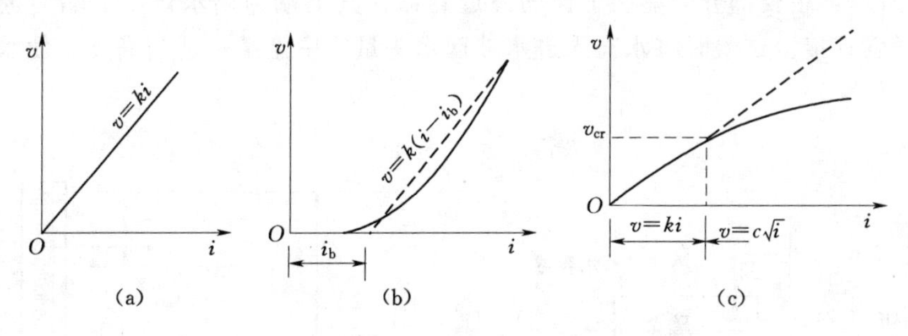

图 6-5　土体渗透速度与水力梯度的关系

(a) 砂土；(b) 密实黏土；(c) 砾石

第二节　室内渗透试验基本原理

渗透系数就是当水力梯度等于 1.0 时的渗透速度，其大小是直接衡量土的透水性强弱的一个重要力学性质指标。但它不能由计算求出，只能通过试验直接测定。

渗透系数的室内试验方法很多，依其原理分为常水头法和变水头法两大类。前者适用于透水性较大的粗粒土，后者适用于透水性较小的细粒土。

一、常水头渗透试验

常水头渗透试验是指水流在一定的水头差 h 影响下通过横截面积为 A 的土样，当试

验土样长度为 L，则 $i=h/L=$常数，如图 6-6 所示。

根据达西渗透定律［式（6-4）］得到经过时间 t 的渗流量 Q 为

$$Q=k\ \frac{h}{L}At$$

$$k=\frac{QL}{hAt} \tag{6-8}$$

试验方法要点：①使水渗透过厚度为 L、横截面面积为 A 的试样（A 相当于渗透仪中试样横截面面积）；②量出渗透开始后的蓄水器水面与出水口之间的水头差值 h；③量测在时间间隔为 t 的流量 Q。然后将所得各值代入式（6-8）计算，求得渗透系数 k。

如图 6-6 所示为控制土样进水面恒定在一定高度，通常采用任意形状的蓄水容器，在其上部安装有溢水口，下部设有出水的阀门，接一管路通向土样。试验进行时向容器内不断注水，注入的水量略大于土样渗流量，多余部分自溢水口流出，使蓄水容器内的进水面恒保持在与溢水口下部边缘相同的高度。因此，水头差 H 为溢水口下部边缘至土样出水口尾水面的垂直高度差，也就是作用于土样上的常水头值。

二、变水头渗透试验

变水头渗透试验是通过土样的渗流在变化的水头压力影响下进行的。通用的实验装置如图 6-7 所示，主要部分为盛装土样的渗透容器，其上端为出水口，下端为进水口，与玻璃水头量管连接。试验时将水充入进水玻璃水头量管中至某一适当高度，使水通过土样发生渗流。

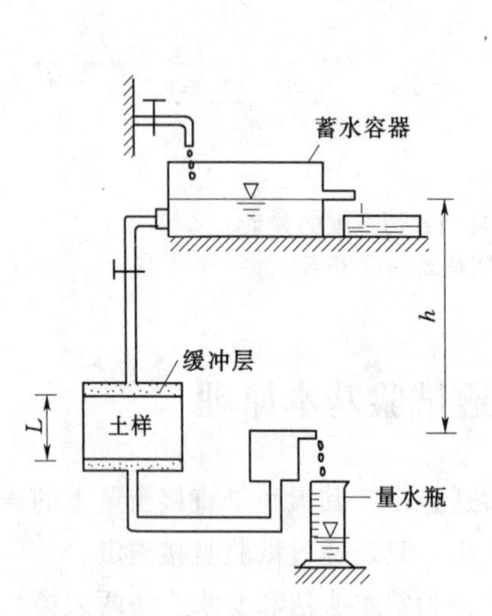

图 6-6　常水头试验装置示意

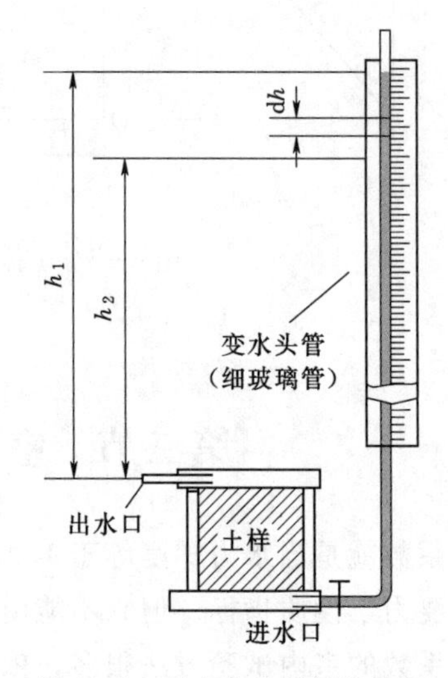

图 6-7　变水头渗透试验装置

设细玻璃管（变水头管）断面积为 a，在某一时间 t_1 时观测玻璃管中水头为 h_1；然后继续渗透，经过时间 t 至另一时间 t_2（$t=t_2-t_1$）再行观测同一管中水头，其值已降至 h_2。设在此过程中任一瞬时 $\mathrm{d}t$ 内水头降落为 $\mathrm{d}h$，则玻璃管中水量变化为

$$dQ = a\,dh \tag{6-9}$$

同时经过土样的渗透量为

$$dQ = -k\,\frac{h}{L}A\,dt \tag{6-10}$$

式中负号表示时间与水头的变化相反。同时在同一渗流系统内式（6－9）与式（6－10）应相等，因此有

$$a\,dh = -k\,\frac{h}{L}A\,dt \tag{6-11}$$

式（6－11）两边积分得

$$\int_{h_1}^{h_2}\frac{dh}{h} = -\int_{t_1}^{t_2}\frac{kA}{aL}dt$$

$$k = \frac{aL}{At}\ln\frac{h_1}{h_2} = 2.3\,\frac{aL}{At}\lg\frac{h_1}{h_2} \tag{6-12}$$

三、三轴仪法渗透试验

利用三轴仪也可以进行常水头或变水头渗透试验，通常把以这种方式进行的渗透试验称为三轴仪渗透试验。虽然它在试验原理上并未超越常水头法与变水头法的范畴，但是由于这种方法利用了三轴仪的一些特点，而使其自身具有新的特殊模拟功能。

在常规三轴仪压力室的基础上装置的变水头三轴仪法渗透试验装置如图 6－8 所示。关于三轴仪的工作原理与操作方法，可参阅本书第八章三轴压缩试验的相关内容。这种渗透试验方法在土样的制备与安装及维护方面，均同于三轴试验，而在渗透试验程序方面又与渗透试验基本相同。所不同之处仅在于可以利用三轴仪的功能使试验得到某种特殊的控制条件。例如：①可以向土样施加两个轴向压力，并在此压力下进行试验，借以模拟土层在实际平面应力状态下的渗透性状；②可以利用橡皮膜的柔性与韧性，在一定的侧压力作用下使土样侧面完全密封，防止水流的短路，这对于保证低渗透性土的渗透试验精度来说是非常重要的；③对于极弱透水性的高塑性黏土，甚至风化残积土、黏土页岩，可以通过空压机向水头观测管施加压力，等于提高水头到足够的高度，或者通过反压力系统，向土样施加一些负压力，均可达到预期效果。其实际水头等于气压加上观测管中水头。图 6－9

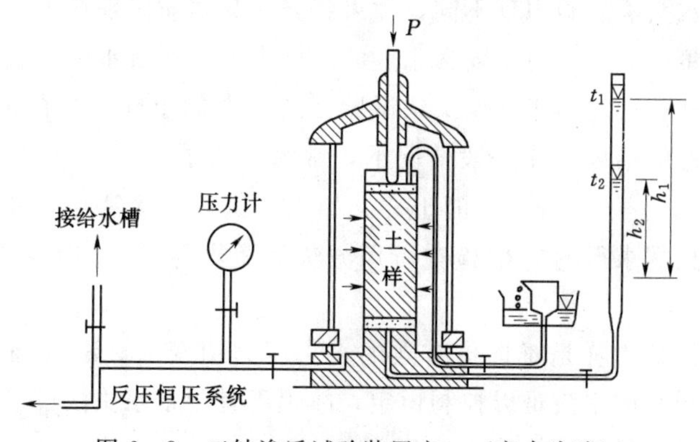

图 6－8　三轴渗透试验装置之一（变水头法）

是用三轴仪进行常水头试验的示意装置。由图可见，这种附加气压装置尤其对于常水头法试验来说，更具有其独到之处。

四、固结仪法渗透试验

这是利用固结仪进行的变水头法渗透试验，或者也可以把这项试验方法作为饱和黏性土固结试验的一部分来看待。其装置示于图 6－10 中。

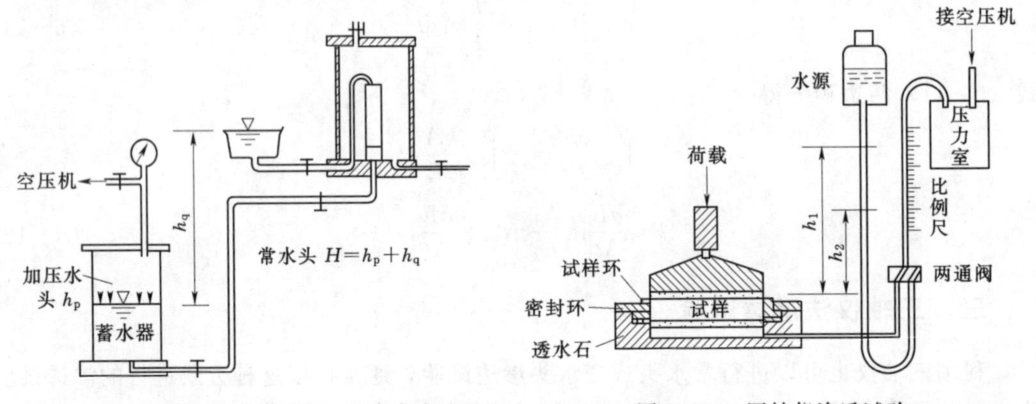

图 6－9　三轴仪法渗透装置之二（常水头法）　　图 6－10　固结仪渗透试验

关于固结仪及其使用方法，参见本书第七章固结试验的相关内容。在使用固结仪进行渗透试验时，可根据试验目的来确定这项试验究竟应在固结之前还是固结之后，甚至在固结的某一时刻进行。这样就可以测求土在某种固结程度下的渗透系数。另外，这项成果还可以和相应的垂直外压力（固结压力）联系起来，以便有目的地模拟土的实际应力状态与固结历史。这种试验方法的另一特点就是土样的透水长度（厚度）较小，因而可以缩短渗透试验时间。但是该特点也可能变成严重的缺点，因为一旦在土样侧面有水流短路时，将会得到偏大的渗透系数，而使试验成果失真。因此，需加强土样侧面的密封隔水措施。

五、渗透试验的若干经验

1. 试验方法的选用

常水头法与变水头法试验原理不同，效果各异。其实质区别在于针对土样的渗透性大小而采取不同的对策。显然，对于弱透水性的土样来说，用常水头法就不能准确地量测出水量，因而效果不佳；反之，用变水头法试验强透水性的土样，往往由于水头下降过快，同样得不到有代表性的结果。在一般情况下，常水头法适用于 $k>10^{-3}$cm/s 的土样，变水头法适用于 $k=10^{-3}\sim10^{-7}$cm/s 的土样。如果在试验前无法用经验判断土的 k 值时，则不妨在试验之后根据求得的 k 值检查所用方法的适当与否，如有不符可换用方法再次试验。

对于极弱透水性的土样是难以借有限的水头压力用变水头法量测 k 值的。此外，对于极强透水性的土样，因水头难以控制恒定，故也不宜用常水头法试验，在此情况下，可分别用土的固结指标或经验计算确定 k 值。

2. 试验系统的脱气与密封条件

渗透试验时，试样事先应以脱气蒸馏水彻底饱和，排尽孔隙中的气体。土样的饱和度越小，孔隙中残留的气体越多，土的有效渗透面积会减小。对于砂土，可直接在仪器中用毛细法或湿法饱和，而对于黏性土则往往需要较长时间或用抽气法加快饱和，具体饱和方法详见第八章中三轴试验方法。当试样移入容器时，容器下部的水槽和多孔板（或透水石）都应充分浸水饱和。渗透试验中，除规定部件需要接大气外，其余管路系统（包括负压水头试验的全部管路）都必须保证完全密封，否则将会由于水流的中途短路而降低实际作用的水头。此外，试样与容器周围也需严格密封，否则会额外增加水流通道，从而使试验所求得的 k 值偏大。

3. 试样的缓冲层（或透水石）的设计

渗透试验上、下两面须置有缓冲层，用以保护试样，避免扰动或颗粒流失。对黏性土一般用渗透性甚好的透水石缓冲，对砂土则可用薄层的中—粗砂进行缓冲。

然而，如何选用一种滤料作为缓冲层（或透水石）使其既不至于过粗而造成土样细颗粒流失，又不至于过细而造成所测 k 值的失真，这是一个试验设计问题。通常可控制缓冲层（滤料或透水石）与土样两者渗透系数之比为 20～40，对试验结果的影响较小。

试验的水头应控制适当，水头过高会冲毁土样。对同一土样做不同水头试验时，均应自低水头试验做起，并以低水头试验成果为主要依据，如土样确有明显冲坏，试验结果一般明显偏高，可不予采用。对黏性土的变水头试验，可在试验终了时打开仪器上盖，露出试样表面，再用较低水头，以观察有无冲破的孔洞出现，作为取舍试验成果的参考。

4. 试样的制备问题

试验中需控制试样密度的扰动试样，装样时最好按确定的体积计算试样质量，一次装入，再对容器外侧施以轻轻敲击，使试样达到预期高度。如果必须分层夯实制备试样时，两层交界面处的土面需要刨毛，避免试样出现层面而影响试验结果。但用湿法分层装样时，容器中的水位只能逐步上升，并始终保持土面处于微湿状态，以免颗粒发生上浮分选作用。

第三节　常水头法渗透试验方法

一、基本原理

常水头法试验适用于强透水性的粗粒土（$k>10^{-3}$cm/s），采用常水头渗透仪进行，实验时通过测定 t 时间内通过试样的渗流量及水头差，根据达西渗透定律计算出土样的渗透系数。

二、仪器设备

（1）常水头渗透仪（图 6－11）：由金属封底圆筒、金属孔板、滤网、变水头管和供水瓶组成。金属圆筒内径为 10cm、高 40cm，使用其他圆筒时，其内径应大于最大粒径的 10 倍。

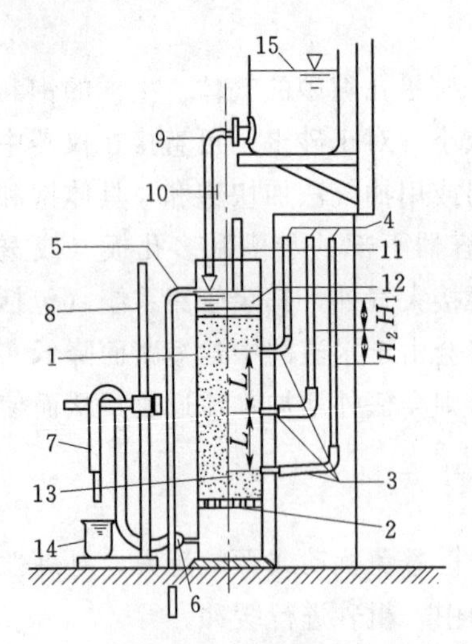

图 6－11　常水头渗透装置示意图

1—金属封底圆筒；2—金属孔板；3—测压孔；4—测压管；5—溢水孔；6—渗水孔；7—调节管；8—滑动架；9—供水管；10—止水夹；11—温度计；12—砾石层；13—试样；14—量杯；15—供水瓶

（2）供水瓶：容积 5000cm^3。

（3）其他：木锤，100cm^3 量筒、秒表、温度计、天平等。

三、操作步骤

1. 安装仪器

按图 6－11 所示结构安装常水头渗透仪，并检查各管路接头是否漏水。接通调节管和供水管，从渗水孔向渗透仪底部充水至水位略高于滤网顶面。

2. 装样

（1）称取具代表性的风干试样 3～4kg，准确至 1.0g，并测定试样含水率。

（2）将试样分层装入圆筒内，每层高度为 2～3cm，根据要求的孔隙比控制试样厚度，当要求的孔隙比较小时，可用木锤轻轻振击。当试样含黏粒较多时，在滤网上铺 2cm 厚的粗砂作为过滤层，防止细颗粒流失。

（3）每层试样装完后，从渗水管向圆筒内充水至试样顶面，最后一层试样应高出变水头管 3～4cm，并在试样顶部铺 2cm 厚的砾石作为缓冲层。当水面高出试样顶面时，继续充水至溢流孔有水溢出。

（4）量测试样顶面至底面的高度，计算试样高度，称量剩余试样的质量，计算试样质量。

（5）静置数分钟后，检查测压管水位和溢出孔水位是否齐平，如果不平，说明试样或测压管接头处有集气阻隔，用吸耳球调整测压管水位。

3. 测记读数

（1）将调节管提高至溢流孔以上，关止水夹，分开调节管与供水管，并将供水管放置在圆筒内，开止水夹，使供水瓶中的水由顶部注入金属圆筒。

（2）降低调节管至试样上部 1/3 高度处，形成水位差使水渗入试样，经过调节管流出。通过调节供水管止水夹，使进入圆筒的水量多于溢出的水量，使溢出孔始终有水溢出，保持圆筒内水位不变，试样处于常水头状态。

（3）测压管水位稳定后，记录测压管水位，计算各测压管间的水位差。

（4）开动秒表，同时用量筒接取经过一定时间的渗流水量，并重复一次。

（5）测量进水和出水处的水温，取平均值。

（6）降低调节管管口至试样中部及下部 1/3 高度处，以改变水力坡降，重复上述测量步骤，分别测量变水头管水位及水位差、渗出水量、水温。当不同水力坡降下测定的数据接近时，结束试验。

（7）可以根据工程实际需要，改变试样孔隙比，继续试验。

四、成果整理

1. 计算试样孔隙比

计算公式为

$$e=\frac{\rho_{w}G_{s}}{\rho_{d}}-1$$

$$\rho_{d}=\frac{m_{d}}{Ah}$$

$$m_{d}=\frac{m}{1+0.01\omega}$$

式中　e——试样孔隙比；

ρ_{w}——水的密度，g/cm³；

G_{s}——土的比重；

ρ_{d}——试样干密度，g/cm³；

m_{d}——试样干质量，g；

m——风干试样总质量，g；

ω——风干试样含水率，%。

2. 计算温度 T℃时试样的渗透系数 k_{T}

计算公式为

$$k_{T}=\frac{QL}{AHt}$$

式中　k_{T}——温度 T℃时试样的渗透系数，cm/s；

Q——时间 ts 内的渗透水量，cm³；

A——渗透试样的横截面积，cm²；

L——两测压孔中心之间的试样高度，cm；

H——相邻测压管的水头差，cm；

t——接取渗透水量经历的时间，s。

3. 计算标准温度20℃时试样的渗透系数

将温度为 T℃时的渗透系数 k_{T} 换算成温度为20℃时的渗透系数 k_{20}，按下式计算，即

$$k_{20}=k_{T}\frac{\eta_{T}}{\eta_{20}}$$

地下水的温度一般在10℃左右，所以土的渗透系数常以水温为10℃时计，可按下式换算，即

$$k_{10}=k_{T}\frac{\eta_{T}}{\eta_{10}}$$

式中　η_{T}，η_{20}，η_{10}——水温为 T℃、20℃、10℃时的动力黏滞系数，查表6-3获得。

4. 试验记录

常水头渗透试验记录参见表6-1。

表 6-1　　常水头渗透试验记录表

仪器编号：________；试样断面积 A：______cm；相邻测压管间距 L：______cm

试验次数	经过时间 t/s	测压管水位/cm			水位差 H/cm			渗出水量 Q /cm^3	渗透系数 k_T /(cm/s)	水温 T /℃	校正系数 $\frac{\eta_T}{\eta_{20}}$	渗透系数 k_{20} /(cm/s)	平均渗透系数 /(cm/s)
		Ⅰ	Ⅱ	Ⅲ	H_1	H_2	平均						
	(1)	(2)	(3)	(4)	(5)	(6)	(7)	(9)	(10)	(11)	(12)	(13)=(10)×(12)	
1													
2													
3													
4													

试验小组：__________；试验成员：__________；计算者：__________；试验日期：__________。

第四节　变水头法渗透试验方法

一、基本原理

变水头法试验适用于弱透水性的细粒土（$k<10^{-3}$cm/s），采用南 TST-55 型渗透仪进行，试验装置如图 6-12 所示。通过测得在某时间段 $t=t_2-t_1$ 内变水头管水头下降高度 $\Delta H=H_1-H_2$，并测得变水头管内截面积 a、试样截面积 A 和高度 L，依据达西渗透定律可计算试样的渗透系数。

二、仪器设备

（1）南-55 型渗透仪（图 6-12）：由环刀（高 40mm、直径 61.8mm）、透水石、套环、上盖和下盖组成。

（2）变水头装置（图 6-12）：由变水头管、进水管等组成，其中变水头管要求内径均匀且直径不大于 1cm，管外壁装最小分度值为 1.0mm 的刻度，长度 2m 左右。

（3）供水瓶：容积 5000cm^3。

（4）其他：切土器，100cm^3 量筒、秒表、温度计、削土刀、钢丝锯、凡士林等。

三、操作步骤

1. 制备试样

按本书第一章第四节土的密度试验（环刀法）中切取试样的方法，用渗透环刀仔细切取土样。应注意：严格禁止用修土刀反复涂抹试样表面，以免土样表面的孔隙被堵塞影响试验效果。

2. 装样

在容器套筒内壁上涂一层薄凡士林，然后将装有试样的环刀装入渗透容器并压入止水垫圈。把挤出多余的凡士林小心刮净，装好带有透水石和垫圈的上下盖，并用螺钉拧紧，

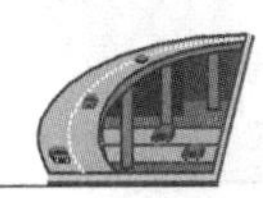

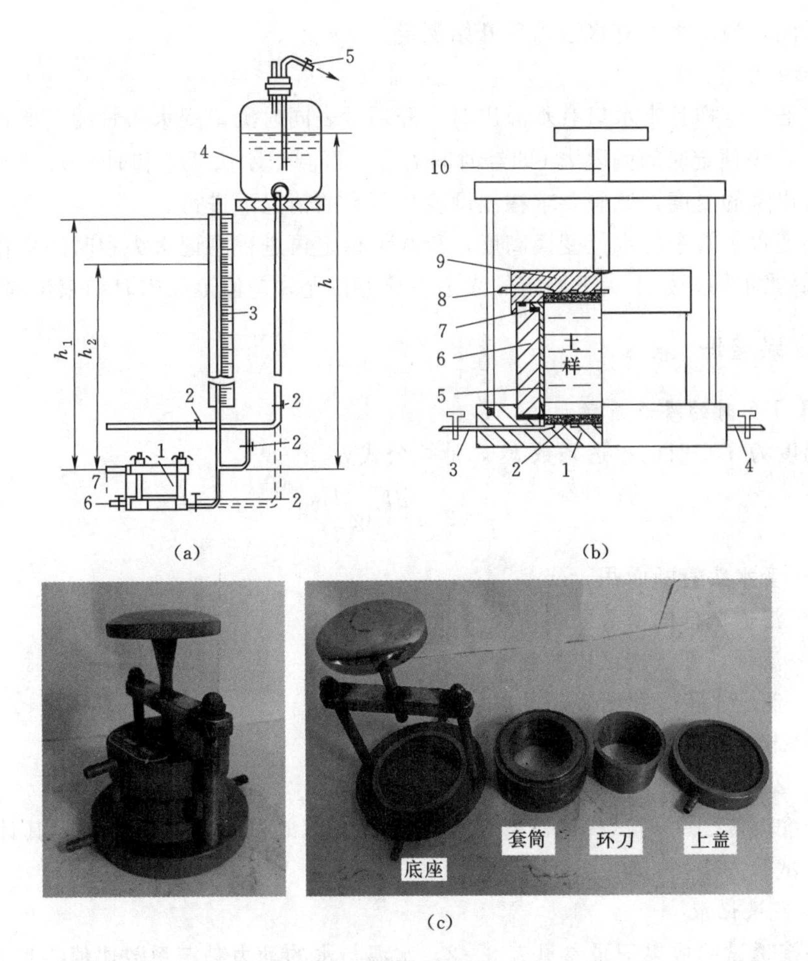

图 6-12　变水头渗透装置示意图及南-55 型渗透仪

(a) 变水头渗透装置示意图

1—渗透容器；2—进水管止水夹；3—变水头管；4—供水瓶；5—接水源管；6—排气水管；7—出水管

(b) 南-55 型渗透仪示意图

1—底座；2—透水石；3—出水管；4—进水管；5—环刀；6—套筒；7—密封垫圈；8—出水管；9—上盖；10—加压固定框架及手轮

(c) 南-55 型渗透仪实物

要求不漏气、不漏水。对不易透水的试样，需要进行抽气饱和，对饱和试样和较易透水的试样，直接用变水头装置的水头进行饱和。

3. 饱和试样

(1) 把渗透容器的进水口与变水头装置连接，关好相关管夹，接通水源，用供水瓶中的纯水向进水管注水，使变水头管内充满水。

(2) 把渗透容器侧立，排气管向上，并打开排气管止水夹，然后开进水口止水夹充水排除容器底部的全部空气，直至水中无气泡溢出。关排气管止水夹，平放好容器。

(3) 向变水头管注入纯水，使水升至预定高度，水头的高度根据试样结构确定，一般不大于 200cm（粉土可为 100cm），待水位稳定后切断水源，开进水管夹，使水通过试样，静置一段时间，当出水口有水溢出后开始测定。

4. 测记读数

(1) 水通过试样且出水口有水溢出时，开动秒表同时测记变水头管的起始水头 H_1 和起始时间 t_1，按预定时间间隔 t（即经时间 t 后）再测记水头 H_2 和时间 t_2。在观测记录的同时测溢出水的温度，试验要求在温度变化不大的情况下进行。

(2) 将变水头管中的水位变换高度，待水位稳定再进行测记水头和时间变化，重复试验 5～6 次。当不同开始水头下测定的渗透系数值在允许差值范围内时结束试验。

四、成果整理

1. 计算 T℃时的渗透系数

计算温度为 T℃时的渗透系数 k_T，计算公式为

$$k_T=2.3\frac{aL}{At}\lg\frac{H_1}{H_2}$$

式中　a——变水头管断面积，cm^2；

A——渗透试样的横截面积，cm^2；

L——渗径，即渗透试样的高度，cm；

t——测记水头变化所经历的时间，$t=t_1-t_2$，s；

H_1，H_2——起始和终止水头，mm。

2. 计算 20℃时和 10℃时的渗透系数

计算标准温度 20℃时试样的渗透系数和温度 10℃时试样的渗透系数，其计算公式同常水头渗透试验方法。

3. 试验成果记录

变水头渗透试验成果记录参见表 6-2，水温与水的动力黏滞系数比值参见表 6-3。

表 6-2　变水头渗透试验成果记录表

仪器编号：_____；试样断面积 A：_____；试样高度 L：_____；变水头管断面积 a：_____；孔隙比 e：_____。

试验次数	开始时间 /s	终了时间 /s	经过时间 /s	开始水头 /cm	终了水头 /cm	渗透系数 /(cm/s)	水温 /℃	校正系数 η_T/η_{20}	水温 20℃渗透系数 /(cm/s)	平均渗透系数
	(1)	(2)	(3) = (2)−(1)	(4)	(5)	(6)	(7)	(8)	(9) = (6)×(8)	
1										
2										
3										
4										

试验小组：________；试验成员：________；计算者：________；试验日期：________。

表 6-3　　水温与水的动力黏滞系数比值 $\frac{\eta_1}{\eta_2}$ 的关系表

温度 T /℃	动力黏滞系数 η /[kPa·s(10^{-6})]	$\frac{\eta_T}{\eta_{20}}$	温度 T /℃	动力黏滞系数 η /[kPa·s(10^{-6})]	$\frac{\eta_T}{\eta_{20}}$	温度 T /℃	动力黏滞系数 η /[kPa·s(10^{-6})]	$\frac{\eta_T}{\eta_{20}}$
5.0	1.516	1.501	13.5	1.188	1.176	22.0	0.968	0.958
5.5	1.498	1.478	14.0	1.175	1.168	22.5	0.952	0.943
6.0	1.470	1.455	14.5	1.160	1.148	23.0	0.941	0.932
6.5	1.449	1.435	15.0	1.144	1.133	24.0	0.919	0.910
7.0	1.428	1.414	15.5	1.130	1.119	25.0	0.899	0.890
7.5	1.407	1.393	16.0	1.115	1.104	26.0	0.879	0.870
8.0	1.387	1.373	16.5	1.101	1.090	27.0	0.859	0.850
8.5	1.367	1.353	17.0	1.088	1.077	28.0	0.841	0.833
9.0	1.347	1.334	17.5	1.074	1.066	29.0	0.823	0.815
9.5	1.328	1.315	18.0	1.061	1.050	30.0	0.806	0.798
10.0	1.310	1.297	18.5	1.048	1.038	31.0	0.789	0.781
10.5	1.292	1.279	19.0	1.035	1.025	32.0	0.773	0.765
11.0	1.274	1.261	19.5	1.022	1.012	33.0	0.757	0.750
11.5	1.256	1.243	20.0	1.010	1.000	34.0	0.742	0.735
12.0	1.239	1.227	20.5	0.998	0.988	35.0	0.727	0.720
12.5	1.223	1.211	21.0	0.986	0.976			
13.0	1.206	1.194	21.5	0.974	0.964			

注　摘自《土工试验规程》(GB/T 50123—1999)。

五、注意事项

(1) 试验过程中要及时排除试验和管路中的气泡。

(2) 为准确控制 $v-i$ 的曲线，要求测点分布均匀，水头差控制要均匀。

(3) 用渗透环刀切取渗透试样时，应尽量避免土样结构的扰动，严禁用削土刀反复涂抹试样表面。

(4) 测定黏性土的渗透系数时，应防止水从环刀和土样之间的缝隙中流过，产生水流短路现象。

六、思考题

(1) 达西定理的适用条件是什么?

(2) 常水头法测定土的渗透系数试验中，试验仪器侧壁等间距装有 3 处测压管，3 根测压管的水位差会相等吗？如果不相等，可能是什么原因造成的?

(3) 在变水头渗透试验中，为避免水流短路，试验操作上应注意哪些问题?

第五节 试验案例：变水头渗透试验

一、操作步骤

1. 用渗透环刀切取试样

按环刀法密度试验中切取试样的方法，用渗透环刀仔细切取土样，严禁用修土刀反复涂抹试样表面，以免表面孔隙被堵塞影响试验效果，用真空饱和方法进行饱和。

2. 装样

将装有试样的环刀装入渗透容器并放置在带有透水石和垫圈的底座上，盖上上盖，拧紧加压手轮固定整个渗透仪，要求不漏气不漏水。

3. 排除渗透容器底部空气

排气管向上侧立渗透容器，打开排气管止水夹，开进水口止水夹，排气口有夹带气泡的水溢出，当无气泡时关排气管止水夹，平放好渗透容器。

向变水头管注入纯水至水升至预定高度 220cm，开进水管夹，静置一段时间，当出水口有水溢出后开始测定。

4. 测记读数

(1) 第一次测记读数。出水口有水溢出时，用秒表记录开始时间 $t_1=19:53$，水头量管高度 $h_1=210.6\text{cm}$，经过一段时间后，$t_2=20:57$，相应水头量管高度 $h_2=205.6\text{cm}$，其中时间间隔 $t=t_1-t_2=3840\text{s}$，测溢出水温 $T=26℃$。

(2) 变换水位高度重新侧记读数。将变水头管中的水位变换高度，待水位稳定再进行测记水头和时间变化，重复试验 5 次。具体试验数据见试验记录表 6-4。

二、成果整理

1. 计算温度 $T=26℃$ 时的渗透系数 $k_{T=26}$

第一次测试结果：

$$k_{T=26}=2.3\frac{aL}{At}\lg\frac{h_1}{h_2}=2.3\times\frac{0.255\times4}{30\times3840}\lg\frac{210.4}{205.6}=2.04\times10^{-7}\text{cm/s}$$

第二到第五次测试结果分别为 $2.01\times10^{-7}\text{cm/s}$、$2.68\times10^{-7}\text{cm/s}$、$2.43\times10^{-7}\text{cm/s}$ 和 $1.93\times10^{-7}\text{cm/s}$。

2. 计算标准温度 20℃时试样的渗透系数

查表得 $\frac{\eta_{26}}{\eta_{20}}=0.879$

第一次测试修正结果：$k_{T=20}=k_{T=26}\times\frac{\eta_{T=26}}{\eta_{T=20}}=2.04\times0.879=1.79\times10^{-7}\text{cm/s}$

第二到第五次测试结果修正后分别为 $1.77\times10^{-7}\text{cm/s}$、$2.36\times10^{-7}\text{cm/s}$、$2.14\times10^{-7}\text{cm/s}$ 和 $1.70\times10^{-7}\text{cm/s}$。

试样渗透系数取 5 次试验结果平均值 $1.95\times10^{-7}\text{cm/s}$。

3. 试验记录

试验数据及成果记录见表 6-4。

表 6-4　变水头渗透试验记录表

仪器编号：01；试样面积 A：$30cm^2$；试样高度 L：4.0cm；变水头管断面积 a：$0.255cm^2$

试验次数	开始时间	终了时间	经过时间/s	开始水头/cm	终了水头/cm	渗透系数/(cm/s)	水温/℃	校正系数 η_T/η_{20}	水温20℃渗透系数/(cm/s)	平均渗透系数/(cm/s)
	(1)	(2)	(3)=(2)-(1)	(4)	(5)	(6)	(7)	(8)	(9)=(6)×(8)	
1	19：53	20：57	3840	210.4	205.6	2.04×10^{-7}	26	0.879	1.79×10^{-7}	1.95×10^{-7}
2	20：57	22：09	4320	205.6	200.4	2.01×10^{-7}	26	0.879	1.77×10^{-7}	
3	22：12	06：48	30960	225.1	176.2	2.68×10^{-7}	26	0.879	2.36×10^{-7}	
4	06：50	09：23	9540	208.9	195.1	2.43×10^{-7}	26	0.879	2.14×10^{-7}	
5	17：44	22：09	15900	219.4	200.4	1.93×10^{-7}	26	0.879	1.70×10^{-7}	

试验小组：________；试验成员：________；计算者：________；试验日期：________。

第七章　固　结　试　验

土体的变形是岩土工程和土力学研究的最基本、最重要的问题之一，所有建筑物的设计都必须考虑可能产生的沉降。不同类型的土，其变形特性不同，其中砂土的变形在较短时间内即可完成，而黏性土尤其是软土的变形过程则很复杂，变形随时间逐步发展。黏性土的变形由两部分组成：一部分是由于孔隙水压力消散引起的，称为固结变形或主固结变形；另一部分是与孔隙水压力无关，在孔隙水压力消散为零后，有效应力基本不变的情况下，随时间继续发展的变形，称流变变形或次固结变形。本章研究的是黏性土的变形试验，测定的是稳定后的变形。从理论上讲，它包括初始变形、固结变形、流变变形。然而，由于试样并未达到最后的稳定，而是将孔隙水压力完全消散作为稳定标准，对于有显著流变性的土体，流变变形没有包括在内。

第一节　土 的 压 缩 特 性

一、土的压缩与固结

土是由固体颗粒、孔隙中的水和气体组成的松散三相体，增加外力，土体会发生体积缩小。这种在外力作用下，土体体积缩小的现象称为土的压缩。

研究表明，在工程上常遇到的压力（小于 600kPa）下，土粒本身和孔隙水的压缩量极其微小（不到土体总压缩量的 1/400），通常忽略不计。因此，在研究土的压缩性时，均认为土体压缩完全是由于孔隙体积减小的结果。对于饱和土、孔隙中完全充满水，孔隙体积减小的过程实际上是孔隙水的排出过程，且排出的孔隙水的量等于土体体积减小的量。同时还可知，对于饱和土，渗透性强的土，压缩随时间增长的速度快，变形可在较短时间内完成；透水性弱的土，孔隙水排出速率慢，变形需经过较长时间才能完成。土的压缩随时间增长的过程称为固结。所以，对黏性土地基，建筑物基础的沉降并不是瞬时发生的，而是随着时间增长逐渐完成的。

二、有效应力和有效应力原理

（一）孔隙水应力

土体中的孔隙互相连通，饱和土体孔隙中的水是连续的，它与通常的静水一样，能够承担或传递压力。通常把饱和土体中由孔隙水承担或传递的应力定义为孔隙水应力，常以 u 表示。孔隙水应力的特性与通常的静水压力一样，方向始终垂直于作用面，其值等于该点的测压管水柱高度 h_w 与水的重度 γ_w 的乘积，即

$$u=\gamma_w h_w \tag{7-1}$$

(二) 有效应力

土体中除孔隙水应力外，还有通过粒间接触面传递的应力或者说由颗粒骨架承担的应力，将该应力称为有效应力，常用σ'表示。显然，只有有效应力才能使土体产生压缩(或固结)和抗剪强度。由于粒间接触情况十分复杂、粒间力传递方向变化无常，定义真正意义的有效应力在工程实践中无法应用。为了简化，把研究平面内所有粒间接触面上接触力的法向分力之和N_s除以所研究平面的总面积(包括粒间接触面积和孔隙所占面积)A所得到的平均应力定义为有效应力，即

$$\sigma'=\frac{N_s}{A} \tag{7-2}$$

按式(7-2)并不能直接计算或实测有效应力的大小，在工程实践中有效应力是用太沙基(Terzaghi)有效应力原理求出的。

(三) 有效应力原理

如图7-1所示，设饱和土体内某一研究平面(如水平面)的总面积为A，其中粒间接触面积之和为A_s，则该平面内由孔隙水所占的面积为$(A-A_s)$。若该研究平面上的法向总应力为σ，它由该面上的孔隙水和粒间接触面共同分担，且有该面上的总法向力等于孔隙水所承担的力和粒间所承担的法向力之和，可以写成

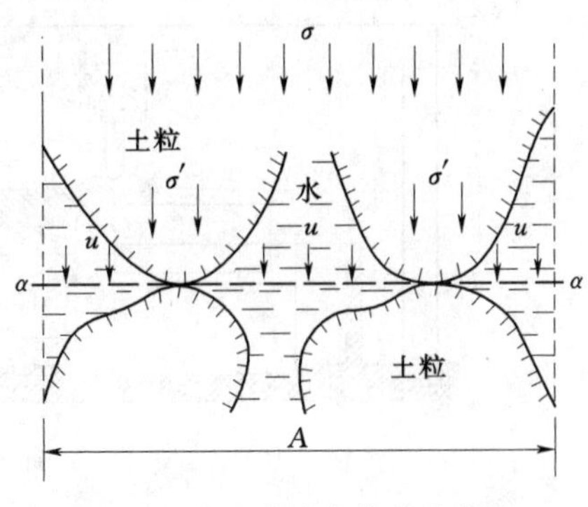

图7-1 土中应力传递示意图

$$\sigma A=N_s+(A-A)u \tag{7-3}$$

或

$$\sigma=\frac{N_s}{A}+\left(1-\frac{A_s}{A}\right)u \tag{7-4}$$

也可写成

$$\sigma=\sigma'+(1-\alpha)u \tag{7-5}$$

式中 α——研究平面内粒间接触面积所占研究平面面积的比值。

试验研究表明，粒间接触面积甚微，α仅为百分之几，实用上可忽略不计。于是式(7-5)进一步简化为

$$\sigma=\sigma'+u \tag{7-6}$$

式(7-6)即为著名的有效应力原理，是由太沙基首先提出的。它表示饱和土体研究平面上的总应力、有效应力与孔隙水应力三者之间的关系。当总应力保持不变时，孔隙水应力与有效应力可互相转化，即孔隙水应力减小(增大)等于有效应力的等量增加(减小)。通常总应力可以计算，孔隙水应力可以实测或计算，因此，有效应力可通过太沙基有效应力原理求出。对于其他研究平面，有效应力原理同样适用。

三、土的压缩性指标

（一）固结试验及压缩曲线

1. 固结试验

室内固结试验是研究土的压缩特性，测定土的压缩性指标的最常用的试验方法，仪器的主要装置为固结仪，如图 7-2 所示。

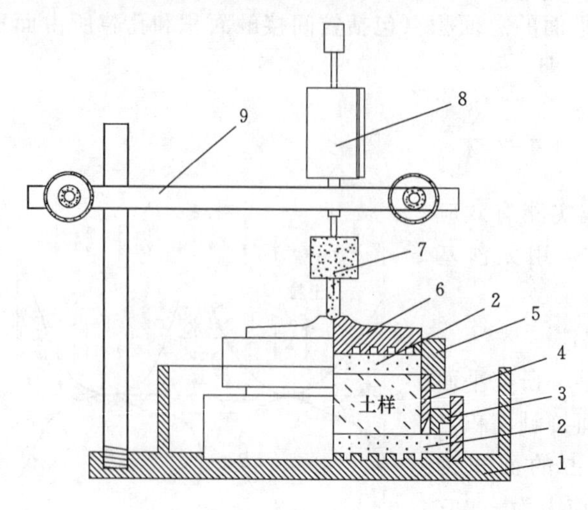

图 7-2　固结仪示意图

1—水槽；2—护环；3—透水石；4—环刀；5—导环；6—承压板；7—加压横梁；8—百分表；9—百分表支架

固结试验的试样一般高 2cm，面积为 $30cm^2$ 或 $50cm^2$ 的薄圆柱状。试验时，试样连同环刀一起装入固结仪中的一刚性护环内，上下放透水石，以便试样在压力作用下排水。通过承压板（即上盖）给试样施加一竖向压力，用百分表测量试样压缩变形。分级施加垂直压力，测记加压后不同时间的压缩变形量，直到各级压力下的变形量趋于某一稳定标准为止。

固结试样的基本特征是，由于刚性护环所限，试样只发生竖向变形，而无侧向膨胀，属于一维轴对称应变问题，因此该试验称为单向固结试验或侧限固结试验或无侧胀固结试验。同时，试样只受竖向外力 p 的作用，有 $\sigma_z=p$，其侧向（水平）应力 $\sigma_x=\sigma_y=K_0\sigma_z$，大小取决于侧压力系数 K_0。

土的压缩是由于孔隙体积的减小，因此，土的压缩变形常用孔隙比 e 的变化来表示。依据固结试验即可建立压力 p 与相应压缩稳定的试样孔隙比 e 的关系曲线，该曲线称为土的压缩曲线。压缩曲线分为用普通直角坐标绘制的 $e-p$ 曲线和用半对数直角坐标绘制的 $e-\lg p$ 曲线。

2. 压缩曲线绘制

绘制压缩曲线首先需求出各级压力作用下压缩稳定时的孔隙比 e_i，其计算公式可依据固结试验的两个基本特点推导而得。第一个特点是土的压缩仅是孔隙体积的减小，土粒体积不变；第二个特点是试样无侧向膨胀，试验前后试样横截面积保持不变。

假设试样在初始状态时的高度为 H，孔隙比为 e_0，试样横截面积为 A，土的体积为 V_0，则有

$$V_0 = HA = V_s + V_v = V_s(1+e_0)$$

$$V_s = \frac{HA}{1+e_0} \tag{7-7}$$

施加竖直压力 p_i 压缩稳定后产生的竖向变形量为 S_i，试样的高度变为 $H' = H - S_i$，孔隙比减少为 e_i，横截面积仍为 A，土的体积变为 V_i，则有

$$V_i = (H-S_i) \times A = V_s + V_{vi} = V_s(1+e_i)$$

$$V_s = \frac{(H-S_i) \times A}{1+e_i} \tag{7-8}$$

式中　V_s——试样的土粒体积；

　　　V_v——试样孔隙体积。

由式（7-7）和式（7-8）相等，有

$$\frac{1}{1+e_0}H = \frac{1}{1+e_i}(H-S_i)$$

整理后写成

$$e_i = e_0 - \frac{S_i}{H}(1+e_0) \tag{7-9}$$

式（7-9）即为计算各级压力作用下固结稳定后试样孔隙比的计算公式。通过计算各级压力下的孔隙比就可以绘制压缩曲线，图 7-3（a）所示为 $e-p$ 曲线，图 7-3（b）所示为 $e-\lg p$ 曲线。

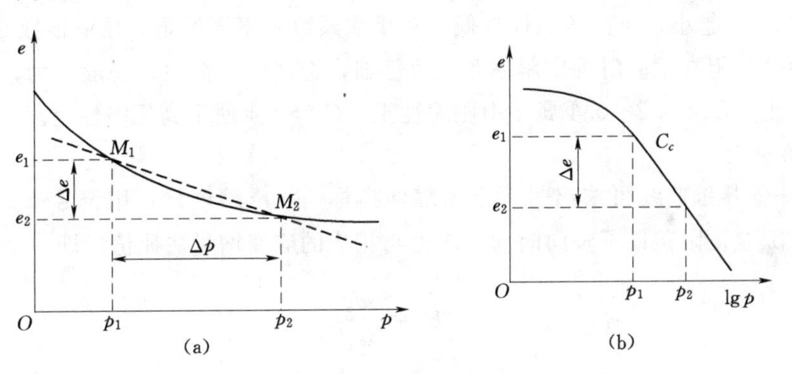

图 7-3　压缩曲线

（a）$e-p$ 曲线及压缩系数确定；（b）$e-\lg p$ 曲线及压缩指数确定

（二）压缩性指标

1. 压缩系数

如图 7-3（a）中的压缩曲线所示，假定试样在压力 p_1 作用下已经压缩稳定，对应孔隙比为 e_1，即试样处于 M_1 点。现增加压力增量 Δp 至压力为 p_2，固结稳定后的孔隙比为 e_2，试样处于 M_2 点。很明显，对于该压力增量 Δp，如果 $e_1 - e_2$ 的差值越大，表示体积压缩越大，该土的压缩性越高。因此，定义单位压力增量所引起的孔隙比改变为压缩系数，用符号 α 表示，表达式为

$$\alpha=\frac{e_1-e_2}{p_2-p_1}=-\frac{\Delta e}{\Delta p}=-\frac{\mathrm{d}e}{\mathrm{d}p} \tag{7-10}$$

压缩系数即割线 M_1M_2 的斜率，单位为 kPa^{-1} 或 MPa^{-1}，是表征土压缩性的重要指标之一。$e-p$ 曲线越陡，α 就越大，则土的压缩性越高；反之，$e-p$ 曲线越平缓，α 就越小，则土的压缩性越低。值得注意是，由于 $e-p$ 是曲线，不同的压力增量（p_2-p_1）或压力增量的起始值 p_1 的大小不同，其压缩系数值亦不同。它随着压力起始点 p_1 的增加及压力增量的增大而减小。在工程中，为了便于统一比较，《建筑地基基础设计规范》（GB 50007—2002）采用 100kPa 和 200kPa 范围的压缩系数 α_{1-2} 来评价土的压缩性高低。

当 $\alpha_{1-2}<0.1MPa^{-1}$ 时，为低压缩性土

当 $0.1MPa^{-1}\leqslant\alpha_{1-2}<0.5MPa^{-1}$ 时，为中压缩性土

当 $\alpha_{1-2}\geqslant0.5MPa^{-1}$ 时，为高压缩性土

2. 压缩指数

$e-\lg p$ 压缩曲线的特点是在较高的压力范围内，曲线近似为一直线。压缩指数定义为此直线的斜率，用符号 C_c 表示为

$$C_c=\frac{e_1-e_2}{\lg p_2-\lg p_1}=(e_1-e_2)/\lg\frac{p_2}{p_1} \tag{7-11}$$

和压缩系数 α 一样，压缩指数 C_c 也是用来反映土的压缩性大小的。C_c 越大，土的压缩性越高；反之，C_c 越小，土的压缩性越低。和压缩系数 α 不同的是，压缩指数 C_c 的大小并不随压力而变，但在试验时确定斜率要求很仔细，否则出入很大。一般认为，$C_c<0.2$ 属于低压缩性土；$C_c=0.2\sim0.4$ 属于中压缩性土；$C_c>0.4$ 属于高压缩性土。

3. 压缩模量

根据 $e-p$ 压缩曲线可求出另一个压缩性指标——压缩模量，用符号 E_s 表示。它的定义是土在完全侧限条件下竖向附加压应力与相应的应变增量之比值，即

$$E_s=\frac{\Delta\sigma_z}{\Delta\varepsilon_z} \tag{7-12}$$

由定义可知，E_s 越大，土的压缩性越小；E_s 越小，土的压缩性越大。一般认为，$E_s<4.0MPa$ 属于高压缩性土；$E_s=4.0\sim15.0MPa$ 属于中压缩性土；$E_s>15.0MPa$ 属于低压缩性土。

工程实践中，通常用 E_s 与 α 的关系求 E_s 的值，其关系式为

$$E_s=\frac{1+e_1}{\alpha} \tag{7-13}$$

其推导过程：如图 7-4 所示，试样在压力 p_1 作用下的高度为 H_1，相应孔隙比为 e_1，增加压力到 p_2，压力增量为 $\Delta\sigma_z=\Delta p=p_2-p_1$，试样高度变为 $H_2=H_1-S$，相应孔隙比为 e_2，根据试样压缩前后骨架土颗粒的体积和横截面积保持不变，有

$$\frac{H_1}{1+e_1}=\frac{H_1-S}{1+e_2} \tag{7-14}$$

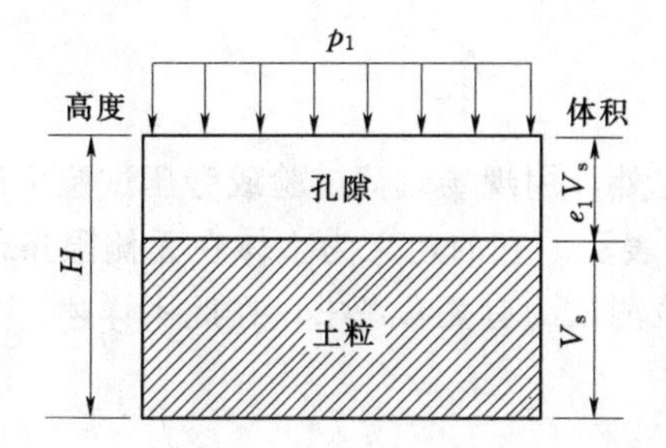

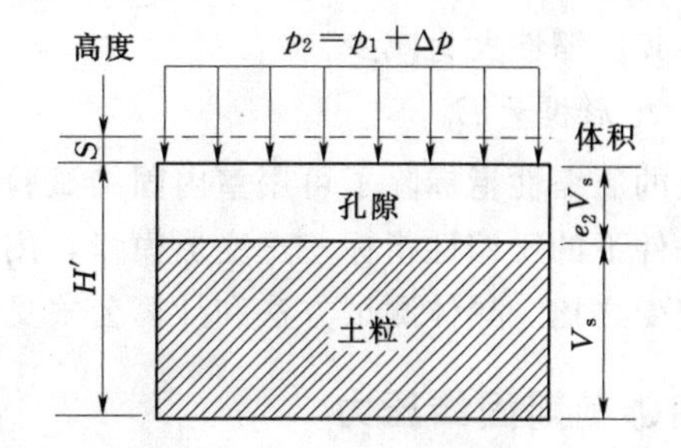

图 7-4　侧限条件下土样高度变化与孔隙比变化的关系（横截面积不变）

即有

$$\Delta\varepsilon_z=\frac{S}{H_1}=\frac{e_1-e_2}{1+e_1}=\frac{\Delta e}{1+e_1} \tag{7-15}$$

由于 $\Delta\sigma_z=\Delta p=\Delta e\alpha$

所以得侧限条件下的变形模量为

$$E_s=\frac{\Delta\sigma_z}{\Delta\varepsilon_z}=\frac{1+e_1}{\alpha} \tag{7-16}$$

4. 再压缩指数 C_s

对试样进行压缩、卸荷回弹和再加荷压缩的固结试验，得到如图 7-5 所示的压缩曲线。图中 AB 为初始压缩曲线，BC 为回弹曲线，CD 为再压缩曲线。从图 7-5 中可以看出：①卸荷时，试样不是沿初始压缩曲线，而是沿曲线 BC 回弹。说明土体的变形是由可恢复的弹性变形和不可恢复的塑性变形两部分组成；②回弹曲线和再压缩曲线构成一回滞环，这是土体不是完全弹性体的又一表征；③在同样的压力范围内，回弹和再压缩曲线要比初始压缩曲线平缓许多，说明在回弹或再压缩范围内，土的压缩性大大降低；④当再加荷时的压力超过 B 点所对应的压力时，再压缩曲线就趋于初始压缩曲线的延长线。

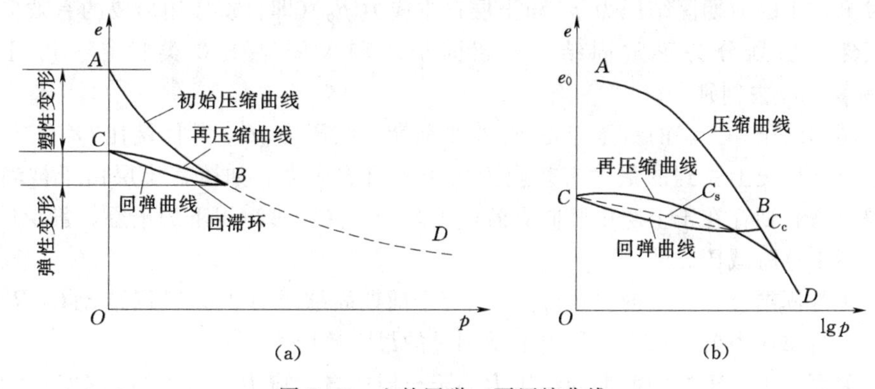

图 7-5　土的回弹—再压缩曲线

(a) $e-p$ 曲线；(b) $e-\lg p$ 曲线

实际工程中，将 $e-\lg p$ 曲线中的回弹曲线和再压缩曲线简化为一条直线，用回滞环两端点连线表示，该直线的斜率称为再压缩指数或回弹指数，用 C_s 表示。再压缩指数 C_s 比压缩指数 C_c 小得多，一般 $C_s=(0.1\sim0.2)C_c$，说明土体在经过加荷和卸荷的应力历史后，其压缩性大为减少。

5. 变形模量 E_0

土的压缩性指标除了可用室内固结试验测定外，用现场载荷试验或旁压试验可测定无侧限条件下的压缩性指标——变形模量，用 E_0 表示。它的定义为土体在无侧限条件下应力与应变之比。具体测试方法和计算公式见原位测试的有关参考书，在此不详述。

四、前期固结压力

土的压缩—回弹—再压缩曲线特征表明，土的应力历史会对土的变形产生影响。为进一步研究应力历史对土的压缩性影响，提出了前期固结压力的概念，其定义为土体在历史上曾经受到过的最大固结压力，用 p_c 表示。

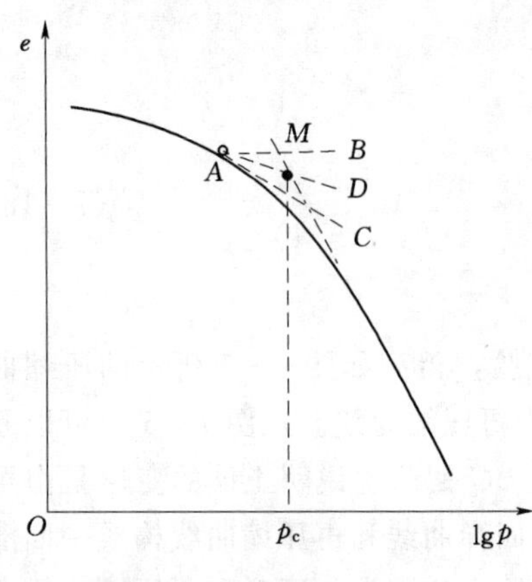

图 7-6　卡萨格兰德确定 p_c

早在 1936 年，卡萨格兰德（Casagrende）发现固结试验的再压缩曲线的斜率与开始压缩曲线的斜率几乎一致，卸荷点总在再压缩曲线曲率最大点的左下侧。依据此特征，卡萨格兰德提出了最小曲率半径的检验法确定前期固结压力 p_c。这是目前常用的$e-\lg p$ 曲线确定前期固结压力的方法。具体步骤如图 7-6 所示。

(1) 在 $e-\lg p$ 曲线拐弯处用目测或作图法找出曲率半径最小的点 A。

(2) 过 A 点作水平线 AB 和切线 AC，并作 $\angle BAC$ 的角平分线 AD。

(3) 将压缩曲线直线段延长，与 AD 交于 M 点，则与 M 点对应的压力即为前期固结压力 p_c。

通过测定土的前期固结压力 p_c 和土层自重应力 p_0（即自重作用形成的有效应力）比较，将天然土层划分为正常固结土、超固结土和欠固结土 3 类状态，并用超固结比 $OCR=p_c/p_0$ 去判别。

(1) 超固结土。土层的自重应力 p_0 小于前期固结压力 p_c，其固结比 $OCR>1$，也就是说，该土层历史上受到的最大有效应力大于土自重应力，如覆盖土层由于被剥蚀等原因，使得原来长期存在于土层中竖向有效应力减少，又如古冰川下的土层，曾受过冰荷重的压缩，后来冰融减压。

(2) 正常固结土。土层的自重应力 p_0 等于前期固结压力 p_c，其固结比 $OCR=1$，也就是说，土自重应力就是该土层历史上受到过的最大效应力。

(3) 欠固结土。土层的前期固结压力小于土层的自重应力，其固结比 $OCR<1$，也就是说，在自重应力作用下固结尚未完成，如新近沉积的黏性土、人工填土等，由于沉积时间短，在自重作用下还没有完全固结。

第二节　土的单向固结理论及固结系数

一、太沙基单向固结微分方程

（一）基本假设

本节是研究饱和黏性土的固结变形问题，饱和黏性土的压缩变形完全是由孔隙中的水逐渐向外排出，孔隙体积缩小引起的。对于透水性弱的黏性土，完成压缩变形所需的时间很长，工程设计中，有时不但需要预估建筑物基础可能产生的最终沉降量，而且还常常需要预估建筑物基础达到某一沉降量所需的时间或者预估建筑物完工以后经过一定时间可能产生的沉降量。这些问题都需要由土体的固结理论来解决。

饱和土体的固结过程就是孔隙水压力消散的过程，孔隙水压力消散为零，则压缩变形就达到稳定。与此同时，土体在固结过程中，任意时刻、任意位置上的应力满足有效应力原理。因而，求解地基沉降与时间关系的问题，实际上就变成求解在附加应力作用下，地基中各点的超静孔隙水应力随时间变化的问题。因为一旦某时刻的超静孔隙水应力确定，附加有效应力就可根据有效应力原理求得，从而求得该时刻的土层压缩量。

太沙基单向固结理论基本假设如下：

（1）土是均质、各向同性且饱和的。

（2）土粒和孔隙水是不可压缩的，土的压缩完全由孔隙体积的减小引起。

（3）土的压缩和固结仅在竖直方向发生。

（4）孔隙水的向外排出符合达西定律，土的固结快慢决定于它的渗透速度。

（5）在整个固结过程中，土的渗透系数、压缩系数等均视为常数。

（6）地面上作用着连续均布荷载并且是一次施加的。

（二）固结微分方程建立

图 7 - 7 为单向或一维固结情况之一，其中均质、各向同性的饱和黏土层位于不透水的岩层上，顶面有砂层，地下水位面位于砂层内。黏土层的厚度为 H，假定在自重应力作用下已固结稳定，只是在水平地面上一次性施加连续均布压力 p，在黏性土层内部引起沿厚度均匀分布、大小为 p 的竖向附加应力，正是这一附加应力才引起土层固结。

在饱和黏土层顶面下 z 深度处取一个单元体，其横截面积 $\mathrm{d}A=\mathrm{d}x\mathrm{d}y$，高度为 $\mathrm{d}z$，如图 7 - 7 所示。由于只考虑自下而上的单向固结渗流，在外荷载施加后某时间 t(s) 从单元体内流出的水量为 q，流入的水量为 $q+\frac{\partial q}{\partial z}\mathrm{d}z$，于是，在 $\mathrm{d}t$ 时间内，流出与流入该单元体的水量之差，即净流出的水量为

$$\mathrm{d}Q=\frac{\partial Q}{\partial t}\mathrm{d}t=q\,\mathrm{d}x\,\mathrm{d}y\,\mathrm{d}t-\left(q+\frac{\partial q}{\partial z}\mathrm{d}z\right)\mathrm{d}x\,\mathrm{d}y\,\mathrm{d}t=-\frac{\partial q}{\partial z}\mathrm{d}z\,\mathrm{d}x\,\mathrm{d}y\,\mathrm{d}t \tag{7-17}$$

在同一时间 $\mathrm{d}t$ 内孔隙体积减小量为

$$\mathrm{d}V_{\mathrm{v}}=\frac{\partial V_{\mathrm{v}}}{\partial t}\mathrm{d}t=\frac{\partial}{\partial t}\left(\frac{e}{1+e}\mathrm{d}x\,\mathrm{d}y\,\mathrm{d}z\right)\mathrm{d}t=\frac{1}{1+e}\frac{\partial e}{\partial t}\mathrm{d}x\,\mathrm{d}y\,\mathrm{d}z \tag{7-18}$$

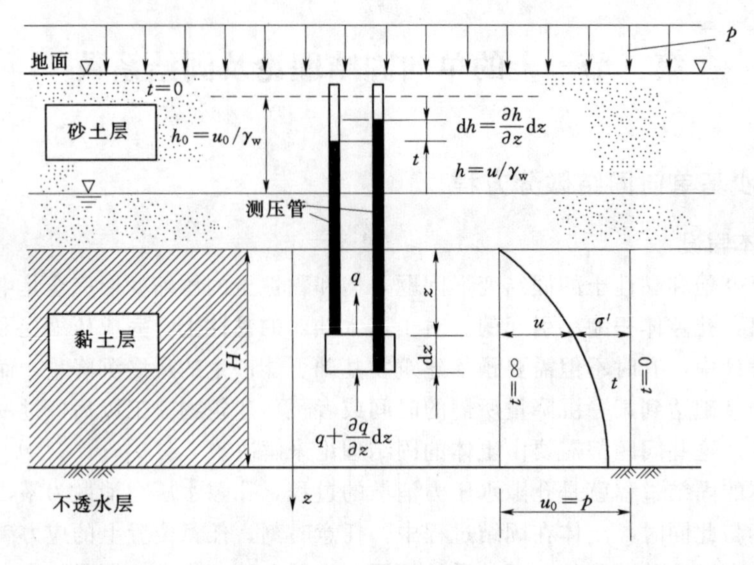

图 7-7 饱和土的固结过程

式中 e——天然孔隙比，单元体中土颗粒的体积 $dxdydz/(1+e)$ 为不变的常数。

根据固结渗流的连续性条件，单元体在某时间 dt 内水量的变化应等于同一时间该单元体中孔隙体积的变化。所以可令式（7-17）和式（7-18）相等，从而得到

$$-\frac{\partial q}{\partial z}=\frac{1}{1+e}\frac{\partial e}{\partial t} \tag{7-19}$$

根据侧限条件下的压缩定律，由压缩系数的定义有

$$\frac{\partial e}{\partial t}=-\frac{\alpha\partial\sigma'}{\partial t}$$

式中 α——土的压缩系数；

σ'——有效应力。

根据有效应力原理

$$d\sigma'=d(\sigma_z-u)=-du$$

式中 σ_z——单元体中的附加应力，如果在连续均布荷载的作用下，$\sigma=p$；

u——单元体的空隙水压力。

所以

$$\frac{\partial e}{\partial t}=\alpha\frac{\partial u}{\partial t} \tag{7-20}$$

同时

$$q=ki=k(-\frac{\partial h}{\partial z})=-\frac{k}{\gamma_w}\frac{\partial u}{\partial z}$$

式中 k——z 方向的渗透系数；

i——水力梯度；

h——透水面下 z 深度处的超静孔隙水头；

γ_w——水的重度。

这里的负号表示水流方向与 z 轴方向相反。

所以

$$-\frac{\partial q}{\partial z}=\frac{k}{\gamma_{w}}\frac{\partial^{2} u}{\partial z^{2}} \tag{7-21}$$

将式（7－20）和式（7－21）代入式（7－19），得

$$\frac{k(1+e)}{\gamma_{w}\alpha}\frac{\partial^{2} u}{\partial z^{2}}=\frac{\partial u}{\partial t} \tag{7-22}$$

或

$$C_{v}\frac{\partial^{2} u}{\partial z^{2}}=\frac{\partial u}{\partial t} \tag{7-23}$$

式（7－23）即为饱和土的太沙基一维固结微分方程。

其中

$$C_{v}=\frac{k(1+e)}{\gamma_{w}\alpha} \tag{7-24}$$

C_v 称为竖向固结系数，单位常用 cm^2/s 表示。通常可根据压缩试验曲线推求。C_v 值范围为：高塑性黏土，$C_v=2\times10^{-4}\sim1\times10^{-3}cm^2/s$；中塑性黏土，$C_v=2\times10^{-3}\sim1\times10^{-2}cm^2/s$；低塑性黏土，$C_v=1\times10^{-2}\sim2\times10^{-2}cm^2/s$。

（三）固结微分方程求解

任何时刻 t，任何位置 z，土体中孔隙水应力 u 都必须满足该固结微分方程；反过来，在一定的初始条件和边界条件下，由式（7－23）可以求解得任意深度 z 在任意时刻 t 的孔隙水应力 u（z、t）的表达式。对于图 7－7 所示的土层和受荷情况，其初始条件和边界条件为

$t=0$ 以及 $0\leqslant z\leqslant H$ 时　　　$u=p$

$0<t<\infty$ 以及 $z=H$ 时　　　$q=0$，从而 $\frac{\partial u}{\partial z}=0$

$t=\infty$ 以及 $0\leqslant z\leqslant H$ 时　　　$u=0$

根据上述边界条件，用分离变量法可求得式（7－23）的解答为

$$u=\frac{4P}{\pi}\sum_{m=1}^{\infty}\frac{1}{m}\sin\left(\frac{m\pi z}{2H}\right)e^{-m^{2}\frac{\pi^{2}}{4}T_{v}} \tag{7-25}$$

式中　m——正奇数，$m=1$，3，5，…；

T_v——时间因数，无因次，即

$$T_{v}=\frac{C_{v}t}{H^{2}} \tag{7-26}$$

H——土层最远排水距离，当土层为单面（上面或下面）排水时，H 取土层的厚度；双面排水时，水由土层中心分别向上、下两个方向排出，此时 H 取土层厚度的一半。

式（7－25）适用于土层中附加应力沿厚度均匀分布，单面排水情况，即通常所称的“0”情况的任意深度 z 在任意时刻 t 的孔隙水应力 u（z、t）的计算公式，对于其他附加应力分布情况，也可以得到相应的孔隙水压力计算公式，在此不做详述，可见其他相关参考资料。

二、固结度的概念

图 7－7 中外荷载是瞬时一次施加的。压缩变形是随着其孔隙水压力的消散而产生的，

这一变化过程的完成程度，通常以固结度 U 来表示，所谓固结度是指在某一附加应力作用下，经过某一时间 t 后，土体发生固结或孔隙水应力转化成为有效应力这一过程的完成程度，乃是时间的函数。对某一深度 z 处土层经过时间 t 后的固结度可表示为

$$U_z=\frac{\sigma'_z}{u_0}=\frac{u_0-u}{u_0}=1-\frac{u}{u_0} \tag{7-27}$$

在工程实践中常用到的是对于整个黏土层的平均固结度，即整个土层的有效应力面积与附加应力面积之比，其表达式为

$$U=\frac{\int_0^H \sigma' \mathrm{d}z}{\int_0^H \sigma \mathrm{d}z}=1-\frac{\int_0^H u \mathrm{d}z}{\int_0^H \sigma \mathrm{d}z} \tag{7-28}$$

对于附加应力沿厚度均匀分布的“0”情况，厚度为 H 的土层平均固结度为

$$U=\frac{\int_0^H \sigma' \mathrm{d}z}{\int_0^H \sigma \mathrm{d}z}=1-\frac{\int_0^H u \mathrm{d}z}{\int_0^H p \mathrm{d}z}=1-\frac{\int_0^H \left[\frac{4}{\pi}p_z\sum_{m=1}^{\infty}\frac{1}{m}\sin\left(\frac{m\pi z}{2H}\right)e^{\frac{m^2\pi^2}{4}T_v}\right]}{pH}$$

$$=1-\frac{8}{\pi^2}\sum_{m=1}^{\infty}\frac{1}{m^2}e^{-\frac{m^2\pi^2}{4}T_v}=1-\frac{8}{\pi^2}\left(e^{-\frac{\pi^2}{4}T_v}+\frac{1}{9}e^{-\frac{9\pi^2}{4}T_v}+\frac{1}{25}e^{-\frac{25\pi^2}{4}T_v}+\cdots\right) \tag{7-29}$$

式（7－29）中括号内为级数且收敛很快，实用上可作如下简化

（1）当固结度 $U<0.60$ 时

$$T_v=\frac{\pi}{4}U^2 \text{ 或 } U = 1.128T_v^{\frac{1}{2}} \tag{7-30}$$

（2）当固结度 $U>0.60$ 时，取式（7－29）前两项，有

$$T_v=1-\frac{8}{\pi^2}e^{-\frac{\pi^2}{4}T_v} \tag{7-31}$$

三、固结系数的确定方法

由式（7－25）和式（7－26）可知，土的固结系数越大，土的固结也越快。所以正确测定固结系数可以更好地估计土层固结速率或建筑物的沉降速率。固结系数 C_v 可根据式（7－24）直接计算，但因有关指标不易恰当选用，难以求得满意结果，故多由试验曲线估算。此估算方法是根据单向固结条件下，压缩过程沉降量与时间平方根曲线（$d-\sqrt{t}$）与理论固结曲线（$U-\sqrt{T_v}$）相似性原理（图 7－8），经拟合求得各级荷载下的 C_v 值，在实用上常取其实际荷载增量间各级荷载的平均值。目前广泛应用时间平方根法与时间对数法，近年来也开始利用联解方程组的三点法等。

（一）时间平方根法（$\sqrt{t}$ 法）

该方法是用某级压力下变形量 d 与沉降时间平方根 $\sqrt{t}$ 关系曲线求固结系数。根据单向固结理论，对于情况“0”，即附加应力沿厚度均匀分布的单面排水情况或双面排水情况，在 $U<0.60$ 以前 $U-\sqrt{T_v}$ 成直线关系，大致可用 $T_v=\pi U^2/4$ 来表达。如将这直线延长

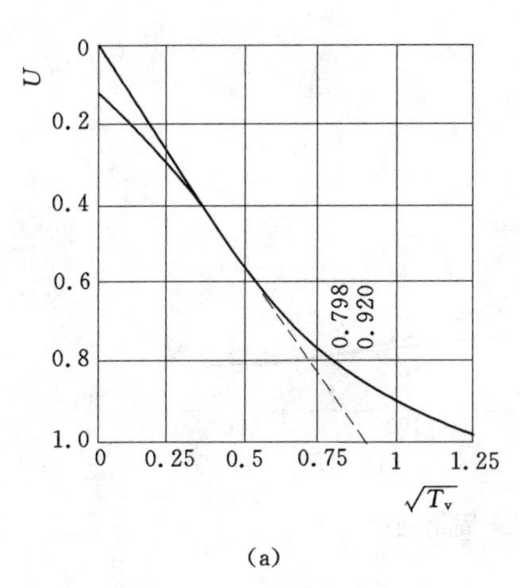

(a)

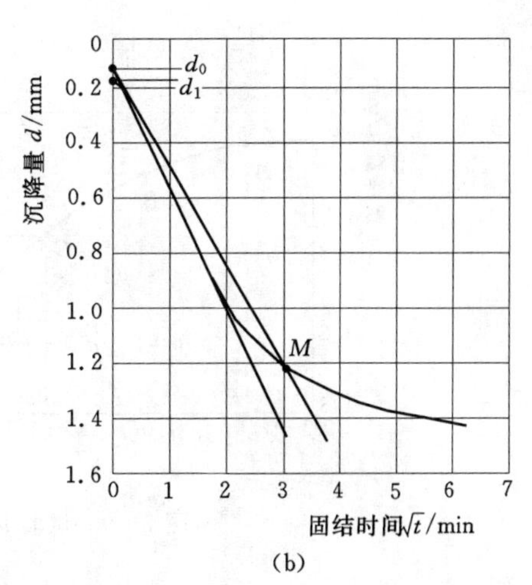

(b)

图 7-8　固结曲线

(a) 理论曲线；(b) 试验曲线

至$U=0.9$，则可得$\sqrt{T_v}=0.9\sqrt{\pi}/2=0.798$；然而按理论曲线，$U=0.9$时，$\sqrt{T_v}=\sqrt{0.848}=0.920$，因而两者的横坐标之比为$0.920/0.798=1.15$，这一关系即为时间平方根法的重要依据。因此，基于相似性原理，可将上述理论曲线特性应用于试验曲线，从中求得固结时间t的值，而后依据定义计算出固结系数C_v的值。其具体方法为：①将试验所得$d-\sqrt{t}$曲线上部靠近纵轴的直线段延长与纵轴交于d_0点，该点为主固结零点（$U=0$），这样就排除了$d_1 \sim d_0$的初始弹性压缩部分；②从d_0绘第二条直线，使其斜率为第一条直线斜率的1.15倍，交试验曲线于M点，则M点的横坐标即为$\sqrt{t_{90}}$。按理论关系$(T_v)_{90}=0.848$，故固结系数计算公式为

$$C_v=\frac{(T_v)_{90}H^2}{t_{90}}=\frac{0.848H^2}{t_{90}} \tag{7-32}$$

（二）时间对数法（lg*t*法）

图 7-8（a）所示曲线为按式（7-29）绘制的$U-\sqrt{T_v}$理论固结曲线，其特点是曲线中部（即$U=0.526$）一段为直线，而上部接近于抛物线，底部随U值的增加而渐趋于一直线。发现中部直线的切线与底部渐近线的交点恰位于$U=1.0$的水平线上，由此可知，该交点对应的纵坐标值即为主固结稳定的沉降量d_{100}。此特点即为本法的重要依据。而d_{100}后面的沉降不再属于渗透固结（主固结）范围，属于次固结的范围。

由于试样中可能有空气的存在，因此图 7-9 所示例中的d_1并不是固结度$U=0$时对应的沉降量d_0，所以需要根据曲线的开始部分推出正确的理论零点d_0值。具体方法为：在曲线的开始部分任选一时间t对应的读数为R_a，再取时间$4t$相对应的读数为R_b，如图 7-9 中的A和B点。由理论曲线的抛物线特性可知，A、B两点的纵坐标距离Δd必然等于初始点与A点的纵坐标距离，即$d_0-d_A=\Delta d=d_A-d_B$，则$d_0=2d_A-d_B$。根据这一规律，可从试验曲线上找出理论零点d_0。

主固结零点d_0与主固结终点d_{100}确定后，固结度$U=0.5$时对应的沉降量

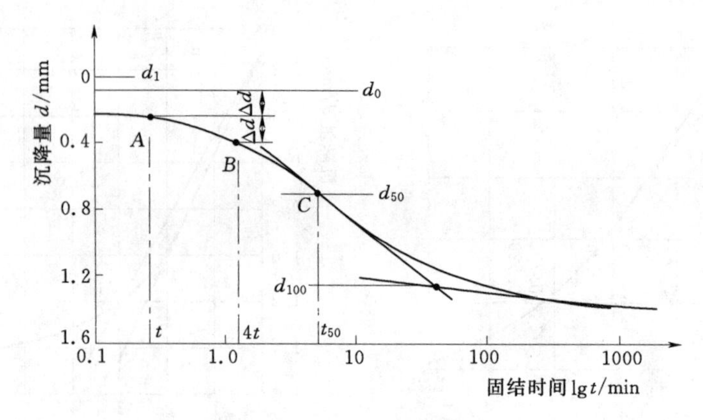

图 7-9 试验 $d-\lg t$ 固结曲线

$$d_{50}=\frac{d_0+d_{100}}{2}$$

根据 d_{50} 在试验 $d-\lg t$ 曲线上求得相应的时间 t_{50}，按理论关系 $(T_v)_{50}=0.197$，故固结系数计算公式为

$$C_v=\frac{(T_v)_{50}H^2}{t_{50}}=\frac{0.197H^2}{t_{50}} \tag{7-33}$$

第三节 固结试验技术要求

一、常规固结试验

（一）试验条件及试样规格

室内固结试验要求试样在无侧向膨胀条件下只发生竖向变形，且孔隙水的渗流只发生在竖向。所以，固结仪带有环刀和刚性护环，并有竖向施加压力的装置，试样上下面需放置透水石以便试样排水。此外，在固结过程应注意保持所需控制的湿度。

为了尽量减少环内壁阻力对试验结果的影响，并考虑试验工作的方便，对试样的径高比有一定的规定。实践证明，试样高度不小于 1cm 时，直径约为高度的 4 倍是恰当的。我国《土工试验规程》（GB/T 50123—1999）对试样尺寸规定为：直径 79.8mm（面积 $50cm^2$），或直径 61.8mm（面积 $30cm^2$）；高度均为 20mm。

试样规格对成果的影响主要决定于所采用试样的代表性和切样时的扰动。对于均质土，常规的试样尺寸即可；对于具有各向异性的土样，如有间层的，带裂缝的以及含有透水性侵入体或有机质的土，其压缩固结特性与试样的方向和大小很有关系，其试样尺寸，应配合适宜的取样器规格和取样位置，加以综合考虑。

当试样在切削过程中受到扰动时，会改变土的结构，使土的孔隙比减小，对原状土也难以准确定出先期固结压力和压缩指数，因而会影响沉降计算而带来误差。所以在切削试样时，应十分耐心地操作，尽量避免破坏土的结构。操作中不允许直接将环刀压入土样，

宜以薄口锐刀或钢丝锯按略大于环刀的尺寸沿土样外缘切削，边削边压，当削去环刀两端余土时，也不允许用刀来回涂抹土面，致使孔隙堵塞，且在切削试样时应尽快进行，以免水分蒸发。

（二）试样侧壁摩擦与浸水饱和问题

试样是借环刀紧密接触提供侧限条件的，环刀内壁的摩擦会使试样承受的实际压力变小，且这种影响与试样高度成正比。为了减小摩擦力，可采用合理形式的固结环，如浮环式就比固定式效果好；规定适当的试样高度，即要求有合理的径高比；在环刀内壁衬低摩阻塑料、涂硅油和二硫化钼等润滑剂。实验证明，经过这样的处理是有效的。

对于需要求得时间与压缩关系的固结试验，必须使试样在饱和状态下固结，这样才能使试样所处的环境符合实际情况。但对某些含盐土或先期压密土，当加压前或加压小于前期固结压力时浸水可能引起试样膨胀，则应在增加微压或超过前期固结压力时再浸水。

（三）荷重率

荷重率就是后一级荷重 p_2 与前一级荷重 p_1 的差值与前一级荷重 p_1 的比值，即（p_2-p_1）/p_1。荷重率小，压缩作用进行慢，则对土的触变破坏较小，其结构强度得以部分恢复，于是沉降量小；反之快速加荷或荷重率很大，必然会得到较大的沉降量。通常建筑物传给地基内各部位的压力，要比试验室内的固结压力传到试样上来得缓慢，因此试验中荷重率的大小，涉及模拟条件的真实问题，会影响到利用压缩试验结果进行沉降分析的精确度。对于高塑性黏土或结构强度小密度低的软土，荷重率的影响更明显，故宜采用小荷重率施加荷重。

试验证明，荷重率不同，得到的压缩量与时间关系曲线亦各异，只有当荷重率超过某数值后才与太沙基的理论曲线相似，这样才能根据该曲线推算固结系数值。所以现行土工试验规程采用标准荷重率多定为1。

（四）固结标准

一般黏性土在荷重作用下产生的变形由固结变形和流变变形两部分组成。沉降的稳定时间，取决于试样的透水性和流变性质，土的黏性越大，达到稳定所需时间也越长。某些软黏土要达到完全稳定，需要几天甚至几周时间。因此不同的稳定标准，观测到的压缩变形量不同，自然会得出不同的压缩曲线，最后直接影响到沉降计算的结果。对于沉降稳定时间标准，我国和其他多数国家的土工试验规定为24h，这一标准既便于统一，又考虑到工作习惯。

（五）仪器的检查与校正

压缩仪检查和校正的目的在于定期检查仪器本身应有的性能，保证加荷设备所加荷重准确和压缩容器系统具有恒定的校正变形量。因此应检查仪器台面成水平，框架、横梁和杠杆处于正确的工作位置，使传压活塞的凹部能与横梁的凸头密合。所用砝码的重量，其误差不超过±0.1%，特别应注意所用透水石的透水性能与上、下表面磨平使符合要求，同时将仪器零件固定位置，使仪器校正时与试验条件相同，以保持在一定时期内具有恒定的校正变形量。具体校正步骤，是采用加、卸荷的平均值，求得仪器变形量与压力关系曲线备用，详见有关规程。

二、快速固结试验

快速试验方法多年来在我国工程单位试验室应用较广泛，确有其节约工时、提高仪器使用率的优点。此法操作步骤与常规试验基本相同，只是每级荷重的历时缩短到1h（有的用2h），仅在最后一级荷重下，除测记1h的量表读数外，还测读达压缩稳定时的量表读数。稳定标准为量表读数变化不大于0.005mm/h。如需要修正，可根据最后一级荷重下稳定压缩量与1h压缩量的比值（修正系数）分别乘以各级荷重下1h的压缩量，即可得到修正后的各级荷重下的压缩量。

此法的依据是，对于一般黏性土在开始压缩后的较短时间内，如1h，其固结度即可接近于90%的试验结果。这说明在1h内基本上已完成了主固结。因此通过对快速压缩沉降量乘以一个大于1的修正系数就可得到各级压力下稳定的沉降量。按现有经验，对于渗透性较大的地基土，或渗透性不大的一般黏性土，当建筑物对地基变形要求不太高，以及对不需要估算沉降发展过程的工程，可采用此法。对于高、中塑性的原状黏土，其固结压力不超过400kPa时，尚且适合。

第四节　固 结 试 验 方 法

固结试验采用的杠杠式固结仪是用砝码通过杠杆加压（图7-10），试验时将试样放在金属容器内，在无侧胀（即无侧向变形）条件下施加竖向压力，观察在不同竖向压力作用下的压缩稳定变形量，得到压缩曲线（既$e-p$曲线或$e-\lg p$曲线），以确定土的压缩系数、压缩模量、压缩指数、回弹指数、前期固结压力和固结系数等有关压缩性指标，作为设计计算依据。

依据施加压力大小的不同通常将固结试验分为低压、中压和高压固结试验。中、低压固结试验施加的压力较小，最大为400～600kPa，试验结果求出的压缩系数、压缩模量基本上能满足一般工程要求；高压固结试验的固结压力较大，可加到1000～5000kPa，试验结果可求得土的压缩指数、回弹指数、前期固结压力和固结系数等压缩性指标。

目前广泛采用的是三联式固结仪（图7-11），就是将三台固结仪装在同一试验台架上，这样可以减少试验仪器占地面积，便于管理。杠杆式固结仪的加压杠杆施加于试样的压力可依据杠杆力臂之比（荷载臂）换算，例如中低压固结仪的荷载臂为12∶1，即图7-10中$b:a=12:1$，施加于试样上的竖向压力等于砝码重量的12倍，如此可由砝码重量换算出试样所受压力。如在砝码盘上增加重2.5kg砝码，竖向压力为30N，若试样面积为30cm^2，则单位面积试样所受压力增加100kPa。

一、试验方法（一）：中、低压快速压缩法

（一）基本原理

实践表明，对于一般黏性土在开始压缩后较短时间内，其固结度可接近90%的试验结果，表明主固结基本完成。快速压缩法就是先测定试样加压后1h的变形量，并以最后

一级压力下稳定变形量与1h变形量的比值为修正系数（大于1的系数），将各级压力下1h变形量乘以修正系数得到稳定变形量。用修正后的变形量计算相应孔隙比，即可绘制压缩曲线并确定压缩系数、压缩模量等参数。按现有经验，对于渗透性较大的地基土，或渗透性不大的一般黏性土，当建筑物对地基变形要求不太高，以及对不需要估算沉降发展过程的工程，可采用此法。对于高、中塑性的原状黏土，其固结压力不超过400kPa时，尚且适合。

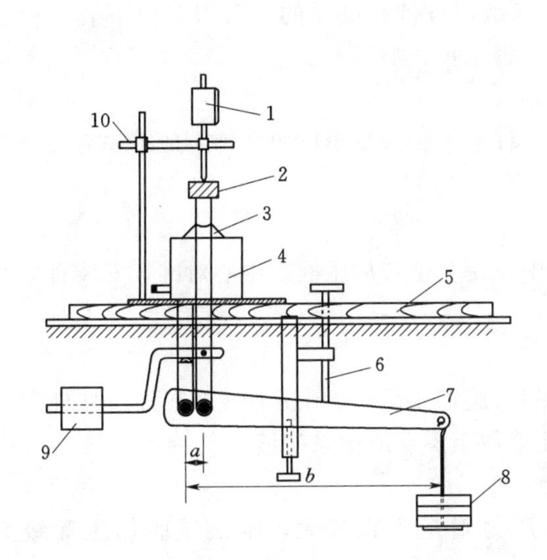

图7-10　杠杆式固结仪结构示意图

1—百分表；2—加压框架横梁；3—传压板；4—压缩容器；5—水平台；6—固定螺丝；7—杠杆；8—砝码及砝码盘；9—平衡锤；10—百分表固定支架

图7-11　三联式固结仪

（二）仪器设备

（1）中、低压杠杆式固结仪：由压缩容器、加压杠杆和变形量测装置组成，其中压缩容器由水槽、护环、透水板、环刀、导环、加压上盖组成（图7-2），加压杠杆由加压框架、杠杆和砝码组成（图7-10），变形量测装置包括支架和百分表。

1）环刀：具有一定刚度，内壁保持较高光洁度，内径61.8mm，面积30cm^2，高20mm。

2）透水板：其渗透系数应大于试样渗透系数。顶部透水板直径应小于环刀内径0.2～0.5mm；

3）加压杠杆：杠杆臂为12∶1，增加2.5kg重的砝码，加压横梁会产生0.3kN的集中垂直压力，若施加的各级压力为50kPa、100kPa、200kPa、300kPa和400kPa，每台仪器需配有的砝码包括2个0.75kg、1个1.25kg、2个2.5kg，压力准确度应符合现行国家标准《土工仪器的基本参数及通用技术》（GB/T 15406）的规定。

4）百分表：量程10mm，最小分度值0.01mm。如果是位移传感器，其准确量度为全程的0.2%。

(2) 测含水率、密度和比重所用设备。

(3) 其他：切土刀、滤纸、钟表、凡士林等。

(三) 操作步骤

1. 切取土样

按工程要求取原状土样或制备所需状态的扰动土样，按密度试验（环刀法）中切取试样的方法，用环刀仔细切取试样，并测定试样密度、含水率和比重。

2. 试样安装

在固结容器内放置护环、透水板和薄型滤纸，将带有试样的环刀刃口向下装入护环内，放上导环，在试样上依次放上薄型滤纸、透水板、加压上盖。

3. 检查设备

检查加压设备是否灵敏，调整平衡锤使杠杆水平。该步骤试验老师一般事先完成，学生试验可以忽略。

4. 安置容器

将装好试样的固结容器置于加压框架正中，使上盖与加压框架中心对准，安装百分表或传感器。

5. 施加预压

为保证试样与仪器上下各部之间接触良好，施加 1kPa 的预压力（即在加压杠杆上挂上一个 25g 的小铁柱）。调整百分表或传感器读数至零点或记录初读数。

6. 加压观测

(1) 确定需要施加的各级压力，各级压力增量不宜过大，本次试验加压等级为 50kPa、100kPa、200kPa、300kPa、400kPa。

(2) 施加第一级压力 50kPa 测量变形量。在砝码盘上轻轻放置 1.25kg 的砝码（含砝码盘重量），相当于在试样上施加了第一级压力 50kPa，同时记录加压时间，过 1h 读取试样变形量 h_{50}^{1}。在试验过程中应始终保持加压杠杆水平。加砝码时将砝码轻轻放在砝码盘上，防止产生冲击。

(3) 对于饱和试样，则在施加第一级压力后，立即向容器中浸没试样。非饱和试样进行压缩时，须以湿棉纱围住加压上盖周围，避免水分蒸发。

(4) 施加第二级压力 100kPa 测量变形量。读取了第一级压力作用 1h 的变形量 h_{50}^{1} 后，在砝码盘上再增加重 1.25kg 的砝码，此时砝码总重量为 2.5kg，相当于在试样上施加了第二级压力 100kPa，调整加压杠杆水平，1h 后读取试样变形量 h_{100}^{1}。

(5) 施加第三级压力 200kPa 测量变形量。读取了第二级压力作用 1h 的变形量 h_{100}^{1} 后，在砝码盘上再增加重 2.5kg 的砝码，此时砝码总重量为 5.0kg，相当于在试样上施加第三级压力 200kPa，调整加压杠杆水平，1h 后读取试样变形量 h_{200}^{1}。

(6) 施加第四级压力 300kPa 测量变形量。读取了第三级压力作用 1h 的变形量 h_{200}^{1} 后，在砝码盘上再增加重 2.5kg 的砝码，此时砝码总重量为 7.5kg，相当于在试样上施加了第四级压力 300kPa，调整加压杠杆水平，1h 后读取试样变形量 h_{300}^{1}。

(7) 施加第五级压力 400kPa 测量变形量。读取了第四级压力作用 1h 的变形量 h_{300}^{1} 后，在砝码盘上再增加重 2.5kg 的砝码，此时砝码总重量为 10kg，相当于在试样上施加

了第五级压力 400kPa，调整加压杠杆水平，1h 后读取试样变形量 h_{400}^{1}。试样在此压力下继续固结变形，并测读到 24h 的变形变形量或每小时变形量不大于 0.01mm 时的变形量即稳定变形量 h_{400}^{24}。

7. 拆除仪器

退去荷载后，拆去百分表或传感器，按与安装相反的顺序拆除各部件，取出带环刀的试样，去掉土样，将仪器擦净，涂油放好。

8. 仪器变形量 h_{0i}^{t}

试验时，压缩仪器本身及滤纸会产生变形，该变形称为仪器变形量，试样本身变形量等于百分表测读到的变形量减去仪器变形量。

在试验室，试验老师已事先测量好每台固结仪各级压力下的仪器变形量，可直接查阅。

如果需要测量，测量方法可按前述步骤进行，用与试样相同大小的金属块代替土样放入容器中，然后与试验土样步骤一样，分别在金属块上加同等压力，每隔 10min 加荷一次，测记各级压力下测微表读数，直至最后一级压力为止。按固结试验步骤拆除仪器，重新安装，重复以上步骤再进行校正，取平均值作为各级压力下仪器的变形量，其平行差值不得超过 0.01mm。

(四) 成果整理

1. 稳定变形量计算

(1) 变形量校正。某一级压力下由百分表或位移计测到的变形量包括试样本身变形量和仪器变形量，所以需要对变形量进行校正。校正方法是将百分表测读测到的变形量 h_{i}^{t} 减去仪器变形量 h_{0i}^{t}，得到试样本身变形量，具体校正公式为

$$\Delta h_{i}^{t}=h_{i}^{t}-h_{0i}^{t}$$

式中　Δh_{i}^{t}——压力为 i 压缩 th 试样变形量（校正后），mm；

h_{i}^{t}——压力为 i 压缩 th 百分表测读到的变形量（含仪器变形量），mm；

h_{0i}^{t}——压力为 i 压缩 th 仪器变形量，mm。

(2) 稳定变形量。快速压缩法得到的是压缩 1h 试样的变形量，需修正方可得到压缩稳定变形量 S_{i}^{24}，修正系数采用最后一级压力压缩稳定变形量或压缩 24h 变形量与压缩 1h 变形量的比值，修正公式为

$$S_{i}^{24}=\Delta h_{i}^{1}\frac{\Delta h_{n}^{24}}{\Delta h_{n}^{1}}$$

式中　Δh_{i}^{1}——压力为 i 压缩 1h 试样变形量（校正后），mm；

Δh_{n}^{1}——最后一级压力压缩 1h 试样变形量（校正后），mm；

Δh_{n}^{24}——最后一级压力压缩 24h 试样变形量或稳定变形量（校正后），mm；

S_{i}^{24}——压力为 i 压缩 24h 试样变形量或稳定变形量（修正后），mm。

2. 计算初始孔隙比 e_0

试样初始孔隙比 e_0 按下式计算，即

$$e_0=\frac{(1+\omega_0)G_s\rho_w}{\rho_0}-1$$

式中　G_s——土粒比重；

ρ_0——试样初始密度或天然密度，g/cm³；

ω_0——试样初始含水率，%。

3. 计算各级压力下的孔隙比 e_i

各级压力下固结稳定的孔隙比 e_i 按下式计算，即

$$e_i = e_0 - \frac{S_i^{24}}{h_0}(1+e_0)$$

式中　h_0——试样初始高度，等于环刀高度 20mm。

4. 计算某一压力范围的压缩系数 α 和压缩模量 E_s

某一压力范围 p_i 至 p_{i+1} 的压缩系数 α 按下式计算，即

$$\alpha = \frac{e_i - e_{i+1}}{p_{i+1} - p_i}$$

某一压力范围 p_i 至 p_{i+1} 的压缩模量 E_s 按下式计算，即

$$E_s = \frac{1+e_i}{\alpha}$$

式中　α——压缩系数，kPa^{-1}

p_i——某一压力范围的起始压力值，kPa；

p_{i+1}——某一压力范围的终止压力值，kPa；

e_i——与起始压力值 p_i 对应的孔隙比；

e_{i+1}——与终止压力值 p_{i+1} 对应的孔隙比；

E_s——压缩模量，kPa。

5. 绘制 $e-p$ 关系压缩曲线

以孔隙比 e 为纵坐标，以压力 p 为横坐标，绘制 $e-p$ 关系压缩曲线，如图 7-3（a）所示。

6. 试验记录

快速固结试验记录参见表 7-1。

表 7-1　快速固结试验记录表

仪器编号：________；试样编号：________；试验初始高度 H：20 mm；初始含水率 ω：________%；
土粒比重 G_s：________；试样密度 ρ：________g/cm³；试验初始孔隙比 e_0：________。

压力 p_i /kPa	观测时间 /h	测微表读数 /mm	仪器变形量 /mm	试样变形量校正 /mm	修正系数	稳定变形量 /mm	孔隙比 e_i
50	1.0						
100	1.0						
200	1.0						
400	1.0						
400	24						

试验小组：________；试验成员：________；计算者________；试验日期：________。

二、试验方法（二）：中、低压标准压缩法

（一）基本原理

将试样放在金属制成的压缩容器内，在无侧向变形条件下（试样只能发生竖向变形），通过杠杆固结仪给试样施加竖向压力，测量不同压力下的压缩变形量，计算相应的孔隙比，绘制 $e-p$ 关系压缩曲线，以确定土的压缩系数、压缩模量等有关压缩性指标，作为设计计算依据。

（二）仪器设备

同固结试验方法（一）：中低压快速固结法。

（三）操作步骤

1. 切取土样

同固结试验方法（一）：中低压快速固结法。

2. 试样安装

同固结试验方法（一）：中低压快速固结法。

3. 检查设备

同固结试验方法（一）：中低压快速固结法。

4. 安置压缩容器

同固结试验方法（一）：中低压快速固结法。

5. 施加预压

同固结试验方法（一）：中低压快速固结法。

6. 加压观测

（1）确定需要施加的各级压力，各级压力增量不宜过大，本次试验加压等级为50kPa、100kPa、200kPa、300kPa、400kPa。

（2）测量第一级压力50kPa作用下试样变形量。在砝码盘上轻放1.25kg的砝码（含砝码盘重量），相当于在试样上施加了50kPa的第一级压力，同时记录加压时间，每隔1h测读变形量一次，至每小时变形量不大于0.01mm，即认为变形稳定，或以满24h为稳定标准。测记读数（即稳定变形量）h_{50} 后，施加下一级压力至试验终止。

（3）对于饱和试样，则在施加第一级压力后，立即向容器中浸没试样。非饱和试样进行压缩时，须以湿棉纱围住加压上盖周围，避免水分蒸发。

（4）测量其他各级压力下试样变形量。试样的其他各级分别为100kPa、200kPa、300kPa和400kPa。按照步骤（2）的方法在砝码盘依次增加重量为1.25kg、2.5kg、2.5kg和2.5kg的砝码，砝码总重量分别为2.5kg、5.0kg、7.5kg、10.0kg，相当于在试样上依次施加了100kPa、200kPa、300kPa和400kPa四级压力。在每级压力作用下，每隔1h测读变形量1次，至每小时变形量不大于0.01mm，或满24h，即认为变形稳定，测记读数（即稳定变形量）h_i 后，施加下一级压力至试验终止。

7. 拆除仪器

同固结试验方法（一）：中低压快速固结法。

8. 仪器变形量 h_i^0

同固结试验方法（一）：中低压快速固结法。

（四）成果整理

1. 稳定变形量校正

某一级压力下由百分表或位移计量测到的变形量包括试样本身变形量和仪器变形量，所以需要对变形量进行校正，校正发放时，将试验量测到的变形量 h_i 减去仪器变形量 h_i^0 就可得到试样本身变形量，具体校正公式为

$$S_i = h_i - h_i^0$$

式中　S_i——压力为 i 试样本身稳定变形量（修正后），mm；

h_i——压力为 i 百分表测到的稳定变形量（含仪器变形量），mm；

h_i^0——压力为 i 仪器变形量，mm。

2. 计算初始孔隙比 e_0

同固结试验方法（一）：中低压快速固结法。

3. 计算各级压力下的孔隙比 e_i

各级压力下固结稳定的孔隙比 e_i 按下式计算，即

$$e_i = e_0 - \frac{S_i}{h_0}(1+e_0)$$

式中　e_i——试样在固结压力 p_i 作用下压缩稳定时对应的孔隙比；

h_0——试样初始高度，等于环刀高度 20mm。

4. 计算某一压力范围的压缩系数 α 和压缩模量 E_s

同固结试验方法（一）：中低压快速固结法。

5. 绘制 $e-p$ 关系压缩曲线

同固结试验方法（一）：中低压快速固结法。

6. 试验记录

固结试验记录参见表 7-2 和表 7-3。

表 7-2　固结试验变形量记录表（0.01mm）

仪器编号：＿＿＿＿＿＿；试样编号：＿＿＿＿＿；试验初始高度 H：20 mm。

经过时间/h	第一级压力 50kPa	第一级压力 100kPa	第一级压力 200kPa	第一级压力 300kPa	第一级压力 400kPa
	变形读数	变形读数	变形读数	变形读数	变形读数
0					
1					
2					
3					
4					
5					
6					

续表

经过时间/h	第一级压力 50kPa	第一级压力 100kPa	第一级压力 200kPa	第一级压力 300kPa	第一级压力 400kPa
	变形读数	变形读数	变形读数	变形读数	变形读数
7					
8					
9					
10					
11					
12					
13					
14					
15					
16					
17					
18					
19					
20					
21					
22					
23					
24					
总变形量/mm					
仪器变形量/mm					
试样变形量/mm					

试验小组：__________；试验成员：__________；计算者：__________；试验日期：__________。

表 7-3　　固结试验记录表

仪器编号：________；试样编号：________；试验初始高度 H：20 mm；初始含水率 ω：________%；
试样比重 G_s：________；试样密度 ρ：________ g/cm^3；试验初始孔隙比 e_0：________。

压力/kPa	观测时间/min	百分表读数/mm	仪器变形量/mm	试样变形量/mm	孔隙比 e_i
50					
100					
200					
400					

试验小组：__________；试验成员：__________；计算者：__________；试验日期：__________。

三、固结试验方法（三）：高压固结试验法

（一）基本原理

采用杠杆式固结仪将试样放在金属容器内，在无侧向变形条件下施加竖向压力，测量不同竖向压力作用下的压缩变形量，计算相应的孔隙比，绘制 $e-\lg p$ 压缩曲线，以确定土的压缩指数、回弹指数、前期固结压力和固结系数等有关压缩性指标，作为设计计算依据。试验的固结压力较大，可加到 1000～5000kPa。

（二）仪器设备

（1）环刀：内径为 79.8mm，高 20mm。环刀应具有一定的刚度，内壁保持较高的光洁度。

（2）加压砝码：配备能够施加各级规定压力的砝码。

（3）其他同固结试验方法（一）：中低压快速固结法。

（三）操作步骤

1. 切取土样

同固结试验方法（一）：中低压快速固结法。

2. 试样安装

同固结试验方法（一）：中低压快速固结法。

3. 检查设备

同固结试验方法（一）：中低压快速固结法。

4. 安置容器

同固结试验方法（一）：中低压快速固结法。

5. 施加预压

同固结试验方法（一）：中低压快速固结法。

6. 加压观测

（1）确定需要施加的各级压力，各级压力增量不宜过大，一般加压等级宜为 12.5kPa、25kPa、50kPa、100kPa、200kPa、400kPa、600kPa、800kPa、1200kPa、1600kPa、3200kPa。

（2）施加第一级压力，第一级压力的大小应视土的软硬程度而定，宜用 12.5kPa、25kPa 或 50kPa。同时记录加压时间，在试验过程中应始终保持加压杠杆水平。加压时将砝码轻轻放在砝码盘上。

（3）为测定沉降速率、固结系数时，试验过程中，施加每级压力后，宜按下列时间记录测微表读数：6s、15s、1min、2 min15s、4 min、6 min15s、9 min、12 min15s、16 min、20 min15s、25 min、30 min15s、36 min、42 min15s、49 min、64 min、100 min、200 min、400 min、23h、24h，直至完全稳定。测记读数后，施加下一级荷载至试验终止。其最大施加压力不小于 1600kPa。

（4）对于饱和试样，则在施加第一级压力后，立即向容器中浸没试样。非饱和试样进行压缩时，须以湿棉纱围住加压上盖周围，避免水分蒸发。

（5）对超固结土，应进行卸荷、再压缩试验，可于最后一级压力下变形稳定后卸荷，

每次卸去两级压力，直至卸完为止。每次卸载后的膨胀变形稳定标准与加荷时相同，并测记每级压力及最后无荷时的膨胀稳定变形量。之后可进行再压缩试验，试验方法同一般压缩试验。

7. 拆除仪器

同固结试验方法（一）：中低压快速固结法。

8. 仪器变形校正

同固结试验方法（一）：中低压快速固结法。

（四）成果整理

1. 稳定变形量校正

同固结试验方法（二）：中低压常规固结法。

2. 计算初始孔隙比 e_0

同固结试验方法（二）：中低压常规固结法。

3. 计算各级压力下的孔隙比 e_i

同固结试验方法（二）：中低压常规固结法。

4. 绘制 $e-\lg p$ 曲线，计算压缩指数 C_c

以孔隙比为纵坐标，以压力对数为横坐标绘制 $e-\lg p$ 关系曲线，如图 7－3（b）所示，在直线段取两个压力点按下式计算压缩指数 C_c：

$$C_c=\frac{e_i-e_{i+1}}{\lg p_{i+1}-\lg p_i}$$

5. 绘制压缩-回弹-再压缩曲线，计算回弹指数 C_s

以孔隙比为纵坐标，以压力对数为横坐标绘制压缩-回弹-再压缩的 $e-\lg p$ 曲线，如图 7－5（b）所示，取回滞环两端点对应的坐标（p_i，e_i）和（p_{i+1}，e_{i+1}），按下式计算回弹指数 C_s：

$$C_s=\frac{e_i-e_{i+1}}{\lg p_{i+1}-\lg p_i}$$

6. 求前期固结压力 p_c

依据 $e-\lg p$ 关系曲线，按卡萨格兰德（Casagrende）方法（见本章第一节）求前期固结压力 p_c。

7. 确定固结系数 C_v

（1）时间平方根法：对某一级压力，以试样变形量 d 为纵坐标，时间平方根$\sqrt{t}$为横坐标，绘制 $d-\sqrt{t}$ 关系曲线（图 7－12）。延长曲线开始段的直线，交纵坐标 d_s 为理论零点。过 d_s 作另一直线，使其横坐标是前一直线横坐标的 1.15 倍，则后一直线与 $d-\sqrt{t}$ 曲线交点对应的时间的平方即为试样固结度达 90%所需的时间 t_{90}。若试样最大排水距离为 H，则该级压力下的固结系数 C_v 可按下式计算：

$$C_v=\frac{0.848H^2}{t_{90}}$$

（2）时间对数法：对某一级压力，以试样变形量 d 为纵坐标，时间的对数 $\lg t$ 为横坐标，绘制 $d-\lg t$ 关系曲线（图 7－13）。在关系曲线的开始段，选任一时间 t_1，查得相对

应的变形值 d_1，再取时间 $t_2=t_1/4$，查得相对应的变形值 d_2，则对应固结度为 0 的试样变形量 $d_{01}=2d_2-d_1$，另取一时间依同法求得 d_{02}、d_{03}、d_{04} 等，取其平均值为理论零点 d_0。延长曲线中部的直线段与尾部数点切线的交点即为理论终点 d_{100}（固结度为 1.0 对应的变形量）。固结度为 0.5 对应的变形量 $d_{50}=(d_0+d_{100})/2$，对应于 d_{50} 的时间即为固结度达 50%所需的时间 t_{50}。某一级压力的固结系数 C_v 按下式计算：

$$C_v=\frac{0.197H^2}{t_{50}}$$

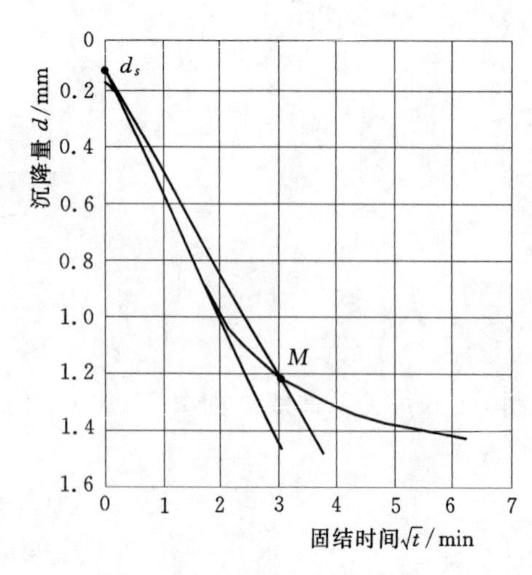

图 7-12　时间平方根法求 t_{90}

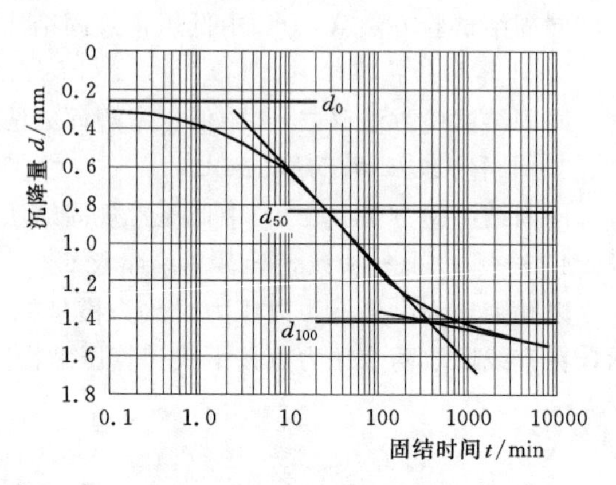

图 7-13　时间对数法求 t_{50}

8. 试验记录

高压固结试验记录参见表 7-4。

表 7-4　　　　高压固结试验记录表

仪器编号：＿＿＿＿＿；试样编号：＿＿＿＿；试验初始高度 H：＿＿＿＿ mm；初始含水率 ω：＿＿＿＿%；
试样比重 G_s：＿＿＿＿；试样密度 ρ：＿＿＿＿ g/cm³；初始孔隙比 e_0：＿＿＿＿。

	kPa		kPa		kPa		kPa		kPa	
经过时间	时间	变形读数	时间	变形读数	时间	变形读数	时间	变形读数	时间	变形读数
0										
6s										
15s										
1min										
2min15s										
4min										
6min15s										
9min										
12min15s										

续表

	kPa		kPa		kPa		kPa		kPa	
经过时间	时间	变形读数	时间	变形读数	时间	变形读数	时间	变形读数	时间	变形读数
16min										
20min15s										
25min										
30min15s										
36min										
42min15s										
49min										
64min										
100min										
200min										
400min										
23h										
24h										
总变形量/min										
仪器变形量/min										
试样变形量/min										
孔隙比 e_i										

试验小组：__________；试验成员：__________；计算者：__________；试验日期：__________。

四、注意事项和思考题

（一）注意事项

（1）削切试样时，应十分耐心操作，尽量避免破坏土的结构，不允许直接将环刀压入土中。

（2）在削去环刀两端余土时，不允许用刀来回涂抨土面，避免孔隙被堵塞。

（3）不要振碰压缩台及周围地面，加载或卸载时均轻放砝码。

（二）思考题

（1）快速压缩法的依据是什么？什么条件下可以使用？

（2）土的压缩系数、压缩指数和固结系数有什么不同？在压力较低的情况下能否求得压缩指数？为什么？

（3）百分表是观测变形的一种简单和方便的仪器，在固结试验中，百分表测得的变形包括哪几部分？

（4）试验变形包括了几种类型？试样变形稳定标准有哪几种？

第五节　试验案例：中低压固结试验（快速压缩法）

一、操作步骤

1. 切取土样

用环刀仔细切取试样［图 7-14（c）］，用环刀法测得试样密度为 1.81g/cm^3，采取削下的土样用烘干法测得试样含水率为 13.2%，并测得土粒比重为 2.72，这些参数将用于计算初始孔隙比 e_0。

图 7-14　固结试验试样安装步骤

2. 安装试样和施加压力

（1）试样安装顺序为：在压缩容器内安装护环［图 7－14（a）、（b）］→透水石上放置滤纸，嵌入带环刀的试样［图 7－14（d）］→将导环扣在环刀上［图 7－14（e）］→试样表面放置滤纸和透水石，盖上上盖［图 7－14（f）］→将百分表转到一侧，将压缩容器推移至加压框架正下方［图 7－14（g）］→上推表杆转动百分表，使表杆对准加压框架中央［图 7－14（h）］→调整百分表上下位置至表杆有足够下降空间，转动表盘调百分表零位［图 7－14（i）］，试样安装结束。

图 7－14（i）所示的百分表体，由表盘和活动表杆组成，表体面上有刻度和指针，一圈的刻度是 100 格，活动表杆可上下移动，往上移动和往下移动，指针转动方向相反，指针转动一圈相应表杆移动 1.0mm，变分表的精确度是 1 格，而 1 格相当于表杆移动 0.01mm，所以说变分表测量位移的精确度是 0.01mm。

（2）试验过程分别测试压力为 50kPa、100kPa、200kPa、300kPa、400kPa 时土样变形量。对于南京土壤仪器厂生产的 WG 单杠杆固结仪，配备的砝码类型有 0.319kg、0.637kg、1.275kg、2.55kg，吊盘（用于放置砝码）重 0.319kg（图 7－15），加压杠杆比为 1∶12，试验过程砝码施加过程见表 7－5。

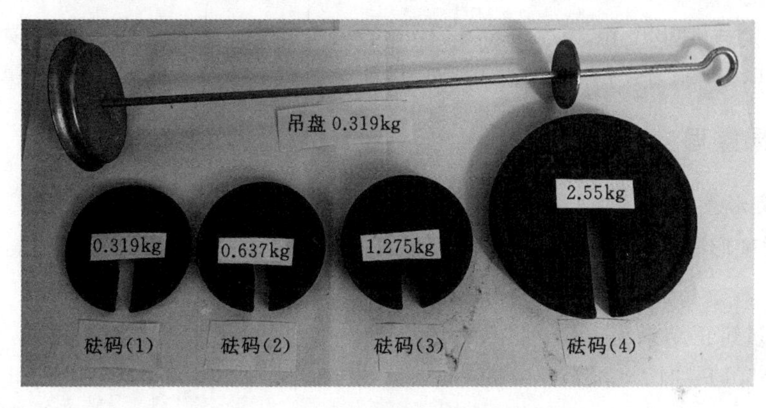

图 7－15　固结试验吊盘和砝码

表 7－5　　砝码施加过程推荐表（试样面积为 30cm²，杠杆比为 12）

加压顺序	砝码质量/kg		土样承受压力/kPa	加压顺序	砝码质量/kg		土样承受压力/kPa
	质量	数量			质量	数量	
1	0.319	吊盘	12.5	4	2.55	1	200
2	0.319	1	25	5	2.55	1	300
3	0.637	1	50	6	2.55	1	400
	1.275	1	100				

砝码质量与土样承受压力之间的换算关系为：压力 σ(kPa)＝砝码质量 m(kg)×重力加速度 g×杠杆比 12÷试样面积 A(cm²)，如试样面积为 30cm²，施加了吊盘，以及 0.319kg 和 0.637kg 的砝码各一个，则土样承受压力 $\sigma=(0.319+0.319+0.637)\times9.8\times12\div30=50$kPa，如增加一个质量为 2.55kg 的砝码，土样承受压力会增加 100kPa（即

2.55×9.8×12÷30＝100kPa)。

(3) 砝码施加过程及变形量测。在吊盘上轻放一个 0.319kg 砝码，调整杠杆水平，再放一个 0.637kg 的砝码，调整加压杠杆水平，此时土样承受压力为 50 kPa，记下加压时间，1h 后读记百分表读数为 32.0，土样变形量 $h_{50}^{1}=0.32\text{mm}$。然后在吊盘上再增加一个 1.275kg 的砝码，土样承受了 100kPa 的压力，调整加压杠杆水平，1h 后读记百分表读数为 66.0，土样变形量 $h_{100}^{1}=0.66\text{mm}$。在砝码盘上再增加一个 2.55kg 的砝码，土样承受了 200kPa 的压力，调整加压杠杆水平，1h 后读记百分表读数为 113.0，土样变形量 $h_{200}^{1}=1.130\text{mm}$。在砝码盘上再增加一个 2.55kg 的砝码，土样承受了 300kPa 的压力，调整加压杠杆水平，1h 后读取百分表读数为 142.8，土样变形量 $h_{300}^{1}=1.428\text{mm}$。

(4) 读记了压力 $p=300\text{kPa}$ 作用 1h 的变形量后，在吊盘上再增加一个 2.55kg 的砝码，土样承受了 400kPa 的压力，调整加压杠杆水平，1h 后读记百分表读数为 164.0，试样变形量 $h_{400}^{1}=1.640\text{mm}$。继续压缩，调整加压杠杆水平，测读压缩稳定时百分表读数为 168.0，土样变形量 $h_{400}^{24}=1.680\text{mm}$。

注意，在整个试验过程中不能碰撞试验仪器，并不断调整加压杠杆水平。

(5) 按要求拆除仪器，查读各级压力下仪器变形量为 $h_0^{50}=0.038\text{mm}$、$h_0^{100}=0.056\text{mm}$、$h_0^{200}=0.089\text{mm}$、$h_0^{300}=0.117\text{mm}$、$h_0^{400}=0.168\text{mm}$，用百分表读数表示则分别为 3.8、5.6、8.9、11.7、16.8。

二、成果整理

1. 稳定变形量计算

(1) 试样变形量校正。矫正值等于测读到的变形量 $h_i^{t=1}$ 减去仪器变形量 h_0^i，校正公式为

$$\Delta h_i^{t=1}=h_i^{t=1}-h_0^i$$

压缩 1h 变形量矫正结果为

压力 $p=50\text{kPa}$ 时，$\Delta h_{50}^{t=1}=0.35-0.038=0.312\text{mm}$

压力 $p=100\text{kPa}$ 时，$\Delta h_{100}^{t=1}=0.660-0.056=0.604\text{mm}$

压力 $p=200\text{kPa}$ 时，$\Delta h_{200}^{t=1}=1.120-0.089=1.041\text{mm}$

压力 $p=300\text{kPa}$ 时，$\Delta h_{300}^{t=1}=1.428-0.117=1.312\text{mm}$

压力 $p=400\text{kPa}$ 时，$\Delta h_{400}^{t=1}=1.640-0.138=1.502\text{mm}$

稳定变形量矫正结果为

压力 $p=400\text{kPa}$ 时，$\Delta h_{400}^{t=24}=1.68-0.138=1.542\text{mm}$

(2) 试样稳定变形量计算。压力为 50kPa、100kPa、200kPa、300kPa 的试样稳定变形量 S_i 等于矫正后的变形量乘以修正系数 η，其中，修正系数 η 等于最后一级压力 $p=400\text{kPa}$ 压缩稳定变形量与压缩 1h 变形量之比值，其大小为

$$\eta=\frac{\Delta h_{400}^{t=24}}{\Delta h_{400}^{t=1}}=\frac{1.542}{1.502}=1.0266$$

压力 $p=50\text{kPa}$ 时，稳定变形量修正为

$$S_{50}^{t=24}=\Delta h_i^{t=1}\times\eta=0.312\times1.0266=0.320\text{mm}$$

其他压力状态下，稳定变形量修正为

压力 $p=100$kPa 时，$S_{100}=0.604\times1.0226=0.618$mm

压力 $p=200$kPa 时，$S_{200}=1.041\times1.0226=1.064$mm

压力 $p=300$kPa 时，$S_{300}=1.311\times1.0226=1.341$mm

压力 $p=400$kPa 时，$S_{400}=1.542$mm

2. 计算初始孔隙比 e_0

依据前面的试验结果得到试样含水率 $w=13.2\%$，密度 $\rho=1.81\text{g/cm}^3$，比重 $G_s=2.72$，初始孔隙比 e_0 大小为

$$e_0=\frac{(1+\omega_0)G_s\rho_w}{\rho_0}-1=\frac{(1+0.132)\times2.72}{1.81}-1=0.70$$

3. 各级压力下孔隙比 e_i 计算

$$e_{50}=e_0-\frac{S_{50}}{h_0}(1+e_0)=0.70-\frac{0.320}{20}(1+0.70)=0.673$$

$$e_{100}=0.70-\frac{0.618}{20}(1+0.70)=0.647e_{200}=0.70-\frac{1.064}{20}(1+0.70)=0.610$$

$$e_{300}=0.70-\frac{1.341}{20}(1+0.70)=0.586e_{400}=0.70-\frac{1.542}{20}(1+0.70)=0.569$$

4. 计算压缩系数 α_{1-2} 和 E_{1-2}

$$\alpha_{1-2}=\frac{e_i-e_{i+1}}{p_{i+1}-p_i}=\frac{e_{100}-e_{200}}{200-100}=\frac{0.65-0.61}{100}=4.0\times10^{-4}\text{kPa}^{-1}=0.4\text{MPa}^{-1}$$

$$E_{s1-2}=\frac{1+e_i}{\alpha_{1-2}}=\frac{1+0.65}{0.4}=4.12\text{MPa}$$

5. 绘制 $e-p$ 关系压缩曲线

以孔隙比 e 为纵坐标，以压力 p（kPa）为横坐标，绘制 $e-p$ 关系压缩曲线，如图 7-16 所示。

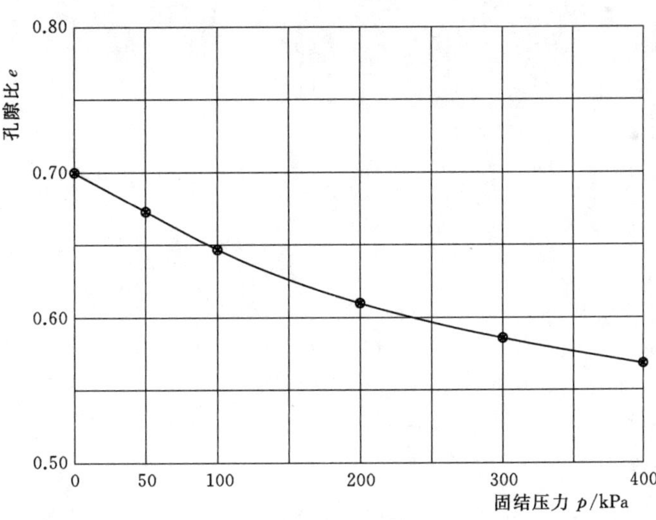

图 7-16　$e-p$ 压缩曲线

6. 试验成果记录表

试验数据及成果记录见表 7-6。

表 7-6　　　　快速固结试验记录表

仪器编号：________；试样编号：________；试验初始高度 H：________ mm；初始含水率 ω：________%；
土粒比重 G_s：________；试样密度 ρ：________ g/cm³；试验初始孔隙比 e_0：________。

压力 p_i /kPa	观测时间 /h	测微表读数 /0.01mm	仪器变形量 /0.01mm	试样变形量校正 /0.01mm	修正系数	稳定变形量 /0.01mm	孔隙比 e_i
		(1)	(2)	(3)=(1)-(2)	(4)	(5)=(3)×(4)	
50	1.0	35.0	3.8	31.2	1.0266	32.0	0.673
100	1.0	66.0	5.6	60.4		61.8	0.647
200	1.0	113.0	8.9	104.1		106.4	0.610
300	1.0	142.8	11.7	131.1		134.1	0.586
400	1.0	164.0	13.8	150.2		154.2	0.569
400	24	168.0	13.8	154.2			

试验小组：________；试验成员：________________；计算者：________；试验日期：________________。

第八章 抗剪强度试验

第一节 土的抗剪强度理论

一、土的剪切破坏和库仑定律

土的抗剪强度是指土体对于外荷载所产生的剪应力的极限抵抗能力，数值上等于剪切破坏时滑动面上的剪应力。在外荷载作用下，土体中任一截面将产生法向应力和剪应力，其中法向应力使土体发生压密，剪应力使土体产生剪切变形。对土中某一点而言，经过该点有无数个不同方向的截面，若其中某个截面上的剪应力大于其抗剪强度，则认为该点便发生剪切破坏。不断增加外荷载，由局部剪切破坏会发展成连续的剪切破坏，形成滑动面，从而引起边坡滑坡或地基失稳等破坏现象。抗剪强度是土的一个重要力学性质，在估算地基承载力、评价土体稳定性（如计算土坝、路堤、码头、岸坡等斜坡稳定性）及挡土建筑物土压力计算，都需要土的抗剪强度指标。

实验证明，土的抗剪强度与剪切面上的法向应力有关，它随着法向应力增大而增大，是一曲线关系［图 8-1（a)］，但在法向应力不大的范围内可视为直线［图 8-1（b)］。法国工程师库仑（Culomb. C. A.，1776）总结土的破坏现象和影响因素，提出以下表达式，即

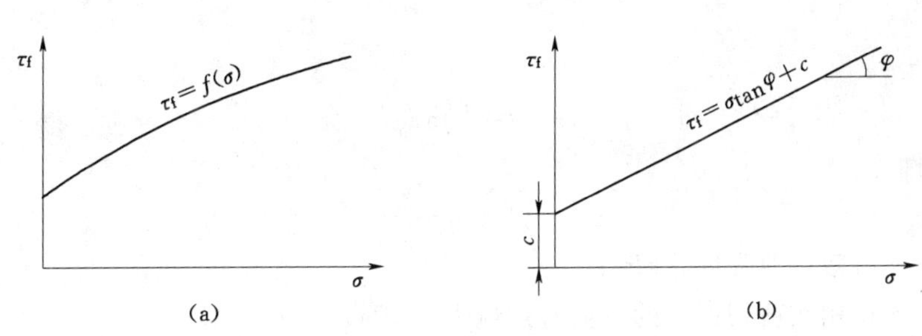

图 8-1 土的抗剪强度与法向应力的关系

对于砂土：

$$\tau_f=\sigma\tan\varphi \tag{8-1}$$

对于黏性土：

$$\tau_f=\sigma\tan\varphi+c \tag{8-2}$$

式中 τ_f——土的抗剪强度，kPa；

σ——作用在剪切面上的法向应力，kPa；

φ——土的内摩擦角，(°)；

c——土的黏聚力，kPa。

式（8-1）和式（8-2）就是土的抗剪强度定律，由于是库仑在 1773 年提出的，故又称为库仑定律，并可表示成图 8-2 所示直线形式的抗剪强度线，强度线在纵坐标轴上的截距 c 为黏聚力，倾角 φ 为内摩擦角。c 和 φ 是反映土的抗剪强度特性的两个重要强度参数，也是抗剪强度试验需要测定的两个物理量。

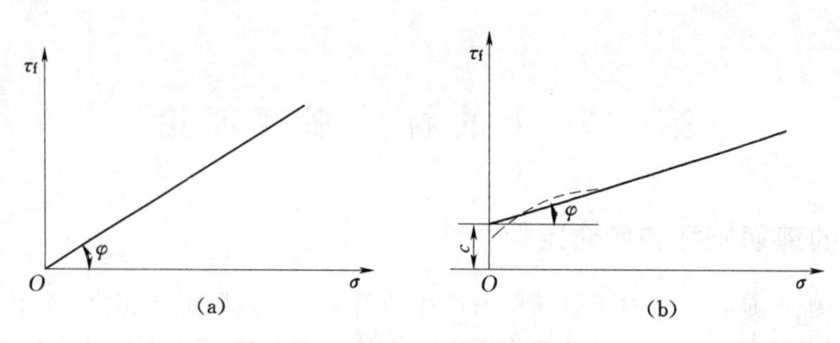

图 8-2　土的抗剪强度曲线（τ-σ 关系曲线）

(a) 砂土；(b) 黏性土

由抗剪强度定律可知，无黏性土的抗剪强度主要是由土粒之间滑动与滚动摩擦以及凹凸面间的镶嵌作用所产生的摩阻力组成，大小决定于颗粒接触面的粗糙度、密实度以及颗粒大小和级配等因素。黏性土的抗剪强度由两部分组成，一部分是摩阻力，另一部分是由颗粒之间的胶结作用和静电引力效应等因素引起的粒间黏结力。

试验研究和工程实践表明，土的抗剪强度不仅与土的性质有关，还与试样排水条件、剪切速率、应力状态和应力历史等诸多因素有关，尤其是排水条件影响最大。

土中的应力有总应力和有效应力之分，由太沙基有效应力原理可知，真正引起土体剪切破坏的是有效应力，所以工程实践中常常应用有效应力表达的库仑抗剪强度定律，其表达式为

对于砂土：

$$\tau_f' = \sigma' \tan\varphi'$$

对于黏性土：

$$\tau_f' = \sigma' \tan\varphi' + c'$$

式中　τ_f'——有效抗剪强度，kPa；

σ'——作用在剪切面上的法向有效应力，kPa；

φ'——土的有效内摩擦角，(°)；

c'——土的有效内聚力，kPa。

二、莫尔-库仑强度理论

当土体中某一点任意平面上的剪应力 τ 达到土的抗剪强度 τ_f 时，则称该点应力处于极限平衡状态。

例如，在土坡或地基中任取一单元土体，其主应力的大小与方向都随该单元体的位置而异，假定作用在该单元体上的最大主应力为 σ_1，最小主应力为 σ_3，在单元体内与 σ_1 作用平面成任意角 α 的平面上有法向应力 σ_α 与剪应力 τ_α，其大小可由下式求得，即

$$\left.\begin{aligned}\sigma_\alpha&=\frac{\sigma_1+\sigma_3}{2}+\frac{\sigma_1-\sigma_3}{2}\cos2\alpha\\\tau_\alpha&=\frac{\sigma_1-\sigma_3}{2}\sin2\alpha\end{aligned}\right\}$$

此时 α 平面上的抗剪强度大小由库仑强度定律计算，即

$$\tau_f=\sigma\tan\varphi+c$$

当 $\tau=\tau_f$ 时，该点应力状态处于极限平衡状态；当 $\tau>\tau_f$ 时，该点应力处于破坏状态；当 $\tau<\tau_f$ 时，该点应力处于稳定状态。

将土的抗剪强度包线与莫尔应力圆画在同一坐标图上（图 8-3），它们之间的关系有以下 3 种情况：①整个莫尔圆在抗剪强度包线下方（圆Ⅰ），表明该点在任意平面上的剪应力都小于土的抗剪强度（$\tau<\tau_f$），因此不会发生剪切破坏，处于稳定状态；②抗剪强度包线与莫尔应力圆相交（圆Ⅲ），表明该点某些平面上的剪应力已超过了土的抗剪强度（$\tau>\tau_f$），该点处于破坏状态，实际上这种情况是不会存在的；③莫尔应力圆与抗剪强度包线相切（圆Ⅱ），切点为 A，表明 A 所代表的平面上，剪应力刚好等于抗剪强度（$\tau=\tau_f$），该点处于极限平衡状态。把与抗剪强度线相切的莫尔应力圆（圆Ⅱ）称为极限应力圆，该点的应力状态称为极限应力状态。

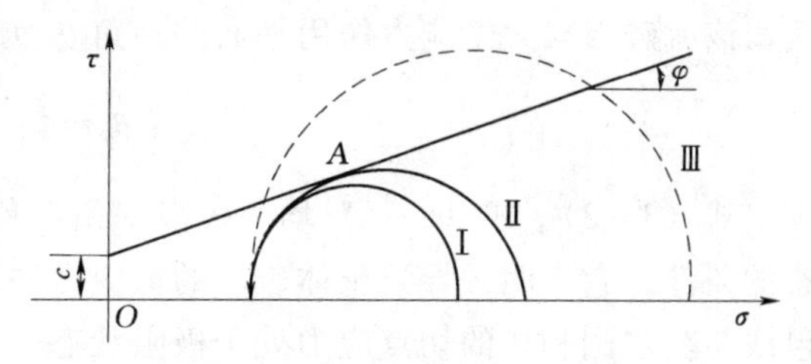

图 8-3　莫尔应力圆与抗剪强度包线的关系示意图

已经知道，如果土中某点的应力单元体处于极限平衡状态，则单元体所对应的莫尔应力圆与抗剪强度包线相切，如图 8-4 所示，根据这种几何关系可建立破坏准则，即著名的莫尔—库仑破坏准则。

由图 8-4 所示的极限平衡状态，莫尔应力圆与抗剪强度线相切的几何关系有

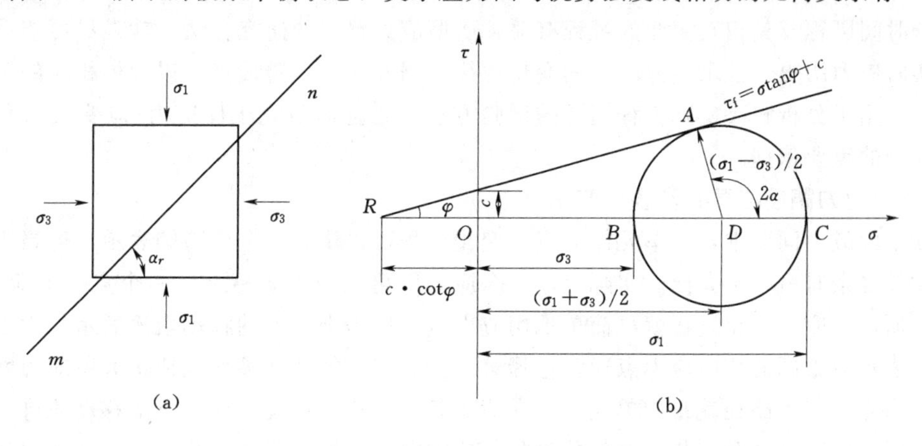

图 8-4　土中一点达极限平衡状态的应力圆与强度线的关系

(a) 微单元体；(b) 极限平衡状态时的莫尔应力圆

$$\sin\alpha=\frac{(\sigma_1-\sigma_3)/2}{(\sigma_1+\sigma_3)/2+c\cdot\cot\varphi}$$

经过三角公式变换，上式可改写成以下较实用的表达形式：

$$\sigma_{1f}=\sigma_{3f}\tan^2\left(45^\circ+\frac{\varphi}{2}\right)+2c\cdot\tan\left(45^\circ+\frac{\varphi}{2}\right) \tag{8-3}$$

或

$$\sigma_{3f}=\sigma_{1f}\tan^2\left(45^\circ-\frac{\varphi}{2}\right)-2c\cdot\tan\left(45^\circ-\frac{\varphi}{2}\right) \tag{8-4}$$

公式中的下标 f 表示已经处于剪切破坏的极限状态。

如图 8－4 所示，极限应力圆与抗剪强度线相切于 A 点，说明土体中已有一对剪破面，该剪破面与大主应力作用平面的夹角 θ_f 为

$$\theta_f=45^\circ+\frac{\varphi}{2}$$

式（8－3）、式（8－4）均为极限平衡条件，是判断土体中某点是否达到极限平衡状态的条件。它表明，导致土体破坏的剪应力并不是土体实际所受的最大剪应力，而是强度包线与莫尔圆相切的切点应力处于极限状态，这就是土的强度理论，通常称为莫尔-库仑强度理论。

莫尔—库仑强度理论的推导中利用了库仑抗剪强度表达式（$\tau_f=\sigma\tan\varphi+c$），即认为抗剪强度包线为直线。实际上，土的莫尔破坏包线为曲线，在压力较小的应力范围内可用直线表示。但对于高土石坝和高层建筑地基破坏包络线不能用直线表示。

第二节　剪切试验的应力-应变特征及基本要求

一、应力路径与强度试验设计

土体的变形和稳定问题，不仅与受力的大小有关，而且更重要的是和应力施加的方式方法、时间历程及其相互演变的过程有关。所谓应力路径的研究方法，就是尽可能模拟土体的实际应力历史，推求应力应变的变化规律，据此作出试验设计，以取得相应的可靠指标值，以用于分析解决实际工程问题的试验方法，是全面研究土体应力-应变关系和相应强度问题的重要依据。

（一）应力路径的概念及表示方法

在平面应力问题中，土单元体的应力变化过程可以用若干个应力圆表示，但当应力状态变化较复杂时就很不方便。实际上，一个应力圆可用应力坐标上的一个点（即应力点）表示，所以，应力变化过程就可简单地用应力点在应力坐标上的移动轨迹表示。为了研究方便，表示应力圆的相应应力点通常选择某一特定点，如剪切破坏面或最大剪应力面所代表的应力点。应力路径就是指单元土体在荷载条件变化的情况下应力点的移动轨迹，它可反映不同的应力特征及其相应的变化过程。应力路径是应力状态变化的一种几何表达，如图 8－5 所示。由于应力和强度有总应力和有效应力两种表示，因而应力路径也就有总应力路径和有效应力路径之分。常用的表示试验应力路径的坐标平面有 $\tau-\sigma$ 平面（剪破面）

和 $\bar{q}$ - $\bar{p}$ 平面［最大剪应力面，$\bar{q}=(\sigma_1-\sigma_3)/2$，$\bar{p}=(\sigma_1+\sigma_3)/2$］。图 8-5 为$\tau$-$\sigma$ 平面上的三轴压缩（σ_3 不变，增加 σ_1）和三轴伸长（σ_1 不变，减小 σ_3）试验时正常固结土试样的应力圆和应力路径。整个试验过程应力圆是连续扩大的，这里仅绘出有限的几个，而应力路径用通过应力圆顶点或破坏面的连线来描述应力圆的连续变化过程。

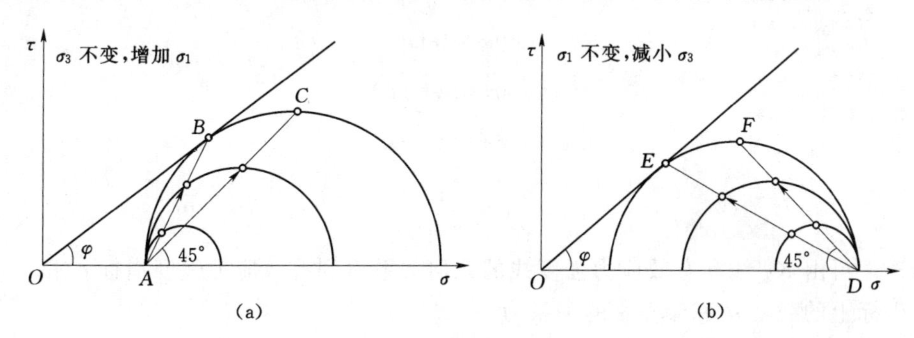

图 8-5　剪切破坏面与最大剪应力面上的应力路径

（a）σ_3 不变，增加 σ_1；（b）σ_1 不变，减小 σ_3

（二）应力模拟

由于应力路径不同，试验得出的强度参数亦有较大差别，所以，在室内土工试验中，应尽量使应力路径符合土体的实际受力过程。目前实验室内能模拟的应力系统类型有 3 种，分别为三轴压缩试验、三轴拉伸试验和平面应变试验，其试验时的应力路径控制如下：①三轴压缩试验，大主应力作用在竖直方向，小主应力作用在水平方向，加荷时，水平向应力 σ_h 保持不变（$\Delta\sigma_h=0$），增加竖向应力 σ_v（$\Delta\sigma_v>0$）；卸荷时，竖向应力 σ_v 保持不变（$\Delta\sigma_v=0$），减少水平应力 σ_h（$\Delta\sigma_h<0$）；②三轴拉伸试验，大主应力作用在水平方向，小主应力作用在竖直方向，加荷时，竖向应力 σ_v 保持不变（$\Delta\sigma_v=0$），增加水平向应力 σ_h（$\Delta\sigma_h>0$）；卸荷时，水平向应力 σ_h 不变（$\Delta\sigma_h=0$），竖向应力 σ_v 减少（$\Delta\sigma_v<0$）；③平面应变试验，此试验在真三轴仪上进行，试验时 $\Delta\sigma_1=\Delta\sigma_z>\Delta\sigma_2=\Delta\sigma_y>\Delta\sigma_3=\Delta\sigma_x$，所有的应变均发生在 $\Delta\sigma_z$ 和 $\Delta\sigma_y$ 平面上。加荷时，σ_y 不变（$\Delta\sigma_y=0$），增加 σ_z（$\Delta\sigma_z>0$），卸荷时，σ_z 不变（$\Delta\sigma_z=0$）减少 σ_y（$\Delta\sigma_y<0$）。

（三）抗剪强度线与 K_f 线的关系

土的抗剪强度线是一组极限应力圆的公切线，应力不大时用直线表示，因而从理论上一组极限应力圆的顶点的连线也是一条直线，并与抗剪强度线在横坐标上交于同一点。极限应力圆顶点（τ_{max} 对应点）连成的直线用 K_f 或 K_f'（分别对应于总应力和有效应力路径）表示。将 K_f 线和抗剪强度线绘于同一坐标系上（图 8-6），设 K_f 线与纵坐标的截距为 a，倾角为 θ，总应力抗剪强度指标分别为 c 和 φ，则由几何关系可知

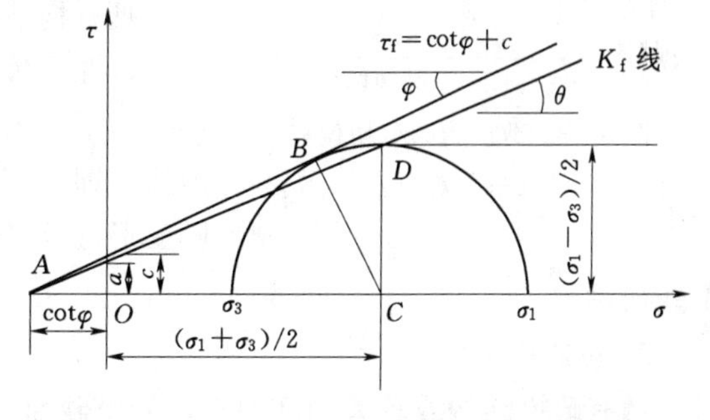

图 8-6　K_f 线截距、倾角与抗剪强度指标的关系

对于$\triangle ABC$，有　　$\sin\varphi=\frac{BC}{AC}=\frac{(\sigma_1-\sigma_3)/2}{c\cdot\cot\varphi+(\sigma_1+\sigma_3)/2}$

对于$\triangle ADC$，有　　$\tan\theta=\frac{DC}{AC}=\frac{(\sigma_1-\sigma_3)/2}{c\cdot\cot\varphi+(\sigma_1+\sigma_3)/2}$

所以

$$\sin\varphi=\tan\theta$$

或

$$\varphi=\arcsin(\tan\theta)$$

由于

$$c\cdot\cot\varphi=a\cdot\cot\theta$$

则有

$$c=\frac{a}{\cos\varphi}$$

同理，可由K_f'线和有效应力强度线的几何关系得到有效应力强度指标c'和φ'与K_f'线在纵坐标上的截距d和倾角α的关系为

$$\varphi'=\arcsin(\tan\alpha)$$

$$c'=\frac{d}{\cos\varphi'}$$

二、土的应力-应变关系及破坏准则

物体发生破坏时的应力状态，叫做极限应力状态。通常材料的破坏有两种形式：一种是脆性断裂，即在变形不大时就发生断裂；另一种是塑性流动，即物体发生较大的塑性变形仍然不发生断裂破坏，而是发生无限制的塑性变形。因此，研究材料的应力-应变关系，选择破坏点的极限应力，对强度参数的提供有重要意义。

（一）土的应力-应变特性

土是一种多矿物组成的三相体，完全不同于理想化的固体。试验和研究表明，土不是完全的弹性体，具有弹塑性体的特性，其应力-应变关系在一定程度上有线弹性的性质，但更多表现为非线性的性质。一般土的应力-应变关系有3种类型（图8-7），其破坏情况大致说明如下。

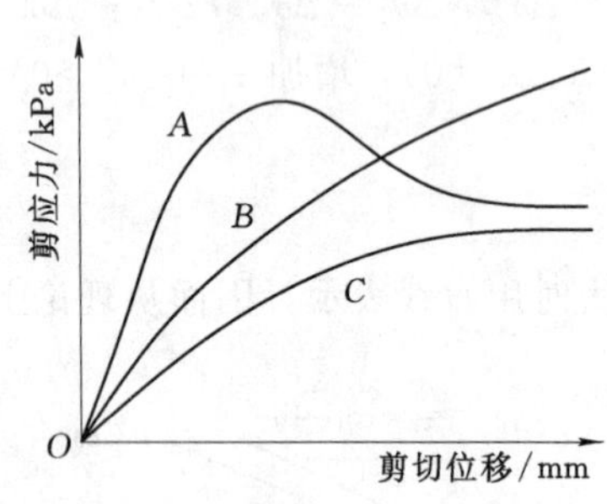

图8-7　剪应力与剪切位移关系示意图

1. 脆性破坏

具有构造性或致密结构的土，如紧密的砂和超固结黏土，在未破坏以前，其剪应力随变形而增加，且在较小变形下，剪应力增大迅速，直至不能抵抗更大的剪应力值，即达到峰值。随后剪应力随变形增大而减少，并随变形继续增加可能达到某一稳定值，如图8-7中的A线所示。

2. 塑流破坏

具有疏松结构或较大稠度的土，如松砂和一般正常固结黏土，在剪切过程中，其应力伴随着应变同时增加，直至土内各点不能抵抗更大的剪应力，如继续增加变形，剪应力却

趋于稳定，如图 8-7 中的 C 线所示。

3. 半脆性破坏

某些重塑的超固结土，常表现为图 8-7 中 B 线的性状，这属硬化型土质，其应力随着应变一直在递增。一方面具有脆性破坏的性质，应力不断增加，只有最后的剪切强度；另一方面又具有塑性破坏的性状，表现出较大的塑性流动。

（二）试验的破坏准则

破坏准则是指在试验和整理试验成果时用来确定试样达到破坏状态的应力、应变标准。按照一定的破坏标准就可得到破坏时的应力状态，从而确定对应的强度参数。

力学上确定材料破坏或屈服标准的条件有最大正应力、最大剪应力或最大线应变中的任一因素或几个因素组合达到某一极限值。基于这些不同因素建立了四大强度理论，即最大正应力理论（即拉梅理论）、最大线应变理论（即圣维南理论）、最大剪应力理论［莫尔-库仑（Mohr-Coulomb）理论］和能量理论。通过大量的试验研究和现场观察证实，土体的破坏主要是剪切破坏，用莫尔-库仑的最大剪应力强度理论可以较全面地概括其性状，并得到普遍应用。不同的试验方法其破坏标准有所差异。

1. 直接剪切试验

直接剪切试验可得到直观的剪应力 τ 与剪位移 γ 关系曲线，为此，在成果整理时，直接依据 $\tau-\gamma$ 关系曲线判断破坏点。若土样为脆性破坏或塑性流动破坏，则 $\tau-\gamma$ 曲线有峰值或稳定值，此时取其峰值应力和稳定应力值作为其破坏应力值；若土样发生半脆性破坏，强度值就比较难从理论上确定。在一般情况下，可取一定大小的剪切位移值对应的应力作为破坏应力，如取剪位移为 4mm 对应的应力值作为破坏应力。

2. 三轴压缩试验

由于三轴压缩试验只能测得主应力值的变化，并不能直接测得剪破面上的剪应力值，因此，基于莫尔—库仑的最大剪应力强度理论，普遍以主应力关系确定破坏条件。较常用的破坏准则有主应力差（即偏应力 q）最大值和有效主应力比（σ_1'/σ_3'）最大值两种标准。也可用应力路径法来确定破坏应力。

(1) 主应力差的最大值破坏准则。三轴试验中，试样发生剪切破坏，其剪应力是由主应力差（$\sigma_1-\sigma_3$）（即轴向应力）引起的，并随（$\sigma_1-\sigma_3$）值的增加而增加，增加到一定值时，即发生剪切破坏。用主应力差作为破坏条件直观方便，也易于和直接剪切试验对比，因此目前以 $(\sigma_1-\sigma_3)_{max}$ 作为破坏准则较为普遍。

在三轴试验的剪切过程中，不断测量轴向应力 q，即主应力差（$\sigma_1-\sigma_3$）和相应的轴向应变 ε_1，以（$\sigma_1-\sigma_3$）为纵坐标，ε_1（%）为横坐标，在直角坐标系中绘制 $(\sigma_1-\sigma_3)$-ε_1 关系曲线（图 8-8）。该曲线有两种类型，一种是对于脆性或紧密试样，曲线有峰值，如图 8-8 中 A 线所示，此时取峰值 $(\sigma_1-\sigma_3)_{max}$ 作为破坏应力值；另一种是对于松软试样，曲线不出现峰值，（$\sigma_1-\sigma_3$）随 ε_1 增加而不断增大，如图 8-8 中 B 线所示，这时取应变达某一数值对应的（$\sigma_1-\sigma_3$）值作为破坏值。破坏应变值有取 15% 的，也有定为 20% 的，具体应按有关规范选取。

(2) 有效应力比的最大值破坏准则。由极限平衡条件的有效应力表达式可知，土中一点是否处于极限平衡状态决定于 σ_1' 和 σ_3' 的配合比：σ_1' 不变，减少 σ_3' 到一定值时土样会发

生剪切破坏；σ'_3不变时，增加σ'_1到一定值时土样也可发生剪切破坏；同时增加σ'_1，减少σ'_3到一定值时同样会使土发生剪切破坏。由于在三轴试验中，试样破坏时的$(\sigma'_1/\sigma'_3)_{max}$比较稳定，对同一种土相差不过3%～4%，因此以$(\sigma'_1/\sigma'_3)_{max}$作为破坏准则是合理的。$\sigma'_1/\sigma'_3$与$\varepsilon_1$的关系曲线如图8-9所示，曲线通常有峰值出现。

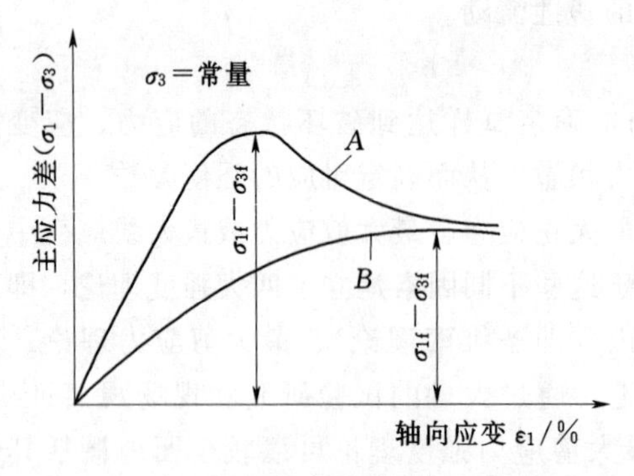

图8-8　主应力差与轴向应变的关系

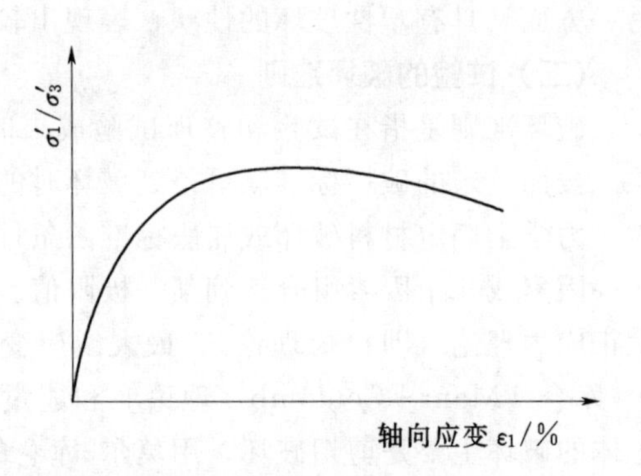

图8-9　有效主应力比与轴向应变的关系

（3）有效应力路径破坏准则。根据每一土样在剪切过程中测得的数据，以$(\sigma'_1-\sigma'_3)/2$为纵坐标，$(\sigma+\sigma'_3)/2$为横坐标绘制$(\sigma'_1-\sigma'_3)/2$-$(\sigma+\sigma'_3)/2$关系曲线，如图8-10所示。每一应力路径到达反弯点［图8-10（a）］或虽无反弯点但达相对最大值［图8-10（b）］时，即可视为破坏。连接这些点即可得到破坏主应力线，该线又称为K'_f线，它一般为直线。根据K'_f线与有效应力强度线的关系，可由K'_f线与水平坐标轴的夹角α和与纵坐标的截距d换算出有效抗剪强度指标φ'值和c'值，换算公式为

$$\varphi'=\arcsin\tan\alpha$$

$$c'=\frac{d}{\cos\varphi'}$$

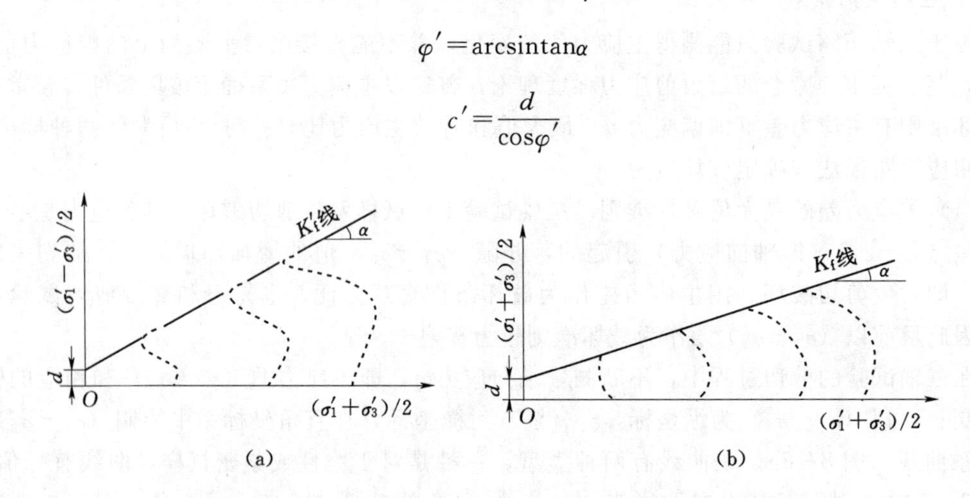

图8-10　用应力路径确定破坏主应力线（K'_f线）

（a）剪破面发生在上下剪切盒之间；（b）剪切面积不断减少 c 主应力大小和方向发生变化

用有效应力路径法求三轴试验成果，不必考虑应变情况，而且主应力路径可表示出剪切过程中有效应力的变化。该法比绘制极限应力圆公切线的方法规律性强，比较容易从同一批土样的较分散试验成果中得出平均的φ'和c'值。因此，尽管该法较繁琐，但仍为不

少单位所采用。

三、剪切试验的基本要求

(一) 试验目的

剪切试验的主要目的在于测定土体抗剪强度的大小，从而获得反映抗剪强度特征的 c 值和 φ 值。具体有以下几种：

(1) 测定最大抗剪强度，即测求土体在破坏时的极限剪应力值。它是分析土体破坏安全系数的基础。

(2) 测定残余强度，即测求土体达到强度破坏标准后，抗剪强度随应变继续增大而减少到的终值强度。它用以确定允许发生局部破坏的土工建筑物和自然土体的稳定分析。

(3) 测定长期强度，即测求土体破坏前缓慢塑性变形的速率及其蠕变破坏强度。它反映黏土的流动特性，以判定流塑对土工建筑物安全的影响。

(4) 测定强度的本构特征，即测求土的应力—应变关系，以及由于不同应力条件所引起的体积变化特性，以确定土工建筑物的侧向位移和垂直位移。

目前在实际工程应用中，多数要求测定最大抗剪强度，因此，本章主要阐述如何获得这一强度指标的常规试验方法。对于高土石坝心墙防裂与抗震，以及重型厂房的建设，就越来越多地需要测定土的应力-应变特征曲线，作为计算分析的依据。

(二) 试验仪器的选用

土的抗剪强度必须通过试验确定，但随着受力面和受力条件不同，测定仪器和方法也不同。目前室内常用的仪器按其工作原理分为两大类：一类是直接剪切仪（简称直剪仪），该仪器有固定的剪切面，通过向固定的剪切面施加法向压应力和水平剪应力而直接将土样剪坏；另一类是三轴压缩仪，是根据轴向压缩或拉伸原理通过三轴压力室向土样施加二向或三向不同主应力，然后再施加轴向应力而使土样剪坏。就剪切类型而论，有总应力法和有效应力法之分。

直接剪切试验设备有 4 种形式：

(1) 盒式单面直接剪切仪（最老、最简单，目前广泛采用）。

(2) 双面直接剪切仪。

(3) 单剪仪。

(4) 直接扭剪仪。

不同应力条件下的压缩或拉伸试验仪器，主要有以下 4 种：

(1) 常规三轴仪。

(2) 无侧限抗压强度试验仪。

(3) 抗拉强度试验仪。

(4) 真三轴仪。

其中以常规三轴仪使用最为广泛，是土工试验中研究土的强度和变形特性的重要设备。常用的剪力仪的适用性比较见表 8-1。

表 8-1　剪力仪适用性比较

剪力仪种类	峰值与最后值	受剪面	试验时含水率变化	无黏性土的适用性
应力盒式剪力仪	不能求得精确值	变化大	迅 速	快剪或固结快剪
应变盒式剪力仪	能求得相当程度的精确值	变化大	迅 速	不太适用
三轴剪力仪	能求得精确值	变化不大	可控制不变	快剪或固结快剪可得到可靠结果

（三）试验条件的控制

由于实际地基和建筑物所处的环境条件比较复杂，无法在室内完全真实地模拟实际工程条件，但应尽可能在保持原位条件的前提下，对土体的初始状态、固结排水条件、土质均匀性和受荷情况等进行模拟。下面介绍有关的模拟条件。

1. 剪切方式

测定土的强度有两种控制方式：一种是应力控制式，就是在试验过程中，控制应力增量，测定试样相应的应变；另一种是应变控制式，就是在试验过程中，控制试样的变形，测定与此变形相应的应力。应变控制式能较准确地测出峰值和终值强度，目前广为采用。但对于排水剪切试验和长期强度试验，则以应力控制式为宜。

2. 试样原始状态

对任何一种土来说，抗剪强度并不是一个固定的参数，而是取决于所用试样的原始状态和试验控制条件，因此在设计剪切试验时，应当重视对这些条件的模拟。尽管不能在实验室复制与天然结构状态相同的试样，即使制备同一种土，也不可能取得具有完全相同结构的试样。但关于土的结构性对土抗剪强度的影响，可从土样的整体上控制湿度、密度作为模拟，对于天然地基或土坡来说，就要求尽可能保持土样的原始结构，但对某些试验，却不能忽视取样时，由于应力解除对密度的影响。对于扰动土，则必须控制工程所要求的颗粒组成、湿度和密度条件，在此条件下，可以用击实法或压样法进行制样。

3. 固结排水条件

固结情况不同，土的强度指标差别很大。而固结又与土质的排水条件相联系，所以为了使试验尽量符合工程的实际，应根据土质的浸水与否，考虑饱和或非饱和的试验；根据透水性，考虑固结与否和剪切的快慢。例如，在饱和黏土地基上，迅速兴修建筑物时，由于地基排水条件差，荷载施加速度快，可视地基几乎来不及排水固结就破坏，而测求三轴不固结不排水剪试验或直剪仪快剪试验的天然强度，必须指出，固结是指剪切开始前渗透变形，排水是指剪切时的排水条件。如饱和黏土为正常固结土，则应在自重压力下进行固结，然后进行快剪试验；如果建筑物施加荷载速度较慢，地基土的透水性较好（如低塑性黏性土）及排水条件又较佳，可测求三轴固结排水剪试验强度；如果介于上述两种情况之间，可测求三轴固结不排水剪试验强度。对于堤坝工程，设计中的理想化和试验条件的简化，与上述相仿，必须区别浸润线上、下非饱和与饱和的不同条件，以及施工期与运行期的不同条件，选用不同的强度指标值，要求有与之相应的不同试验。

4. 荷重条件

荷重的性质、大小、加荷方法和加荷速率的不同，对于抗剪强度试验的影响也很大。因此必须十分注意天然土体的受力条件和试样模型体的相似性。如动荷条件下测定的动态剪应力和剪应变，就与静荷条件明显不同。用于道路和机场跑道的重复荷重作用下的强度，与用于机器基础下地基土的振动强度也有区别，所以在考虑模拟条件时，首先应明确是动态试验还是静态试验；其次，分析工程条件，属于平面问题还是空间问题，其受力条件属于高压还是低压，是单向、二向还是三向；最后，加荷方式是一次性加荷还是反复多次加荷，施工速度的快慢如何等。因此在确定试验方案，进行试验设计时，都必须考虑上述不同条件模拟的真实性，才能获得较合适的试验成果，以达到所要求的试验目的。目前模拟实际工程加荷过程的应力路径试验，就较好地实现了模拟条件的真实性，提高了土工测试技术水平。

5. 土的各向异性

在常规的土力学试验中，多数把土视为各向同性均质体，只是根据原状土样的天然产状，在试验中考虑不利的几何组合。但这并不能完全真实地模拟土的各向异性的特点，土的各向异性应当包括由微观结构变化和由应力体系引起的各向异性。前者主要决定于土的沉积条件，如明显的层状土、软夹层土、硬裂缝黏土等；后者则取决于原位应力条件。通常多用不同方向切取的试样进行试验，如水平抗剪强度和垂直抗剪强度可能相差较大。如果土质本身具有各向异性，则应针对不同倾角的滑动面，控制各相应土样的剪切面方位，以提供稳定性分析的依据。

第三节　直接剪切试验的原理与技术要求

一、直剪仪的工作原理

直接对试样施加剪力的设备，叫做直剪仪。按施加剪应力的特点分为应力控制式（图8-11）和应变控制式两种（图8-12）。应力控制式是分级施加等量水平剪力于土样使之受剪，应变控制式是等速推动剪切容器使土样以等速位移受剪。

仪器的主要部件剪切容器是由固定的上盒和活动的下盒（应变式）或固定的下盒与活动的上盒（应力式）等部件组成。试样置于上、下盒之间，在试样上先施加预定的法向压力 σ，然后以一定速率分级对试样施加水平剪力，直至试样被剪损为止，此时在试样剪损面上的剪应力可量测或计算确定。

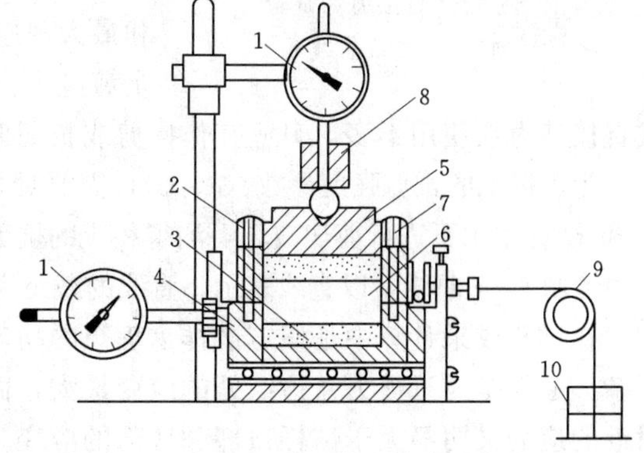

图8-11　应力控制式直剪仪

1—量表；2—土盒；3—透水石；4—下盒；5—传压板；6—试样；7—固定螺钉；8—加压框架；9—滑轮；10—砝码盘

由于应变控制式（简称应变式）直剪

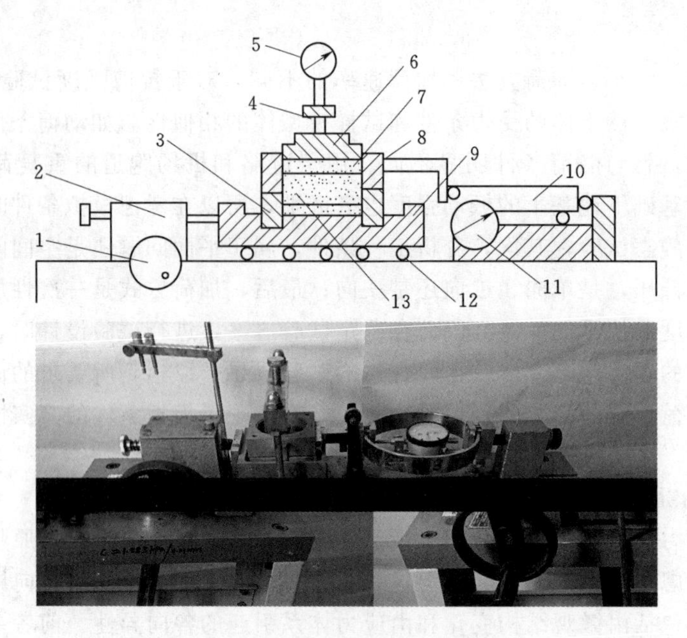

图 8-12　应变控制式直剪仪

1—手轮；2—推力器；3—下盒；4—加压框架；5—垂直位移量表；6—传压板；7—透水板；8—上盒；9—储水盒；10—量力环；11—水平位移量表；12—滚珠；13—试样

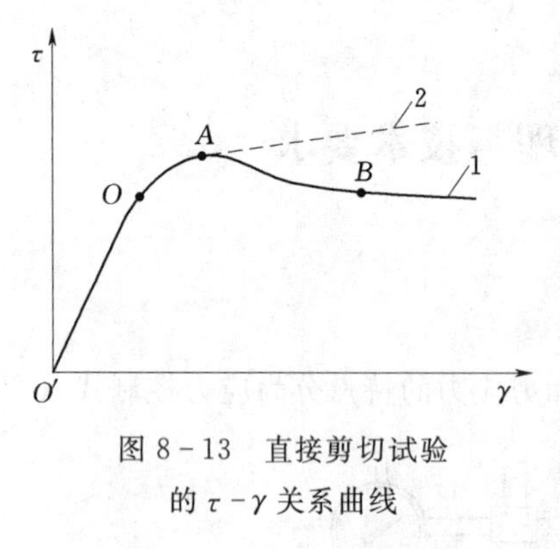

图 8-13　直接剪切试验的 $\tau-\gamma$ 关系曲线

仪具有明显的优点，在国内、外得到普遍使用。用这种仪器可以得到较为准确的剪应力-剪切位移（$\tau-\gamma$）关系曲线，如图 8-13 中 1 线所示。同时可以通过控制应变而准确测得土的特征应力点 O、A、B，从而测得屈服应力、最大剪应力和残余剪应力。而应力控制式直剪仪，则在应力接近于这些特征应力点时，由于事先无法预知其应力值，而盲目施加等量剪应力以至超过其特征应力点，其结果使应力特征点（屈服点和最大剪应力点）的位置模糊不清，且根本得不到残余剪应力（如图 8-13 中 2 线所示）。所以应力控制式直接剪力仪使用不多，只适宜作慢剪或长期剪切试验。

为求得土的抗剪强度参数（c、φ），需要对 3～5 个试样分别在不同的法向压力 σ_1、σ_2、σ_3 和 σ_4 的作用下进行剪切破坏，测得相应的抗剪强度值 τ_{f1}、τ_{f2}、τ_{f3}、τ_{f4}，通过在直角坐标系中绘制 $\tau-\sigma$ 曲线，以直线表示，直线的截距为黏聚力 c，倾角为内摩擦角 φ（图 8-2）。

在试验成果计算中是假定试样为理想的均匀变形，实际上由于边缘效应，试样变形很复杂。通常是靠近剪力盒边缘处的应变最大，而试样中间部位的应变则小很多，而剪切面附近的应变又明显大于试样顶部和底部的应变。由于同样理由，试样中的剪应力也很不均匀。因此，很难用莫尔-库仑强度理论来分析试样在剪切破坏时的应力状态，测得的试验数据并没有反映真实的应力-应变关系。但对实用来说，通过假定剪切面上的应力和应变呈均匀分布所得到的抗剪强度资料还是有一定使用价值的。

由直接剪切试验的仪器和工作原理可以看出，直接剪切试验存在多方不足：①剪切破坏面固定在上、下盒之间的水平面［图 8－14（a）］，而通常这一平面并不是最薄弱面，这与实际情况不符；②试验中，不能严格控制排水条件，只能靠剪切速度的快和慢进行粗略控制；③由于剪切盒的错动，剪切过程中试样的有效面积逐渐减少［图 8－14（b）］，而计算法向压力和剪应力仍然用初始面积，这影响了试验结果的准确度；④剪切过程中垂直荷载会发生偏转，主应力大小和方向会发生变化［图 8－14（c）］，即剪切过程中应力—应变状态不那么清楚和准确。剪切面上的应变和应力分布也不均匀，其中，与剪力盒接触的部位较大。

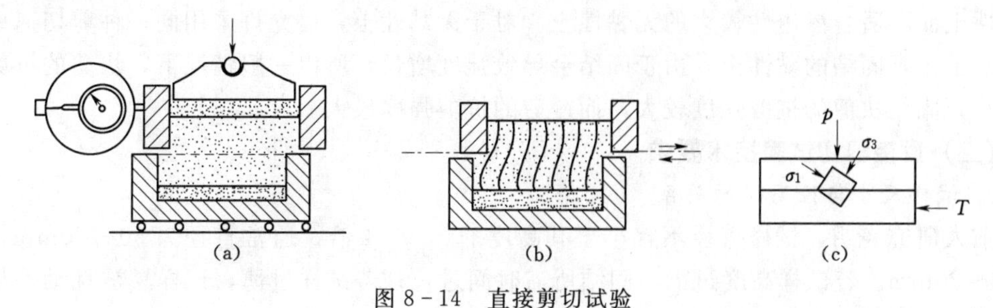

图 8－14　直接剪切试验

二、直接剪切试验方法及技术要求

（一）直接剪切试验方法

饱和黏性土的抗剪强度试验及天然黏性土地基加荷过程中，孔隙水会随时间不断排出，孔隙水压力转换为有效应力，土样发生固结。固结过程实质上也是强度增长的过程，对同一种土，即便是在相同法向压力作用下，由于剪切前试样的固结过程和剪切过程中试样的排水条件不同，其强度指标也是各异的。为了更好地模拟现场土体的剪切条件，考虑固结程度和排水条件对抗剪强度的影响，依据剪切前的固结程度、剪切时的排水条件，将直接剪切试验划分为快剪、固结快剪和慢剪 3 种试验方法。

1. 快剪试验

快剪试验，就是在对试样施加法向压力和剪力时，都不允许试样产生排水固结。由于在直剪仪上、下盒之间存在缝隙，要严格控制不排水是不可能的。为了尽量消除此种影响，一般在试样上下放置不透水有机玻璃圆块代替透水石，并在圆块周边涂抹凡士林，以阻止水分从缝隙中溢出。待施加预定的法向压力后，随即施加水平推力，并用较快的速率在 3～5min 内将试样剪损。

这种试验方法是用来模拟现场土层较厚、渗透性较小、施工速度较快、剪破前基本上来不及固结就迅速加载而剪破的情况。

2. 固结快剪试验

先使试样在法向压力作用下达到完全固结，然后与快剪试验方法一样，施加水平荷载进行剪切，在剪切过程中不允许孔隙水排出。

这种试验方法，是用来模拟现场土体在自重和正常荷载作用下已达到完全固结状态，以后又遇到突然施加的荷载，或土层较薄、渗透较小、施工速度较快的情况。

3. 慢剪试验

先使试样在法向压力下达到完全固结，固结时间与土的渗透性大小相关，大致在 3～16h 以上。之后施以慢速剪切，每次剪切历时为 1～4h。每次施加水平剪力时，都得使土中水充分排出，以消除其孔隙水压力的影响，直至土样被剪坏为止。

这种试验方法是模拟现场土体已充分固结后才开始逐步缓慢地承受荷载的情况，一般工程的正常施工进度都不符合这样的条件。所以在工程实践中较少直接采用。但此法所测定的强度指标，可用于有效应力的分析。

由于快剪和固结快剪，在试验过程中都有不排水的要求，所以只适合于渗透系数较小的黏性土而不适合渗透性较大的无黏性土。对于无黏性土，可允许采用同一种剪切速率试验。对于正常固结的黏性土，由于固结会导致强度增长，所以一般情况下，快剪的抗剪强度最小，固结快剪的抗剪强度较大，而慢剪的抗剪强度最大。

（二）直接剪切试验技术要求

1. 试样尺寸与径高比的关系

前人研究表明，试样直径不宜小于其高度的 2.5～4 倍，通常直径为 50～70mm，高为 15～20mm。若试样高度过大，固结所需时间过长；若试样过薄，试样易被扰动，从而降低抗剪强度值。我国现行规范规定试样直径为 61.8mm，高度为 20mm。

2. 加荷方法与固结标准

法向压力大小及其施加等级，应视土质情况和工程要求而定。对于超固结土，法向压力的选择宜以设计压力为准。法向压力一次施加和分级施加是有影响的，土的塑性指数越大，影响也越大。所以对于一般砂土及低含水量高密度的黏性土，法向压力可一次施加。对软黏土或高含水量及低重度的土，为避免泥水从仪器缝中挤出，可以减半施加或分级施加。

3. 剪切速率问题

剪切速率对砂土抗剪强度的影响很少，可忽略不计，对黏性土抗剪强度的影响则比较明显。大量试验结果表明，黏土的抗剪强度一般情况下都会随速率而增加，这种趋势在硬土中更为显著。对较灵敏的土，剪切速率降低 10 倍时，其抗剪强度则只降低 5%～8%，对于重塑的灵敏度不高的土，强度降低值在 5%以内。

剪切速率对黏性土抗剪强度的影响主要有两方面原因：一方面是剪切速率对孔隙水压力的产生、传递与消散的影响。剪切速率较慢，孔隙水有较充足的时间排出，有利于强度增长，试验结果会偏大；另一方面是土体蠕变的影响，这是因为在剪切过程中，连接强度中的黏滞流动强度将随黏滞变形的速度而变，在剪切速率较高，测得的连接强度相对较高，表现出较高的抗剪强度。相反，则表现出较低的抗剪强度。所以剪切速率对抗剪强度影响的最终结果，则视此两方面相互作用的综合因素而定。

第四节　三轴压缩试验的基本原理与技术要求

一、三轴压缩仪的工作原理

三轴压缩试验（也简称为三轴试验）方法是依据莫尔-库仑强度理论设计的，试验设

备是三轴仪。目前使用的三轴仪多为应变控制式，如图 8 - 15 所示，它主要由压力室、周围压力系统、体积变化和孔隙水压力量测系统组成。压力室放在圆形台上，其上端装有测力计，圆形台由电动机带动，使之向上移动给试样施加轴向应力，试样轴向应变速率由变速箱进行控制。

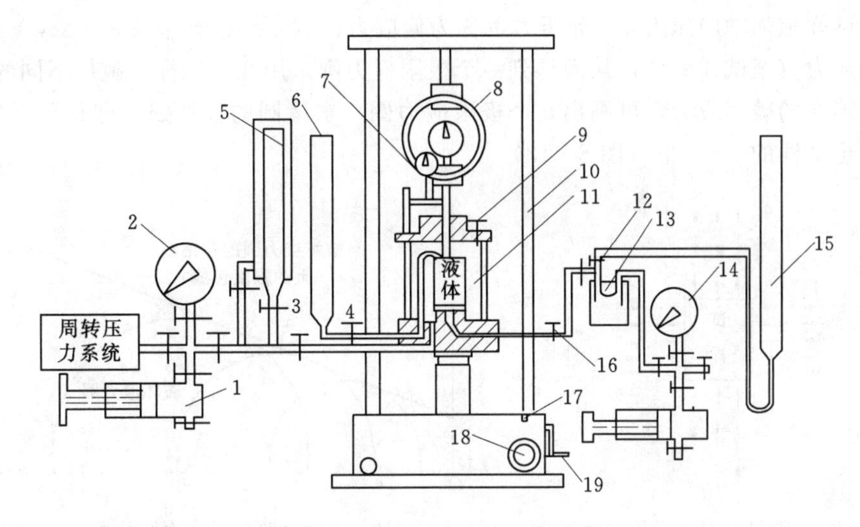

图 8 - 15　三轴压缩仪

1—调压阀；2—周围压力表；3—周围压力阀；4—排水阀；5—体变管；6—排水管；7—百分表；8—量力环；9—排气口；10—轴向压力设备；11—压力室；12—量管阀；13—零位指示器；14—孔隙水压力表；15—量管；16—孔隙水压力阀；17—离合器；18—微调手轮；19—粗调手轮

其中测力计有量力钢环和压力传感器两种，量力钢环由优质弹簧钢制成，压力传感器是一种能将施加荷重转换成相应电信号的换能元件，其中贴有电阻片作为传感部件。在选用测力计时注意使其量程和灵敏度同时满足试验要求。

如图 8 - 16 所示，压力室是盛装试样并是液压和轴向压力作用于试样的重要部分。由金属上盖、有机玻璃圆筒和底座，通过拉杆连接成一个整体。上盖中央有不锈钢活塞杆以传递轴向压力，下面置于底座中央，周围用橡皮密封并用螺钉与底座紧密相连。整个压力室是一个密封的整体，只有底座有 3 处通道分别与周围加压系统、孔隙水压力量测系统和排水阀连接，其中排水阀通过试样帽与试样顶部连通。

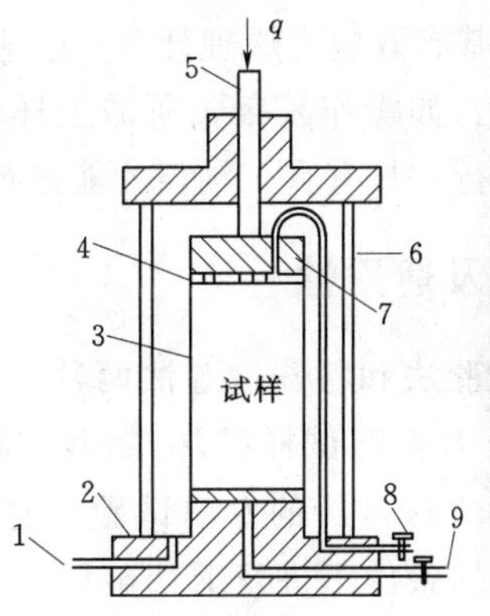

图 8 - 16　三轴压力室示意图

1—接周围压力系统；2—底座；3—试样；4—透水石；5—活塞杆；6—外罩；7—试样帽；8—排水阀；9—接孔隙水压力量测系统

试验时将一圆柱形试样置于压力室中央，用橡皮膜密封，试样顶部通过试样帽与排水阀连通，底部与孔隙水压力量测系统连接。压力室内注满液体（通常为水），液体与压力源连通，以液体为压力介质向试样周围施加水平向压力。试验时压力的施加过程可用图8-17所示的示意图表示，先通过液体向试样施加周围压力 σ_3（包括预固结压力 σ_0 和周围压力增量 $\Delta\sigma_3$），由于平面轴对称性，两个水平向主应力相等，即 $\sigma_2=\sigma_3$。然后，通过活塞杆向试样施加轴向压力 q，此压力也称为偏应力，有 $q=\sigma_1-\sigma_3$ 或 $q=\Delta\sigma_1-\Delta\sigma_3$。不断增加轴向力直至试样破坏，从而得到一个极限应力圆。用几个试样，施加不同的周围压力，得到不同的破坏应力，可画出几个极限应力圆，求诸圆的公切线，即得到强度包线，由此可求出试样的 c、φ 值（图8-18）。

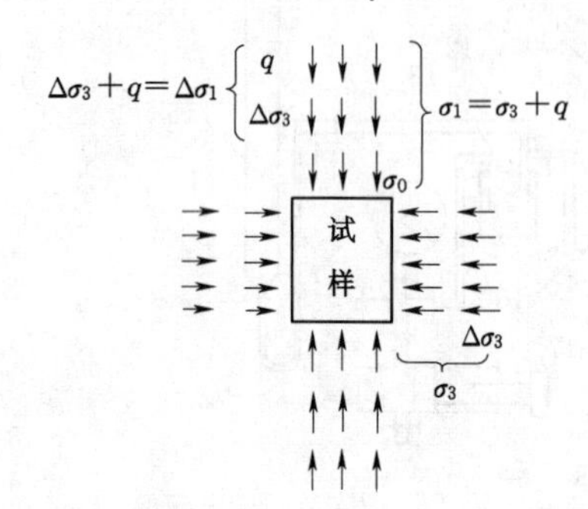

图8-17　三轴试验时试样受力状态

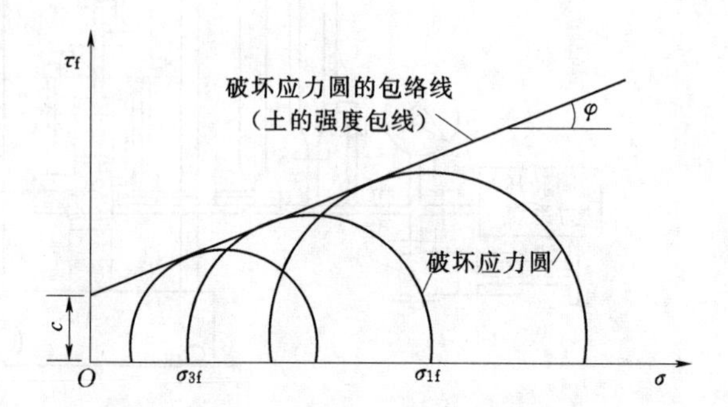

图8-18　三轴试验破坏应力圆及强度包络线

三轴压缩试验和直接剪切试验相比具有诸多优点：①可以严格控制试样排水条件，这对于含水率高的黏性土的快剪试验非常重要；②受力状态明确，可以控制大、小主应力，并避免了仪器本身摩擦阻力的影响；③能沿最弱面发生剪切破坏；④能准确测定土的孔隙水压力，由此可依据太沙基有效应力原理计算有效应力。同时还可测定体积的变化。但三轴压缩试验也有一些缺点，如操作复杂、所需土样较多等。另外，常规三轴试验只能在 $\sigma_2=\sigma_3$ 的轴对称条件下进行，只有真三轴仪才能进行 $\sigma_1>\sigma_2>\sigma_3$ 的三轴试验。

二、三轴试验方法及适用性

三轴试验分为常规试验法和特殊试验法两种，所谓常规试验法是指试样在恒定周围压力作用下，施加轴向压力直至试样破坏；而特殊试验法是指模拟实际工程的不同应力路径，按所设计的试验方法进行的专门试验，它可以随时改变 σ_1 或 σ_3，并可在控制一定的有效应力比 σ'_1/σ'_3 的条件下进行剪切破坏。本章只阐述常规三轴试验的基本原理与方法。

常规三轴试验过程可分为两个阶段：第一阶段是向压力室施加一定的液体压力 p，此时试样承受各向大小相等的压力 p 作用，该压力称为周围压力或简称为围压，有 $p=\sigma_3=\sigma_2=\sigma_1$。一般试验过程中，周围压力分两步施加，先施加一定大小的初始固结周围压力，待试样完全固结后再施加一个周围压力增量；第二阶段是通过压力室上盖中的活塞杆施加轴向压力 q 使试样剪切破坏，并有 $\sigma_1=\sigma_3+q$。这两个阶段可控制排水阀门，使试样处于排水或不排水状态。排水条件不同，试验过程亦不同，得到的抗剪强度参数亦有所差异，为此依据排水条件的不同，将三轴试验分为3种试验方法，即不固结不排水剪试验、固结

不排水剪试验和固结排水剪试验。其中，固结或不固结是针对周围压力增量而言，排水或不排水是对附加轴向压力而言。

（一）不固结不排水剪（UU）试验

此种试验方法通常简称为不排水试验，是在施加周围压力和轴向压力的两个阶段试样都不排水，其主要试验步骤可简述为：在初始周围压力 σ_3 作用下固结稳定后，第一阶段关闭排水阀，不允许孔隙水排出的情况下施加周围压力增量 $\Delta\sigma_3$，此时试样中产生大于零的孔隙水压力；第二阶段是在继续关闭排水阀在不允许孔隙水排出的情况下，施加轴向压力 q 直至试样剪切破坏。

试验过程中试样含水率始终保持不变，体积也保持不变，但孔隙水压力会发生变化。该试验方法适用于土体受力而孔隙水不易消散的情况。当建筑物施工速度快，透水性低（小于 $n\times10^{-4}$cm/s），排水条件差，或只考虑短期施工过程中的稳定性时可使用此法。

（二）固结不排水剪（CU）试验

在初始周围压力 σ_3 作用下固结稳定后，第一阶段打开排水阀，允许孔隙水排出的情况下施加周围压力增量 $\Delta\sigma_3$，待试样固结稳定，孔隙水压力为零；第二阶段是在关闭排水阀的情况下，施加轴向压力 q 直至试样剪切破坏，此时试样中会产生大于零的孔隙水压力。

试验测得总应力强度指标 c_{cu} 和 φ_{cu}，同时依据有效应力原理，通过测得孔隙水压力可计算有效应力，求得有效应力强度指标 c'和 φ'。该试验方法适用于地基或土工建筑物在建成后，本身已基本固结稳定，考虑到在使用期间荷载的突然增加（如地震荷载或其他附加动荷载）或水位骤降引起自重应力骤增，或土层较薄，渗透性较大，施工速度较慢的竣工工程，或施加垂直荷载后施加水平荷载的建筑物等情况。

（三）固结排水剪（CD）试验

试验时，在初始周围压力 σ_3 作用下固结稳定后，第一阶段打开排水阀，允许孔隙水排出的情况下施加周围压力增量 $\Delta\sigma_3$，试样固结稳定，孔隙水压力为零；第二阶段是在继续打开排水阀的情况下，缓慢施加轴向压力 q，使试样在充分排水条件下剪切破坏。实际上整个试验过程中，试样都处于排水状态，孔隙水压力始终为零，总应力等于有效应力。

这种试验主要求得有效应力强度指标 c_d、φ_d，由于试验时间过长，常用 c'、φ'代替，但两者是有些差异的，在进行电算时，仍需进行固结排水剪试验。

三、试验技术要求

（一）试样规格与制备要求

1. 试样规格

试样要符合试样直径与颗粒最大粒径之比（D/d_{max}）和试样高径比（H/D）的要求。通常当试样直径 $D<100$mm 时，$D/d_{max}>10$，当 $D>100$mm 时，$D/d_{max}>5$，而 $H/D=2.0\sim2.5$。国内生产的三轴仪的主要参数见表 8-2。

表 8-2　　　　三轴仪技术参数

试样直径 /mm	试样高度 /mm	H/D	D/d_{max}	最大轴压 /kN	最大围压 /kPa
39.1	80	2	>10	30	1600
61.8	125	2	>10	30	1600
101	200	2	>5	30	1600

2. 试样制备

三轴压缩试验的试样分为原状试样和扰动试样。对原状试样关键在于小心切削，避免扰动，同时分清试样的上、下层次。对软土，可用分样器（图 8-23）分样后在切土盘（图 8-24）切取；对较硬土样，用切土器（图 8-25）切削。对坚硬和不均匀土样，注意上、下端面要平整，侧面垂直，切削过程中遇砾石而出现凹坑时可用余土填补。

对黏性土的扰动试样可用击实法和压实法制备，其中采用击样器（图 8-24）分层击实效果较好，但应注意层间刨毛和分层高度，并注意保证试样的均匀性，一组试样的重度差值不宜超过 0.2kN/m³。对砂样可借助对开圆模（图 8-25）直接装填，但宜避免出现分选现象，一组试样重度平行误差不宜超过 0.3kN/m³。

（二）试样饱和方法

1. 常规饱和方法

工程实践中的土体常处于饱和状态，为此在试验前需要对试样进行饱和，目前常用饱和方法有毛细饱和法、水头饱和法和抽气饱和法 3 种。

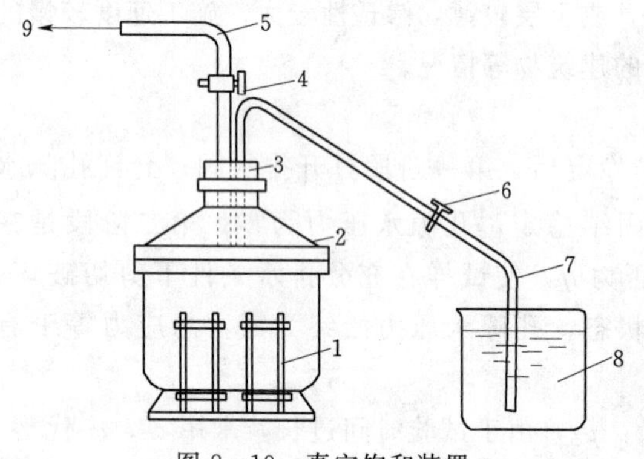

图 8-19　真空饱和装置

1—装有试样的饱和器；2—真空缸；3—橡皮塞；4—二通阀；5—排气管；6—管夹；7—引水管；8—盛水器；9—接抽气机

毛细饱和法是直接将试样浸水，借助毛细管作用使试样饱和，但不宜浸没试样顶面，通常适用渗透系数较大的土样。水头饱和法系借助水头差，使水在水力梯度作用下从试样底部缓慢渗入试样。抽气饱和法是借助真空饱和装置（图 8-19），利用真空技术排出试样孔隙中的空气，再自试样底部开始缓慢注水使试样饱和，这是使用较多的方法，但土样结构较软弱时，抽气容易引起扰动时不宜采用。抽气饱和时采用的真空度与土样密实度和渗透性大小有关。一般维持真空度约一个大气压继续抽气至少 30min，如是密实土样，可延长至 2h 以上。整个操作过程要维持真空度稳定，徐徐注水至整个试样浸没才停止抽气，解除真空，静置 10h 以上才结束。

2. 反压饱和法

经过饱和的土样都达不到完全饱和的要求，即使采用效果较好的真空抽气饱和，其饱

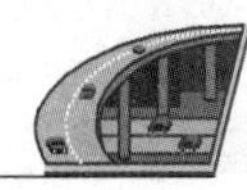

和度也只能达到95%。为了解决这一问题，人们早先采用无空气水处理，或对砂样进行预湿煮沸。20世纪60年代初期，J. Lowe等建议采用反压技术进行饱和，现在已经成为三轴试验试样饱和的必需步骤。

反压就是人为地在试样内增加孔隙水压力，使试样中的气体在压力作用下完全溶解于孔隙水中，同时增加周围压力，使试样有效应力保持不变。这个同时施加给试样内孔隙水和压力室内液体的压力称为反压。这种通过施加反压，使孔隙中的气体完全溶解于孔隙水的饱和方法称为反压饱和法。要完全饱和试样，需要采用多大的反压，决定于试样的初始饱和度，一般可按照表8-3选取反压值。

表8-3　不同饱和度下的反压值

饱和度/%	100	95	90	85	80	75	70
反压值/kPa	0	245	490	730	975	1220	1470

使用反压饱和时要注意几点：①反压施加速度不宜太快，一则是因为空气溶解于水的速度是缓慢的，需要一定的时间过程；二则是给含水量有足够的时间调整，空气溶解后，含水量应有所增加，保证试样体积不变，颗粒骨架结构不受扰动；②尽量增加试样的初始饱和度，如果初始饱和度较低，需要的反压较大，仪器难以实现；③周围压力宜略大于反压，以避免试样膨胀；④宜分级施加反压，各级反压的差值与土样密实度、初始饱和度及饱和时间等有关，一般差值宜为20kPa，软黏土可用30kPa，较坚硬或低饱和黏土，可取50～70kPa。每级压力要等孔隙水压力稳定方能加下一级压力。

反压施加结束后，可单独增加周围压力，观测孔隙水压力的增量，如果两者增量相等，则证明试样完全饱和。

（三）周围压力等级及稳定标准

一组三轴试验必须用几个试样，在不同周围压力作用下进行试验，以求得一组极限莫尔应力圆。周围压力的选择尽可能与现场实际压力一致，对于大荷载工程，需要周围压力较高，一般仪器难以达到，多数实际工程在较低的周围压力下进行试验即可满足要求。通常周围压力等级可选用50kPa、100kPa、200kPa、300kPa、400kPa。对于超固结土，由于超固结范围和正常固结范围的强度不同，需要增多周围压力等级，对饱和度较低的黏性土的不排水试验，其强度包线可能有突起现象，也宜增加周围压力等级。

常规三轴压缩仪中的排水固结均为等围压固结，即在压力室内通过液体给试样施加的是三个轴向相等的固结压力 p，试验是在各向等应力（$p=\sigma_1=\sigma_2=\sigma_3$）和等应变（$\varepsilon_1=\varepsilon_2=\varepsilon_3$）条件下排水固结。对于碾压式土坝或地基土，竖向固结压力大于水平向的固结压力，此时可采用不等压固结，其固结压力关系为 $\sigma_1>\sigma_2=\sigma_3=k_0\sigma_1$（$k$ 为侧压力系数）。

固结稳定的要求，理论上是固结度达到100%，固结所需要的时间长短与土质、排水条件等有关。判断稳定的标准有两种方法，第一种方法是固结排水量稳定法，即在适当时间间隔记录时间和量水管的读数，待量水管的水位不变或在0.5～1.0h内变化小于试样总体积的1/1000时，即认为固结达到稳定；第二种方法是固结度法，就是在试验过程中，画出 $\Delta V-\sqrt{t}$ 曲线或 $\Delta V-\lg t$ 曲线，用时间平方根法或时间对数法找出主固结点，若固结度达到90%～100%或主固结线段完全呈现时，认为固结基本完成。值得注意的是，同一饱和度的土样，在不同固结压力作用下达到相同固结度所需要的时间相同。我国水利水电土工试验规程规定 24h 为固结稳定标准。

（四）试样的剪切速率

三轴试验中试样的剪切速率决定于轴向荷载施加速率的大小，它直接影响着剪应力与剪应变的关系，从而影响土的抗剪强度。这种影响主要表现在两个方面，一方面是影响土样的固结；另一方面是影响土样的黏滞塑性和体积膨胀作用。

对不固结不排水剪试验，剪切速率对砂土影响极小，对黏性土则有影响。经验表明，试样应变控制在 0.5%～1.0%(min)，对强度的影响就不大。

对固结不排水剪试验，剪切速率的影响决定于土的黏滞性和结构触变性。剪切速率快，土体结构不易破坏，阻力较大，强度亦较大；相反强度就较低。同时，剪切速率会影响孔隙水压力分布的均匀性，当需要测定孔隙水压力时，剪切速率要相对较慢，黏性土可控制在 0.05%～0.1%(min)。对粉质土可加快到 0.1%～0.5%(min)。如果不需要测定孔隙水压力时可快些，增加到 0.5%～1.0%(min)。

（五）试样面积的校正

三轴试验中，试样面积会发生变化，应进行校正，面积校正分固结后面积校正和剪切过程时面积校正。

1. 固结后试样高度和面积校正

(1) 等向应变法一。

校正时认为试样固结体积减小量等于固结排水量，且固结后试样的轴向应变与横向应变相等。

固结后试样的轴向应变为

$$\varepsilon_1=\frac{h_0-h_c}{h_0}=1-\frac{h_c}{h_0}$$

固结后试样的横向应变

$$\varepsilon_2=\varepsilon_3=\frac{d_0-d_c}{d_0}=1-\frac{d_c}{d_0}$$

由于 $\varepsilon_1=\varepsilon_2=\varepsilon_3$，可得

$$\frac{h_c}{h_0}=\frac{d_c}{d_0} \tag{8-5}$$

由于
$$\frac{V_c}{V_0}=\frac{\frac{\pi}{4}d_c^{\ 2}h_c}{\frac{\pi}{4}d_0^{\ 2}h_0}=\frac{d_c^{\ 2}h_c}{d_0^{\ 2}h_0}$$

所以
$$\frac{\Delta V}{V_0}=1-\frac{V_c}{V_0}=1-\frac{d_c^{\ 2}h_c}{d_0^{\ 2}h_0} \tag{8-6}$$

将式 (8-5) 代入式 (8-6) 得

$$\frac{\Delta V}{V_0}=1-\frac{h_c^{\ 3}}{h_0^{\ 3}} \tag{8-7}$$

$$\frac{\Delta V}{V_0}=1-\frac{d_c^{\ 3}}{d_0^{\ 3}} \tag{8-8}$$

由式（8-7）变换得到试样高度校正公式

$$h_c=h_0\left(1-\frac{\Delta V}{V_0}\right)^{1/3}$$

由式（8-8）变换得到试样面积校正公式

$$\left(\frac{d_c}{d_0}\right)^3=\left(\frac{A_c}{A_0}\right)^{3/2}=1-\frac{\Delta V}{V_0}$$

即有

$$A_c=A_0\left(1-\frac{\Delta V}{V_0}\right)^{2/3}$$

式中　ε_1——试样固结后的轴向应变；

ε_2，ε_3——试样固结后的横向应变；

h_c——试样固结后的高度，cm；

h_0——试样初始高度，cm；

d_c——固结后试样直径，cm；

d_0——试样初始直径，cm；

ΔV——试样固结后与固结前的体积变化，cm^3；

V_0——试样初始体积，cm^3；

A_c——试样固结后的断面积，cm^2；

A_0——试样初始断面积，cm^2。

（2）等向应变法二。

该方法还是认为试样固结体积减小量等于固结排水量，但简单地认为各个方向变形量相等，如图 8-20 所示，故有

$$h_c=h_0\left(1-\frac{1}{3}\frac{\Delta V}{V_0}\right)$$

$$d_c=d_0\left(1-\frac{1}{3}\frac{\Delta V}{V_0}\right)$$

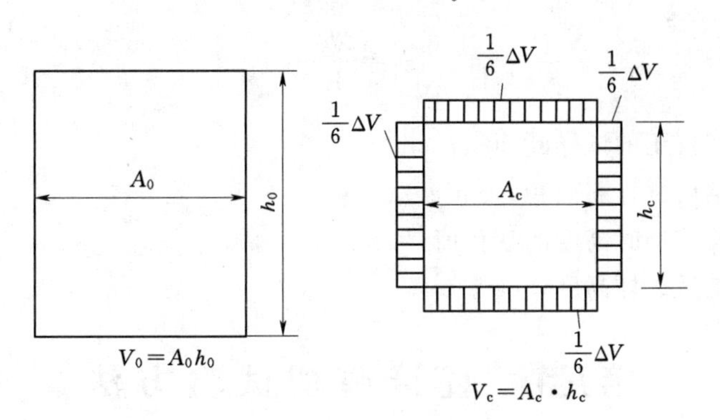

图 8-20　等应变条件下试样断面积校正

所以固结后断面积为

$$A_c=\frac{\pi}{4}d_c{}^2=\frac{\pi}{4}d_0{}^2\left(1-\frac{1}{3}\frac{\Delta V}{V_0}\right)^2=A_0\left[1-\frac{2}{3}\frac{\Delta V}{V_0}+\left(\frac{1}{3}\frac{\Delta V}{V_0}\right)^2\right]\approx A_0\left(1-\frac{2}{3}\frac{\Delta V}{V_0}\right)$$

式中符号含义同前。

(3) 平均断面积法。

同样认为试样固结体积减小量等于固结排水量且为等断面积，由此得到固结前后的体积关系为

$$A_c(h_0-\Delta h_c)=V_0-\Delta V$$

即

$$A_c=\frac{V_0}{h_0}\times\frac{1-\dfrac{\Delta V}{V_0}}{1-\dfrac{\Delta h_c}{h_0}}$$

由于轴向应变 $\varepsilon_1=\Delta h_c/h_0$，试样初始断面积 $A_0=V_0/h_0$

上式可改写为

$$A_c=A_0\frac{1-\dfrac{\Delta V}{V_0}}{1-\varepsilon_1}$$

2. 平均断面积法校正剪切过程中试样面积

饱和土在不排水试验过程中，认为试样体积不变，即 $\Delta V=0$，故有

$$A_a(h_0-\Delta h)=A_0h_0$$

对于轴向应变有：$\varepsilon_1=\dfrac{\Delta h}{h_0}\times100\%$，代入上式得

$$A_a=\frac{A_0}{1-\varepsilon_1}$$

对于固结不排水剪试验，应将固结后的试样高度作为起始高度，即

$$A_a=\frac{A_c}{1-\varepsilon_1}$$

$$\varepsilon_1=\frac{\Delta h_i}{h_c}$$

式中　A_a——剪切校正的试样断面积，cm^2；

A_c——固结后试样断面积，cm^2；

Δh_i——试样剪切时高度的变化值，cm；

h_c——固结后试样高度，cm。

第五节　直接剪切试验方法

直接剪切试验场简称为直剪试验，试验原理是根据库伦定律，认为土的抗剪强度与剪切面上的法向压力成正比（即直线关系）。试验时，将同一种土制备几个土样，分别在不同法向压力 σ_i 作用下，利用直剪仪沿固定的剪切面直接施加水平剪力，测定其抗剪强度 τ_{f_i}。作抗剪强度曲线确定黏聚力 c 值和内摩擦角 φ 值。直接剪切试验不能严格控制排水

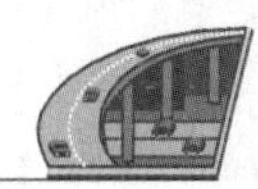

条件，试验求得的是总应力强度指标。

按其在荷重作用下压缩及受剪时土样的排水情况不同，试验方法可分为三种：

1. 快剪法（或称不排水剪）

在试样上施加竖直压力后，立即加水平剪力。在整个试验中，孔隙水来不及排出，试样原始含水率几乎没有改变。

2. 慢剪法（或称排水剪）

在加竖直荷重后，土样充分排水并达到完全固结时，再加水平剪力，每加一次水平剪力后，均需经过一段时间，待土样因剪切引起的孔隙水压力完全消失后，再继续加水平剪力。试验过程中，附加压力全部成为有效压力。

3. 固结快剪法

在垂直压力下土样完全排水固结稳定后，以很快速度施加水平剪力。在剪切过程中不允许排水。

由于受力条件不同，上述三种方法的试验结果有所差异，因此，必须根据土所处的实际应力情况来选择合适试验方法。其中，快剪和固结快剪适用于渗透系数较小的土样，一般渗透系数宜小于 10^{-6}cm/s。

一、直接剪切试验方法（一）：快剪试验

（一）基本原理

对土样施加竖直荷载后立即以较快速率施加水平剪力使试样在较短时间内剪损，以尽量减少试验过程中孔隙水的排出。对几个相同土样分别施加不同竖向压力 σ_i，利用直剪仪测定相应抗剪强度 τ_{f_i}，作抗剪强度曲线确定黏聚力 c 值和内摩擦角 φ 值。

（二）仪器设备

（1）直接剪切仪：应变控制式直剪仪（图 8－12），由剪切盒、垂直加压设备（包括加压框、加压杠杆和砝码）、剪切传动装置（包括手轮和推力杆）和测力计（包括量力环和百分表）。

（2）环刀：内径 61.8mm，高 20mm。

（3）百分表：量程为 10mm，分度值为 0.01mm。

（4）环刀法测密度的设备、修土刀、蜡纸或薄铜片、凡士林、秒表等。

（三）操作步骤

1. 切取土样

（1）测环刀质量和体积。准备 4 环刀，分别用天平测其质量，用游标卡尺测其高度和内径，计算环刀面积和体积。如果试验室老师事先将所有环刀进行了编号并将其质量、面积和体积列成表格，则可省略该步骤，记下环刀号码，直接在相应表格中查找其质量、面积和体积，供后面计算使用。

（2）按土的密度试验（环刀法）中切取试样的方法，用环刀仔细切取 4 个相同试样，同时测定各试样密度，密度差不大于 0.03g/cm^3。

2. 检查仪器

（1）检查加压杠杆是否水平，如不水平时调节平衡锤使之水平。

(2) 检查百分表的灵敏性。

(3) 上、下盒间接触面及盒内表面涂薄层凡士林，以减少摩阻力。

(4) 检查量力钢环两端与剪切盒和百分表接触是否良好。

该步骤通常由试验老师事先完成，学生可忽略。

3. 安装试样

(1) 装样。对准剪切容器上下盒，插入固定销，在盒内放入透水板和薄铜片，将带有试样的环刀平口端向下，对准剪切盒槽口，在试样上放薄铜片和透水板，将试样徐徐推入剪切盒内，移去环刀。

(2) 调整剪切盒位置。顺时针转动手轮前移剪切盒，使上盒前端与量力环接触，当轻轻转动手轮，百分表读数有变化时则表明已经接触，此时反向转动手轮约1圈让剪切盒稍有后退。

(3) 放置加压框。顺次放上传压板、钢球及加压框架，挂上砝码盘。

4. 施加垂直压力

每组试验至少取4个试样，4个试样施加的垂直压力分别为100kPa、200kPa、300kPa、400kPa。第1个试样一次性轻轻施加100kPa的垂直压力。注意计算产生100kPa垂直压力需要施加砝码的重量，如果杠杆比为12∶1，试样面积为30cm^2，则相应砝码重量为2.5kg。

若土质松软，可分次施加以防土样挤出。

5. 水平剪切

(1) 转动手轮施加剪力。施加竖直荷载后，拔出固定销，立即以每分钟4～6圈的速度连续匀速转动手轮（约0.8mm/min的剪切速率）进行剪切，一边转动手轮一边记录百分表读数（需要两人合作，一人转动后轮一人记录百分表读数），每转一圈记录一次，使试样在3～5min内剪损。一般直剪仪的手轮每转一圈传动装置向前推进0.2mm，即产生0.2mm的剪位移，由手轮转动圈数可计算剪切位移Δ，计算公式为$\Delta=20n-R$（Δ和R的单位都为0.01mm，n为手轮转动圈数）。

(2) 判断剪损结束剪切。剪损标准有两种，第一种是百分表读数不再增加或显著减少，表示试样已剪损，但一般宜剪至剪位移达4mm，记下最大读数，停止剪切；第二种百分表读数持续增加，剪应变达到6mm可停止剪切。

6. 拆除仪器

剪切结束后，卸除砝码盘和砝码，移去加压框架和上盒，取出试样，逆时针转动手轮后退剪切盒。

7. 其余试样剪切试验

按照步骤3～6的方法对第2个、第3个、第4个试样进行剪切，施加的垂直压力分别为200kPa、300kPa和400kPa。

(四) 成果整理

1. 剪应力计算

(1) 量力环系数单位为kPa/0.01mm时，剪应力计算公式为

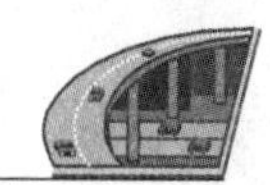

$$\tau=CR$$

式中 τ——某级压力下的抗剪强度，kPa；

C——测力计或量力环的校正系数，kPa/0.01mm；

R——测力计量表读数，0.01mm。

（2）量力环系数单位为 N/0.01mm 时，剪应力计算公式为

$$\tau=\frac{CR}{A_0}\times 10$$

式中 C——测力计或量力环的校正系数，N/0.01mm；

A_0——试样断面面积，cm^2；

10——单位换算系数。

其他符号同前。

2. 确定抗剪强度值

简单确定方法是，有峰值时，以百分表读数最大值对应的剪应力为相应垂直压力的抗剪强度 τ_f，若无峰值，取剪切位移 4mm 所对应的剪应力为抗剪强度 τ_f。

试验规程要求用剪应力和剪应变关系曲线确定抗剪强度。先以剪应力 τ 为纵坐标，剪应变（即剪切位移）Δ 为横坐标，绘制 $\tau-\Delta$ 关系曲线（图 8-21）。取曲线上剪应力峰值为抗剪强度 τ_f，若无峰值，则取剪切位移 4mm 所对应的剪应力为抗剪强度 τ_f。

3. 绘制抗剪强度曲线

以抗剪强度 τ_f 为纵坐标，垂直压力 σ 为横坐标，绘制 $\tau_f-\sigma$ 关系曲线（图 8-22）。根据图上各点连成直线，直线的倾角为内摩擦角 φ，直线在纵坐标上的截距为黏聚力 c。（注意：纵坐标和横坐标的单位应力长度应相等）

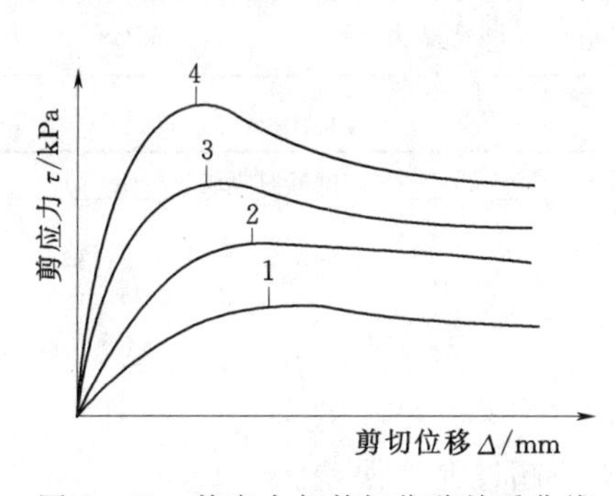

图 8-21 剪应力与剪切位移关系曲线

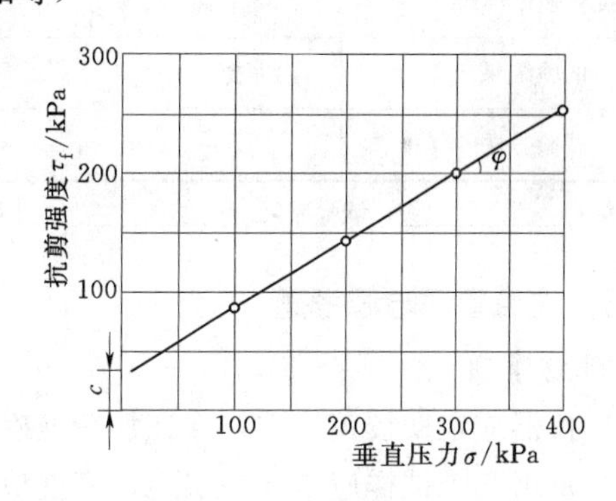

图 8-22 抗剪强度曲线

当 $\tau_f-\sigma$ 曲线中三点不能连成一条直线，且相差不大时（不超过相应抗剪强度的5%），可用三角形法求得近似直线代替。做法是：连接三点组成一个三角形，通过此三角形三条中线交点（三角形重心）作平行于最长边的平行线，则此线为所求的近似抗剪强度线。

4. 试验记录

直接剪切试验记录参见表 8-4、表 8-5。

表 8-4 剪切位移与剪应力记录表

试样编号：________；仪器编号：________

剪切位移/mm	0.2	0.4	0.6	0.8	1.0	1.2	1.4	1.6	1.8	2.0
量力环读数/0.01mm										
剪切位移/mm	2.2	2.4	2.6	2.8	3.0	3.2	3.4	3.6	3.8	4.0
量力环读数/0.01mm										
剪切位移/mm	4.2	4.4	4.6	4.8	5.0	5.2	5.4	5.6	5.8	6.0
量力环读数/0.01mm										

注 手轮转一圈，相应产生 0.2mm 的剪位移。

试验小组：________；试验成员：________；计算者：________；试验日期：________。

表 8-5 剪应力与法向应力记录表

试样编号：

仪器编号				
量力环系数/(N/0.01mm)				
垂直压力/kPa	100	200	300	400
试样面积/cm^2				
剪切位移/0.01mm				
量力环读数/0.01mm				
抗剪强度/kPa				
试验结果	内摩擦角 φ= /(°)； 黏聚力 c= /kPa			
试验方法				

试验小组：________；试验成员：________；计算者：________；试验日期：________。

（五）注意事项与思考题

1. 注意事项

（1）仪器应定期校正检查，保证加荷准确。

（2）每组几个试样应是同一层土，密度值不应超过允许误差。

（3）同一组试样应在同一台仪器中进行，以消除仪器误差。

（4）应力式直剪仪加砝码时应稳妥，避免震动。

2. 思考题

（1）为什么不同试验方法，有的试样两端放滤纸，有的放隔水纸？

（2）应力式和应变式直剪仪有什么不同的特点？

（3）终止试验的标准是什么？

（4）应变式直剪仪和应力式直剪仪对试验过程的控制有何区别？剪力盒盖上百分表和

钢环内的百分表测得的变形各自用于哪方面计算？

二、直接剪切试验方法（二）：固结快剪试验

（一）基本原理

对土样施加竖直荷载，并在竖向荷载作用下固结后，立即以较快速率施加水平剪力使试样在较短时间内剪损，以尽量减少剪切过程中孔隙水的排出。对几个相同土样分别施加不同竖向压力 σ_i 并固结，然后利用直剪仪测定相应抗剪强度 τ_{f_i}，作抗剪强度曲线确定黏聚力 c 值和内摩擦角 φ 值。

（二）仪器设备

同快剪试验。

（三）操作步骤

1. 切取土样

同快剪试验。

2. 检查仪器

同快剪试验。

3. 安装试样

在安装好加压框架后，安装量测垂直位移的百分表并调零，其他操作同快剪试验。

4. 施加垂直压力

每组试验至少取 4 个试样，4 个试样施加的垂直压力分别为 100kPa、200kPa、300kPa、400kPa。

首先，对第 1 个试样进行试验，一次性轻轻施加 100kPa 的垂直压力并进行固结，在此垂直压力作用下每隔 1h 记录垂直位移量一次，直到位移变形量不大于 0.005mm/h 为此，固结完成。

5. 水平剪切

（1）转动手轮施加剪力。固结完成后，拔出固定销，立即以每分钟 4～6 圈的速度连续匀速转动手轮（约 0.8mm/min 的剪切速率）进行剪切，一边转动手轮一边记录百分表读数（需要两人合作，一人转动后轮一人记录百分表读数），每转一圈记录一次，使试样在 3～5min 内剪损。一般直剪仪的手轮每转一圈传动装置向前推进 0.2mm，即产生 0.2mm 的剪位移，由手轮转动圈数可计算剪切位移 Δ，计算公式为 $\Delta=20n-R$（Δ 和 R 的单位都为 0.01mm，n 为手轮转动圈数）。

（2）判断剪损结束剪切。剪损标准有两种：第一种是百分表读数不再增加或显著减少，表示试样已剪损，但一般宜剪至剪位移达 4mm，记下最大读数，停止剪切；第二种百分表读数持续增加，剪应变达到 6mm 可停止剪切。

6. 拆除仪器

剪切结束后，卸除砝码盘和砝码，移去百分表、加压框架和上盒，取出试样，逆时针转动手轮后退剪切盒。

7. 其余试样剪切试验

按照步骤 3～6 的方法对第 2 个、第 3 个、第 4 个试样分别进行固结和剪切，施加的垂直固结压力分别为 200kPa、300kPa 和 400kPa。

（四）成果整理

同快剪试验。

三、直接剪切试验方法（三）：慢剪试验

（一）基本原理

对土样施加竖直荷载，并在竖向荷载作用下固结后，以较慢速率施加水平剪力，在试验过程中使孔隙水有充足时间排出。对几个相同土样分别施加不同竖向压力 σ_i 并固结，然后利用直剪仪测定相应抗剪强度 τ_{f_i}，作抗剪强度曲线确定黏聚力 c 值和内摩擦角 φ 值。

（二）仪器设备

同快剪试验。

（三）操作步骤

1. 切取土样

同快剪试验。

2. 检查仪器

同快剪试验。

3. 安装试样

同固结快剪试验。

4. 施加垂直压力

同固结快剪试验。

5. 水平剪切

转动手轮施加剪力。固结完成后，拔出固定销，开动秒表，以小于 0.02mm/min 的剪切速率进行剪切（一般由电动控制），试样每产生剪切位移 0.2～0.4mm 测记测力计和位移计读数一次，直至试样剪切破坏，记下破坏值。剪损的标准有两种：一种是测力计有峰值出现，在峰值出现后继续剪切至于剪切位移为 4mm 时停止；另一种是剪切过程中测力计无峰值，此时应剪切至剪切位移达 6mm 时停止。

6. 拆除仪器

同固结快剪试验。

7. 其余试样剪切试验

按照步骤 3～6 的方法对第 2 个、第 3 个、第 4 个试样分别进行固结和剪切，施加的垂直固结压力分别为 200kPa、300kPa 和 400kPa。

（四）成果整理

同快剪试验。

第六节　三轴压缩试验方法

一、试验基本原理

三轴压缩试验是用乳胶膜包封的圆柱状试样，置于透明密封容器（压力室）中，向容器中注满液体（通常为水）并施加压力，使试样各方向受到均匀的液体压力，此压力称为周围压力（有时简称为围压），然后在试样两端通过活塞杆逐渐施加轴向压力 q（也称偏应力），直至试样剪坏并绘制极限状态下的摩尔应力圆。同一土样需取 3 个以上的试样，分别施加不同周围压力，在不同轴向压力作用下剪坏，并在同一坐标系中绘制相应的极限摩尔应力圆，根据极限平衡理论，这些摩尔应力圆的包线即为该土的抗剪强度曲线，通常以直线表示，直线的倾角为内摩擦角 φ，直线在纵坐标上的截距为黏聚力 c（图 8－18）。

根据排水条件不同，三轴压缩试验分为不固结不排水剪、固结不排水剪和固结排水剪 3 种试验方法，具体应根据工程情况、土的性质、建筑物施工和运行条件及所采用的分析方法等进行选择。

（1）不固结不排水剪试验，是在整个试验过程中，从加周围压力和增加轴向压力直至剪坏，均不允许试样排水。对饱和试样，可测得总抗剪强度参数 c_u、φ_u 和有效抗剪强度参数 c'、φ'及孔隙水压力系数。

（2）固结不排水剪试验，是先使试样在某一周围压力下固结，然后保持试样不排水条件下，增加轴向压力直至剪坏。试验可测得总抗剪强度参数 c_{cu}、φ_{cu} 和有效抗剪强度参数 c'、φ'及孔隙水压力系数。

（3）固结排水剪试验，是在整个试验过程中允许试样充分排水，即在某一周围压力下排水固结，然后在充分排水的情况下增加轴向压力直至剪坏。可以测得有效抗剪强度参数 c_d、φ_d。

二、仪器设备

（1）应变控制式三轴压缩仪（图 8－15）：由压力室（图 8－16）、轴向加压设备、周围压力系统、反压力系统、孔隙水压力量测系统、轴向变形和体积变化量测系统。

（2）附属设备：原状土分样器（图 8－23）、切土盘（图 8－24）、切土器（图 8－25）、饱和器（图 8－26）、击样器（图 8－27）、对开圆模（图 8－28）、承膜筒（图 8－29）。

（3）天平：称量 200g，最小分度值为 0.01g；称量 1000g，最小分度值为 0.1g。

（4）橡皮膜：应具有弹性的乳胶膜，对直径为 39.1cm 和 61.8cm 的试样，厚度以 0.1～0.2mm 为宜，对直径为 101mm 的试样，厚度以 0.2～0.3mm 为宜。

（5）透水板：直径与试样直径相等，渗透系数宜大于试样渗透系数，使用前在水中煮沸，并泡于水中。

（6）其他：烘箱、秒表、干燥器、称量盒、切土刀、钢丝锯、滤纸、卡尺等。

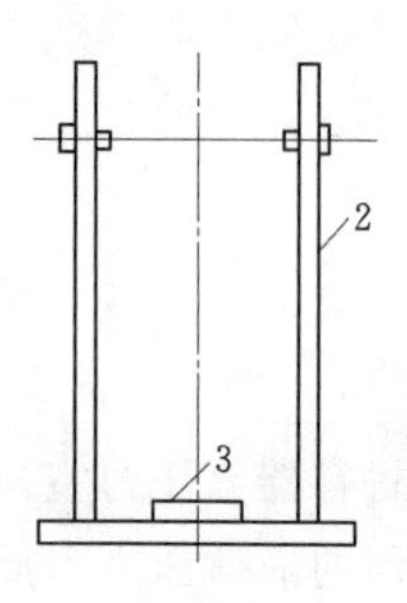

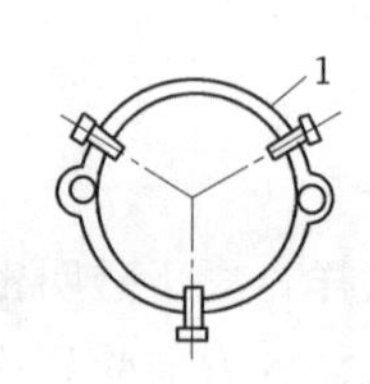

图 8－23　原状土分样器

1—钢丝架；2—滑杆；3—底盘

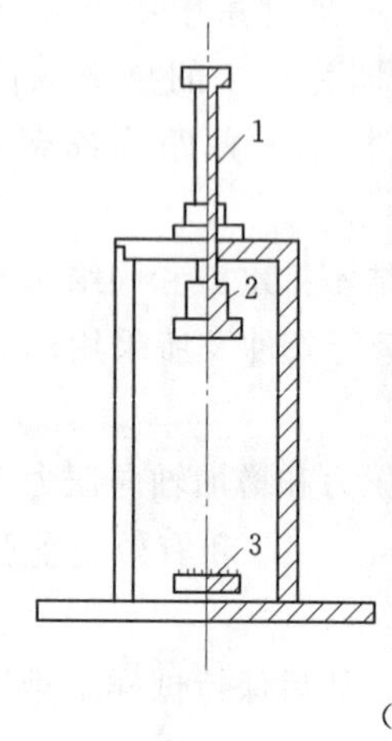

(a)

(b)

图 8－24　原状土切土盘

(a) 直径 39.1mm 试样切图盘示意图和实物图；(b) 可调试样直径的切土盘实物图

1—轴；2—上盘；3—下盘

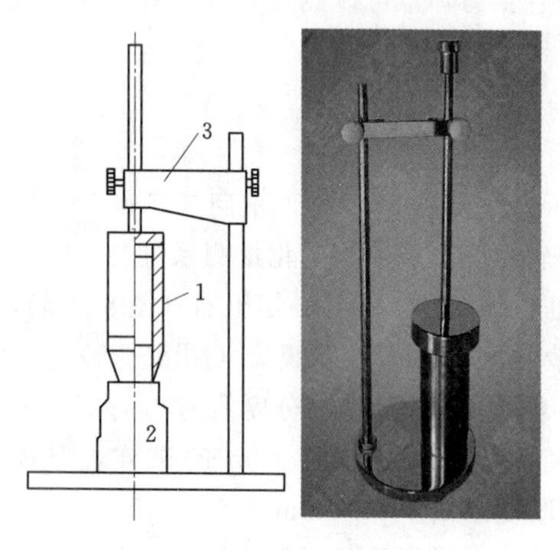

图 8－25　原状土切土器

1—切土器；2—土样；3—切土架

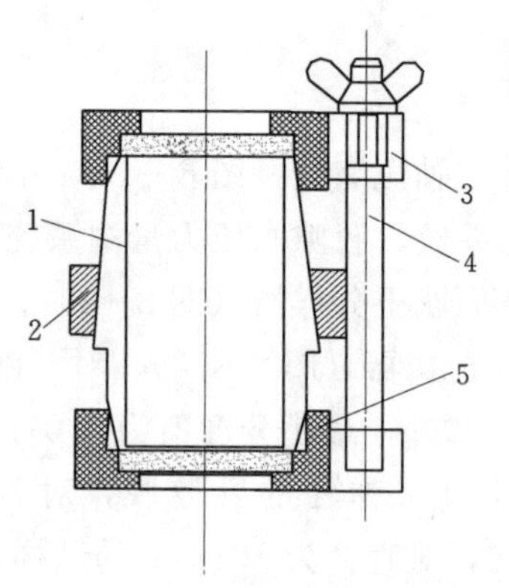

图 8－26　饱和器

1—圆膜（3 片）；2—紧箍；3—夹板

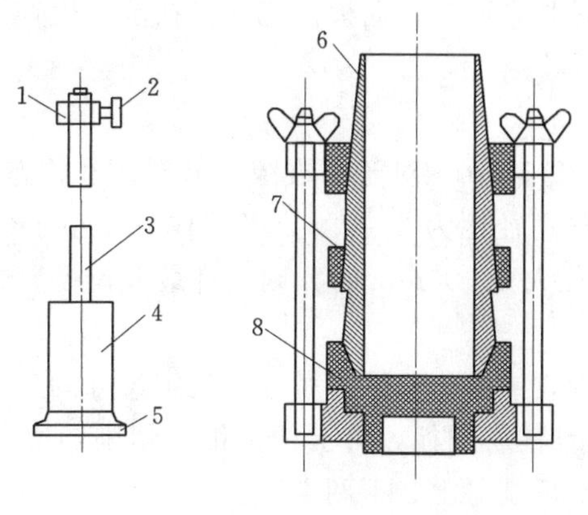

图 8-27 击样器

1—套环；2—定位螺丝；3—导杆；4—击锤；5—底板；6—套筒；7—击样筒；8—底座

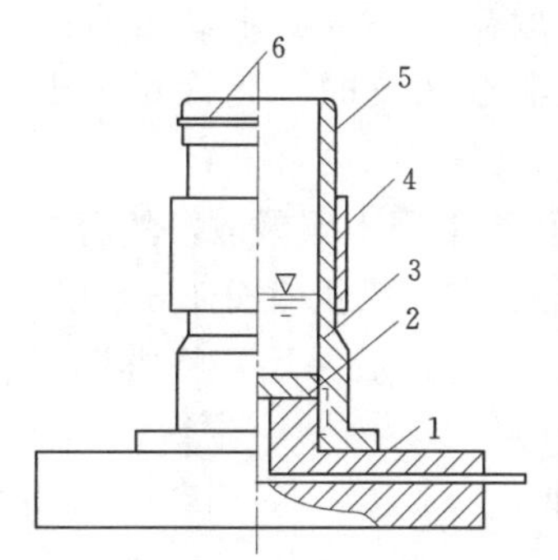

图 8-28 对开圆模

1—压力室底座；2—透水板；3—制样圆模（2 片合成）；4—紧箍；5—橡皮膜板；6—橡皮圈

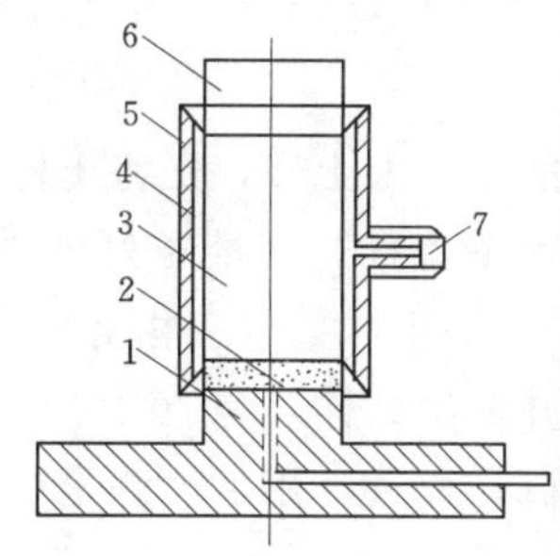

图 8-29 承膜筒

1—压力室底座；2—透水板；3—试样；4—承膜筒；5—橡皮膜；6—上帽；7—吸气孔

三、试验操作步骤

（一）检查仪器

（1）周围压力的测量准确度要求达到最大压力的 1%，根据试样强度大小，选择不同量程的测力计（量力环或压力传感器），使最大轴向压力的准确度不小于 0.1%。

（2）孔隙水压力测量系统的气泡应完全排除，首先将零位指示器中水银移入储槽内，提高量管水头，将孔隙水压力阀及量管阀打开，脱气水自量筒向试样座溢出，排除其中气泡，或者关闭孔隙压力阀及量管阀，用调压筒加大压力至 0.5MPa，使气泡溶于水，然后迅速打开孔隙水压力阀，使压力水从试样底座溢出，将气泡带走。如此重复数次，即可达到排气的目的。排气完毕后关闭孔隙水压力阀及量管阀，从储槽中移回水银，然后用调压筒施加压力，要求整个孔隙压力系统在 0.5MPa 压力下，零位指示器的毛细管水银上升不超过 3mm 左右。

（3）检查排水管路是否通畅，活塞在轴套内滑动是否正常，连接处有无漏水现象。检查完毕后，关闭周围压力阀、孔隙水压力阀和排水阀以备使用。

(4) 检查橡皮模是否漏气，其方法是扎紧两端，向模内充气，在水中检查，应无气泡溢出即可使用。

(二) 制备试样

(1) 本试验方法采用的试样直径为 39.1mm，对于有裂隙、软弱面和构造面的试样，其直径宜大于 60mm，如 61.8mm。试样高径比为 2～2.5，当试样直径小于 100mm 时，允许的最大粒径为试样的 1/10，试样直径大于 100mm 时，则允许最大粒径为试样直径的 1/5。

(2) 对于较软弱原状土样，先用钢丝锯或削土刀取一稍大于规定尺寸的土柱，放在切土盘的上下圆盘之间，用钢丝锯或削土刀紧靠侧板，由上往下细心切削，边切边转动圆盘，直到试样被削成规定的直径为止，然后削平上、下两端。

(3) 对于坚硬的原状土样，先用削土刀切取一稍大于规定尺寸的土柱，上、下两端削平，按试样所要求的层次方向，平放在切土架上。在切土器内壁涂上薄层凡士林，将切土器刃口向下对准土样，边削土样边压切土器，将试样取出，并按要求高度将两端削平。试样切削时应避免扰动，当试样表面有砾石而成孔洞或凹坑时，允许用余土填补。

(4) 对于扰动的黏性土土样，先将土样风干或烘干，在橡皮板上用木碾碾散，然后按预定的干密度和含水率备样。将准备好的试样在击样器内分层击实，粉土宜分 3～5 层，黏土宜分 5～8 层，各层土样数量应相等，各层接触面应刨毛。击完最后一层，将击样器内的试样两端整平并取出试样。

(5) 将削好的试样称量，用卡尺测量试样平均直径 D_0，即

$$D_0=\frac{D_1+2D_2+D_3}{4}$$

式中　D_1，D_2，D_3——试样上、中、下部位的直径，mm。

(6) 扰动砂样的制备应先在压力室底座上依次放上不透水板、橡皮模和对开圆模。根据砂样的干密度和试样体积，称取所需的砂样质量，分 3 等分，将每份砂样填入橡皮模内，填至该层要求的高度，依次第二层、第三层，直至模内填满为止。如果是制备饱和砂样，砂样分成 3 份后，需要在水中煮沸后冷却。装样时，放好对开圆模后，在模内注入纯水至试样高度的 1/3，然后将冷却的砂样按预定的干密度填入橡皮模内，直至模内填满为止。当要求的干密度较大时，填砂的过程中可轻轻敲打对开圆模，使砂样填满至规定的体积。最后，整平砂面，放上不透水板或透水板和试样帽，扎紧橡皮模。对试样内部施加 5kPa 的负压力使试样能站立，拆除对开圆模。

(三) 试样饱和

根据土的性质和状态及对饱和度的要求，可采用不同的方法进行试样饱和，如抽气饱和法、水头饱和法和反压力饱和法等。

1. 抽气饱和法

将装有试样的饱和器放入真空缸内（图 8－19），真空缸与盖之间涂抹一薄层凡士林并盖紧。将真空缸与抽气机接通，启动抽气机，当真空表读数接近当地一个大气压时，继续抽气维持稳定真空度 0.5h（密实黏土要持续抽气 2h 以上）。微开管夹使水徐徐注入真

空缸，并保持真空表读数不变，待水浸没试样停止注水并关闭抽气机，静置10h以上。

2. 水头饱和法

将不贴滤纸的试样装入压力室（装样方法见本节固结不排水剪试验中的试样安装），并施加20kPa的周围压力。提高试样底部量管水位，降低试样顶部量管水位，使两量管水位差在1m左右，打开孔隙水压力阀、量管阀和排水管阀，使纯水从底部进入试样，从顶部溢出，直至流入的水量和溢出的水量相等为止。若要提高饱和度，可在水头饱和前，以5～10kPa压力从底部通入二氧化碳气体以置换土中空气，而后再进行水头饱和。

3. 反压力饱和法

试样要求完全饱和时，应施加反压力。反压力系统与周围压力系统相同（对不固结不排水剪试验可用同一套设备），但应用双层体变管代替排水量管。具体操作步骤是，待试样装好后，调节孔隙水压力等于大气压力，关闭孔隙水压力阀、反压力阀、体变管阀，测记体变管读数。施加20kPa的周围压力，打开孔隙水压力阀，待孔隙水压力变化稳定，测记读数，关闭孔隙水压力阀。为减少土样扰动，以30kPa的增量分级施加反压力和周围压力。开体变管阀和反压力阀，同时施加周围压力和反压力，缓慢打开孔隙水压力阀，检查孔隙水压力增量，待其稳定后测记孔隙水压力和体变管读数，再施加下一级周围压力和反压力。计算每级周围压力引起的孔隙水压力增量，当此增量大于周围压力增量的0.95倍时，认为试样饱和。

(四) 不固结不排水剪试验（加围压后不固结立即剪切）

1. 安装试样

(1) 在压力室底座上依次放上不透水圆板、试样和不透水试样帽。将橡皮模套在承模筒内，两端翻过来，从吸嘴吸气，使模紧贴承模筒内壁，然后套在试样外，放气，翻起橡皮模，取出承模筒，用橡皮圈将橡皮模分别扎紧在试样底座和试样帽上。

(2) 将压力室罩顶部活塞杆提高（防止碰撞试样），放下压力室罩，将活塞杆对准试样帽中心，并均匀地拧紧底座连接螺母。拧开压力室顶部的排气孔，向压力室内注满纯水，接近注满时，降低进水速度，待排气孔有水溢出时，拧紧排气孔，并将活塞杆对准测力计和试样顶部。

(3) 将离合器调至粗位，转动粗位手轮，当试样帽与活塞杆和测力计接近时，将离合器调至细位，改用细位手轮，使试样帽与活塞杆和测力计接触（测微表有微动时，表示已经接触），装上变形指示计，并将测力计和变形指示计调至零位。

(4) 打开周围压力阀，施加所需的周围压力。周围压力大小应与工程的实际荷重相适应，并尽可能使最大周围压力与土体的最大实际荷重大致相等。一般可按100kPa、200kPa、300kPa、400kPa施加。

2. 试样剪切

(1) 开动电动机，合上离合器开始剪切，每分钟的剪切应变速率宜为应变0.5%～1.0%。开始阶段，试样每产生0.3%～0.4%的轴向应变（或0.2mm的轴向变形），测记一次测力计读数和轴向变形值。当轴向应变大于3%时，试样每产生0.7%～0.8%的轴向应变（或0.5mm的轴向变形），测记一次测力计读数和轴向变形值。当接近峰值时应加密读数。如试样特别脆硬或软弱，可酌情加密或减少测读次数。

(2) 当测力计读数出现峰值时，剪切应继续进行到轴向应变达 15%。若测力计读数无明显减少，轴向应变达到 20%后停止试验。

(3) 试验结束后，关闭电动机，关周围压力阀，脱开离合器。将离合器调至粗位，倒转手轮，将压力室降下，然后打开排气孔，排出压力室内的水，拆除压力室罩，擦干试样周围的余水，脱去试样外的橡皮模，描述破坏后形状，称试样质量，测定试样含水率。

对其余几个试样，在不同围压下按上述步骤进行剪切试验。

(五) 固结不排水剪试验和固结排水剪试验

1. 试样安装

(1) 打开孔隙水压力阀和量管阀，对孔隙水压力系统和压力室底座充水排气，关闭孔隙水压力阀和量管阀。在压力室底座上依次放上透水板、湿滤纸、试样、透水板，在试样周围贴上 7～9 条宽 6mm 左右的浸湿滤纸条，滤纸条两端与透水板连接。借助承模筒将橡皮模套在试样外，并用橡皮圈将橡皮模下端与底座扎紧。

(2) 打开孔隙压力阀及量管阀，使水缓慢从试样底部流入，排除试样与橡皮模之间的气泡，然后关闭孔隙水压力阀和量管阀。

(3) 打开排水阀，使试样帽充水，放在试样顶端的透水板上，将橡皮模扎紧在试样帽上。

(4) 降低排水管，使管内水面位于试样中心高程以下 20～40cm，吸出试样与橡皮模之间的余水，并关排水阀。

(5) 压力室罩安装、充水及测力计调整的方法见不固结不排水剪试验。

2. 排水固结

(1) 调节排水管，使管内水面与试样高度的中心位置齐平，测记排水管内的读数。

(2) 开孔隙水压力阀，使孔隙水压力等于大气压，关闭孔隙水压力阀，记下初始读数。如果需要对试样进行完全饱和，可以施加反压力，采用反压法进行饱和。

(3) 将孔隙水压力调至接近周围压力值，施加周围压力后，再打开孔隙水压力阀，待孔隙水压力稳定测定孔隙水压力值。该读数减去孔隙水压力初始读数就是周围压力下试样的起始孔隙水压力值。

(4) 打开排水阀，进行排水固结。当需要测定排水过程时，按下列时间顺序测记固结排水管水面及孔隙水压力读数。时间为 6s、15s、1min、2min15s、4 min、6min15s、9min、12min15s、16min、20min15s、25min、30min15s、36min、42min15s、49min、64min、100min、200min、400min、23h、24h，直至固结度至少应达到 95%（随时绘制排水量 ΔV 与 $\sqrt{t}$ 的关系曲线，或孔隙水压力消散度 $\overline{U}$ 与 $\sqrt{t}$ 的曲线）。在整个试验过程中，排水管水面应置于试样中心高度处。

(5) 固结完成后，转动细调手轮，活塞杆与试样接触（测力计开始微动），此时轴向变形指示计的变化值为试样固结时的高度变化 Δh_c，并计算出固结后试样高度 h_c（$h_c = h_0 - \Delta h_c$）。然后将测力计和轴向变形计和孔隙水压力计均调整至零。

3. 试样剪切

(1) 开动电动机，合上离合器进行剪切。对于固结不排水剪试验，需要先关闭排水

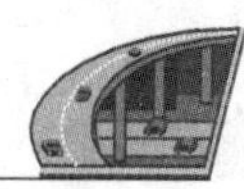

阀，剪切应变速率黏性土为应变 0.05%～0.1%/min，粉土为应变 0.1%～0.5%/min。开始阶段，试样每产生 0.3%～0.4%的轴向应变（或 0.2mm 的轴向变形），测记一次测力计、轴向变形、孔隙水压力读数，当轴向应变大于 3%时，试样每产生 0.7%～0.8%的轴向应变（或 0.5mm 的轴向变形），测记一次读数即可。当接近峰值时应加密读数。如试样特别脆硬或软弱，可酌情加密或减少测读次数。

对于固结排水剪试验，剪切过程中始终打开排水阀，剪切应变速率宜为应变 0.003%～0.012%(min)。

(2) 当测力计读数出现峰值时，剪切应继续进行到轴向应变达 15%。若测力计读数无明显减少，轴向应变达到 20%后可停止试验。

(3) 试验结束后，关电动机，关闭各阀门，脱开离合器，将离合器调至粗位，转动粗调手轮，将压力室降下，打开排气孔，排出压力室内的水，拆卸压力室罩，拆除试样，描述试样破坏后的形状，称量试样质量，测含水率。

其余几个试样，在不同围压力作用下，按上述步骤进行剪切试验。

四、试验成果整理

(一) 不固结不排水剪

1. 轴向应变

按下式计算，即

$$\varepsilon_1=\frac{\Delta h_1}{h_0}\times 100\%$$

式中 ε_1——轴向应变，%；

h_0——试样初始高度，cm；

Δh_1——剪切过程中试样高度变化，由轴向变形测微表测得，cm。

2. 试样面积校正

按下式计算，即

$$A_a=\frac{A_0}{1-\varepsilon_1}$$

式中 A_a——试样校正断面面积，cm^2；

A_0——试样的初始断面面积，cm^2。

3. 主应力差

按下式计算，即

$$\sigma_1-\sigma_3=\frac{CR}{A_a}\times 10 \tag{8-9}$$

式中 σ_1，σ_3——大总主应力和小总主应力，kPa；

C——测力计率定系数，N/0.01mm；

R——测力计读数，0.01mm；

10——单位换算系数。

4. 绘制主应力差与轴向应变关系曲线和确定破坏应力值

以轴向应变 ε_1 为横坐标，以（$\sigma_1-\sigma_3$）为纵坐标，绘制（$\sigma_1-\sigma_3$）-ε_1 关系曲线（图

8-30）。以（$\sigma_1-\sigma_3$）-ε_1 关系曲线的峰值相应的主应力差作为破坏应力值。若无峰值，以轴向应变 ε_1 为 15%对应的主应力差为破坏应力值。

5. 绘制主应力圆和强度包线

以法向应力 σ 为横坐标，以剪应力 τ 为纵坐标。在横坐标上以破坏时的 $(\sigma_{1f}+\sigma_{3f})/2$ 为圆心，以破坏的 $(\sigma_{1f}-\sigma_{3f})/2$ 为半径（注：f 角标表示破坏状态），绘制破坏应力圆，并绘制不同周围压力下的破坏应力圆的包线，该包线即为总应力强度线（图 8-31）。包线的倾角为内摩擦角 φ_u，包线在纵轴的截距为黏聚力 c_u。

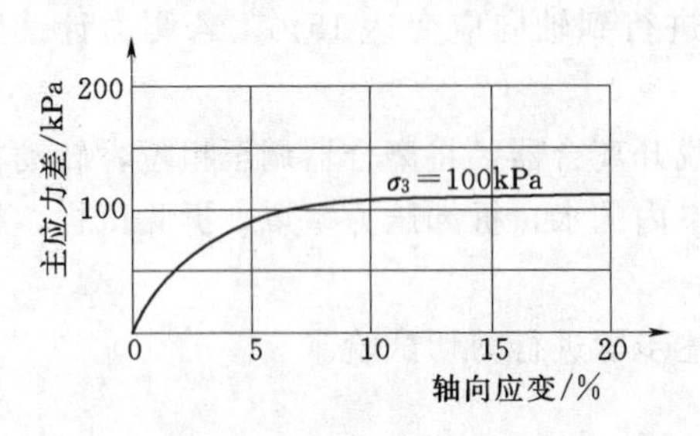

图 8-30　主应力差与轴向应变关系曲线

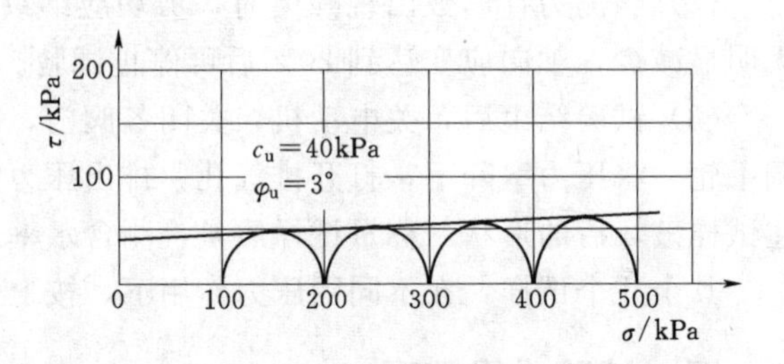

图 8-31　不固结不排水剪强度包线

（二）固结不排水剪和固结排水剪

1. 计算固结后试样的高度 h_c、面积 A_c、体积 V_c 及剪切时的面积 A_a

$$h_c=h_0-\Delta h_c$$

或

$$h_c=h_0\left(1-\frac{\Delta V}{V_0}\right)^{1/3}$$

$$A_c=\frac{V_0-\Delta V}{h_c}$$

或

$$A_c=A_0\left(1-\frac{\Delta V}{V_0}\right)^{2/3}$$

$$V_c=A_c h_c$$

$$A_a=\frac{A_0}{1-\varepsilon_1}\text{或 }A_a=\frac{A_c}{1-\varepsilon_{1a}}\text{（固结不排水剪）}$$

$$A_a=\frac{V_c-\Delta V_i}{h_c-\Delta h_i}\text{（固结排水剪）}$$

式中　h_0——试样初始高度，cm；

Δh_c——固结下沉量，由轴向变形测微表测得，cm；

Δh_i——剪切过程中试样高度变化，由轴向变形测微表测得，cm；

A_0——试样初始断面积，cm^2；

V_0——试样初始体积，cm^3；

ΔV——试样固结后与固结前的体积变化，即固结排水量，cm^3；

ΔV_i——排水剪切过程中试样体积变化，按排水管读数求得，cm^3；

ε_1——总的轴向应变，%，$\varepsilon_1=\frac{\Delta h}{h_0}\times100$；

ε_{1a}——剪切过程的轴向应变，%，$\varepsilon_{1a}=\frac{\Delta h_i}{h_c}\times 100$。

2. 计算主应力差（$\sigma_1-\sigma_3$）和有效主应力比$\left(\frac{\sigma_1'}{\sigma_3'}\right)$

主应力差按式（8-9）计算。

有效应力及有效应力比按下式计算：

$$\sigma_1'=\sigma_1-u$$

$$\sigma_3'=\sigma_3-u$$

$$\frac{\sigma_1'}{\sigma_3'}=\frac{\sigma_1-u}{\sigma_3-u}$$

式中　σ_1，σ_3——大主应力和小主应力，kPa；

σ_1'，σ_3'——有效大主应力和有效小主应力，kPa；

u——孔隙水压力，kPa。

3. 绘制应力与轴向变形关系曲线和确定破坏应力值

以轴向应变 ε_1 为横坐标，分别以（$\sigma_1-\sigma_3$）、$\frac{\sigma_1'}{\sigma_3'}$、$u$ 为纵坐标，绘制（$\sigma_1-\sigma_3$）-ε_1 关系曲线（图 8-30）、$\frac{\sigma_1'}{\sigma_3'}$-$\varepsilon_1$ 关系曲线（图 8-32）、u-ε_1 关系曲线（图 8-33）。以（$\sigma_1-\sigma_3$）-ε_1、$\frac{\sigma_1'}{\sigma_3'}$-$\varepsilon_1$ 关系曲线的峰值相应的主应力差或有效主应力比作为破坏应力值。如无峰值，以轴向应变 ε_1 为 15%处的主应力差或有效应力比为破坏应力值。

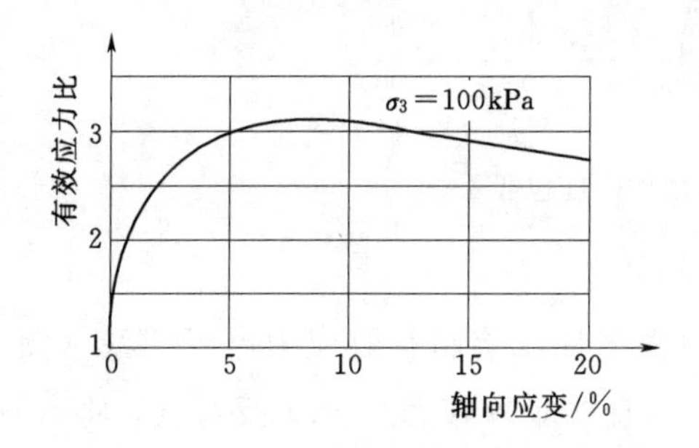

图 8-32　有效应力比与轴向应变关系曲线

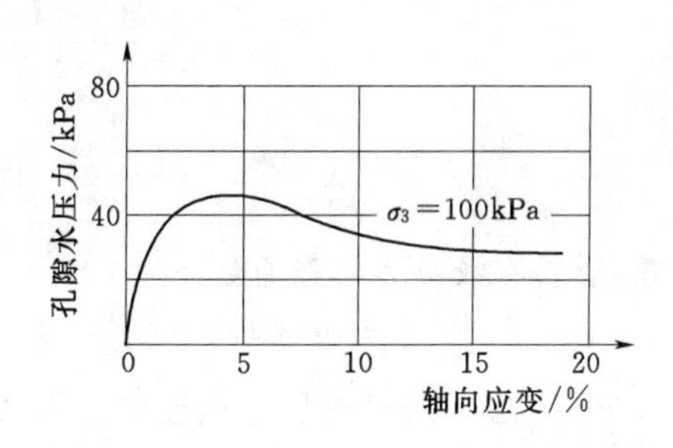

图 8-33　孔隙水压力与轴向应变关系曲线

4. 绘制主应力圆和强度包线

（1）绘制总应力圆和总应力强度线。以法向应力 σ 为横坐标，以剪应力 τ 为纵坐标。在横坐标上以破坏时的（$\sigma_{1f}+\sigma_{3f}$）/2 为圆心，以破坏的（$\sigma_{1f}-\sigma_{3f}$）/2 为半径，绘制破坏应力圆，并绘制不同周围压力下的破坏应力圆的包线，该包线即为总应力强度线（图 8-34 中实线）。包线的倾角为内摩擦角 φ_{cu} 或 φ_d，包线在纵轴的截距为黏聚力 c_{cu} 或 c_d。

（2）绘制有效应力圆和有效应力强度线。以法向应力 σ 为横坐标，以剪应力 τ 为纵坐标。在横坐标上以破坏的（$\sigma_{1f}'+\sigma_{3f}'$）/2 为圆心，以破坏的（$\sigma_{1f}'-\sigma_{3f}'$）/2 为半径绘制破

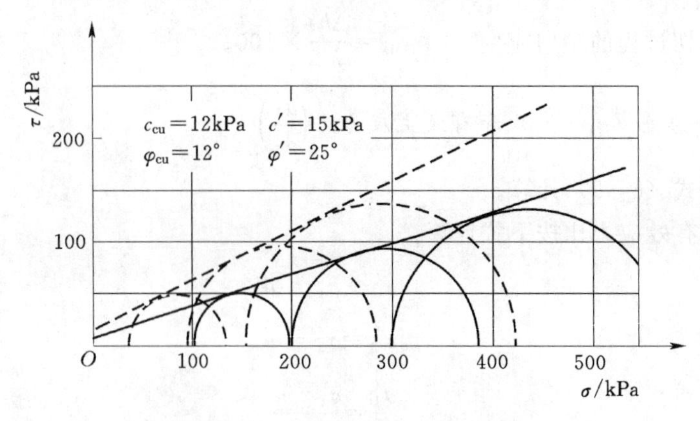

图 8-34　固结不排水剪强度包线

坏有效应力圆，并作不同周围压力下的破坏有效应力包线，该包络线即为有效应力强度线（图 8-34 中虚线），其倾角为有效内摩擦角 φ'，在纵轴的截距为有效黏聚力 c'。对于固结排水剪试验，整个试验过程（包括固结和剪切）孔隙水压力均等于零，其总应力强度线就是有效应力强度线，即 $\varphi_d=\varphi'$，$c_d=c'$（图8-35）。

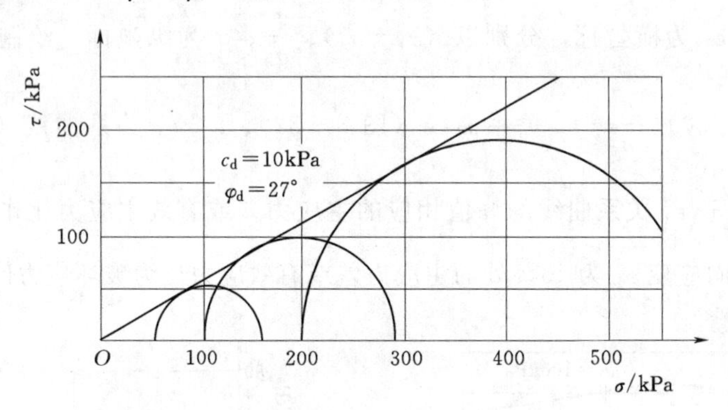

图 8-35　固结排水剪强度包线

5. 绘制有效应力路径曲线

以 $(\sigma_1'-\sigma_3')/2$ 为纵坐标，$(\sigma_1'+\sigma_3')/2$ 为横坐标，绘制有效应力路径曲线（图 8-36）。将每一应力路径的反弯点连成一条直线，该直线即为 K_f'线，如无反弯点，将有效应力路径达相对最大值点连成 K_f'线，K_f'线与水平坐标轴的夹角 α 和与纵坐标的截距 d。按下式换算出有效抗剪强度指标 φ'值和 c'值。

（1）有效内摩擦角 φ'，即

$$\varphi'=\sin^{-1}\mathrm{tg}\alpha$$

式中　α——应力路径图上破坏点连线的倾角，(°)。

（2）有效黏聚力 c'，即

$$c'=\frac{d}{\cos\varphi'}$$

式中　d——应力路径图上破坏点连线在纵轴上的截距，kPa。

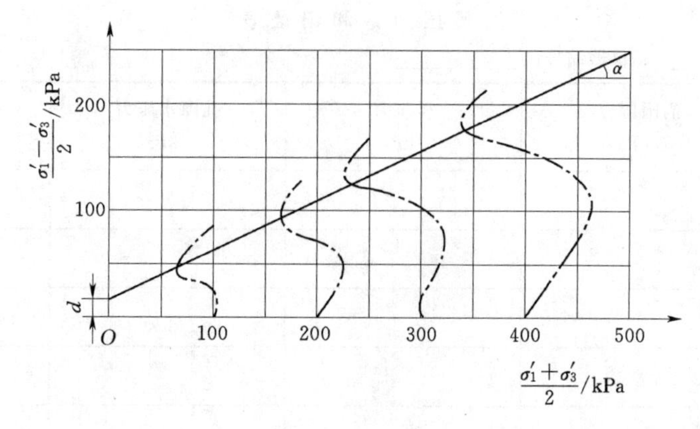

图 8－36　有效应力路径曲线

6. 计算孔隙水压力系数

（1）初始孔隙水压力系数 B，即

$$B=\frac{u_0}{\sigma_3}$$

（2）破坏时孔隙水压力系数 A_f，即

$$A_f=\frac{u_f}{B(\sigma_1-\sigma_3)}$$

式中　u_0——施加周围压力产生的孔隙水压力，kPa；

u_f——某周围压力下试样破坏时，主应力差产生的孔隙水压力，kPa。

7. 试验记录

参见表 8－6～表 8－11。

表 8－6　　**不固结不排水剪三轴试验记录表**

试样编号：＿＿＿＿＿；仪器编号：＿＿＿＿＿；周围压力 σ_3：＿＿＿＿ kPa；

钢环系数 c：＿＿＿＿ N/0.01mm；剪切速率：＿＿＿＿ mm/min。

序　号	轴向变形 (0.01mm)	轴向应变 ε/%	校正面积 $\frac{A_0}{1-\varepsilon}$/cm^2	钢环读数 (0.01mm)	$\sigma_1-\sigma_3$ /kPa

试验小组：＿＿＿＿＿；试验成员：＿＿＿＿＿；计算者：＿＿＿＿＿；试验日期：＿＿＿＿＿。

表 8-7　　反压力饱和记录表

试样编号：__________；仪器编号：__________

序　号	周围压力 /kPa	反压力 /kPa	孔隙水压力 /kPa	孔隙水压力增量 /kPa

试验小组：__________；试验成员：__________；计算者：__________；试验日期：__________。

表 8-8　　固结排水记录表

试样编号：__________；仪器编号：__________

序　号	经过时间 /(h. min. s)	孔隙水压力 /kPa	量管读数 /mL	排出水量 /mL

试验小组：__________；试验成员：__________；计算者：__________；试验日期：__________。

表 8-9　　固结不排水剪试样的不排水剪切记录表

试样编号：______；仪器编号：______；周围压力：______kPa；钢环系数：______N/0.01mm；

剪切速率：______mm/min；反压力：______kPa；初孔隙水压力：______kPa；温度：______℃。

轴向变形 (0.01mm)	轴向应变 ε/%	校正面积 $\frac{A_0}{1-\varepsilon}$/cm^2	钢环读数 R (0.01mm)	$\sigma_1-\sigma_3$ /kPa	孔隙水应力 /kPa	σ_1' /kPa	σ_3' /kPa	$\frac{\sigma_1'}{\sigma_3'}$

试验小组：__________；试验成员：__________；计算者：__________；试验日期：__________。

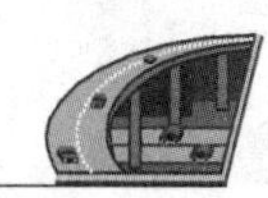

表 8-10　　固结排水剪试验的排水剪切记录表

试样编号：______；仪器编号：______；周围压力：______kPa；钢环系数：______N/0.01mm；
剪切速率：______mm/min；反压力：______kPa；初孔隙水压力：______kPa；温度：______℃。

轴向变形(0.01mm)	轴向应变 ε/%	校正面积 $\frac{V_c-\Delta V_i}{h_c-\Delta h_i}$ /cm²	钢环读数(0.01mm)	$\sigma_1-\sigma_3$ /kPa	$\frac{\sigma_1}{\sigma_3}$	量管读数 /cm³	剪切排水量 /cm³	体积应变 $\varepsilon_v=\frac{\Delta V}{V_c}$ /%

试验小组：______；试验成员：______；计算者：______；试验日期：______。

表 8-11　　三轴试验成果记录表

试样编号：______；仪器编号：______。

破坏时			总应力圆		有效应力圆		起始孔隙水应力 /kPa	孔隙水应力系数	
周围压力 /kPa	主应力差 /kPa	孔隙水压力 /kPa	圆心 /kPa	半径 /kPa	圆心 /kPa	半径 /kPa		A	B
(1)	(2)	(3)	(4)=(1)+(2)/2	(5)=(2)/2	(6)=(4)-(3)	(7)=(2)/2	(8)	(9)=(8)/(3)	(10)=(3)/(9) (2)
100									
200									
300									
400									
内摸插角/(°)									
黏聚力/kPa									
破坏圆确定方法：									

试验小组：______；试验成员：______；计算者：______；试验日期：______。

第七节　试验案例：直接剪切试验（快剪法）

一、操作步骤

1. 切取土样

本次试验用环刀切取了 3 个试样，进行密度试验后再进行剪切试验。

2. 检查仪器

包括调节加压杠杆水平，检查百分表的灵敏性和与钢环接触情况，检查量力钢环两端与剪切盒接触是否良好。

3. 安装试样

（1）对准并固定剪切容器上下盒，盒内放入透水板和薄铜片，任取一试样放在剪切盒上，用透水板将试样徐徐推入剪切盒内，移去环刀。

（2）调整剪切盒位置，使上盒前端与量力环接触。顺次放上传压板、钢球及加压框架，挂上吊盘，放置一个 2.55kg 砝码（含砝码盘重量），土样承受法向压力 $\sigma=100\text{kPa}$。

4. 施加水平剪力

拔出固定销，开动秒表，以每分钟 4～6 圈的速度连续匀速转动手轮，观察百分表读数，记下最大值 $R_1=21$，剪切破坏后停止试验。

5. 拆除试样

卸除砝码，移去加压框架和上盒，取出试样，逆时针转动手轮后退剪切盒。

其余 2 个试样剪切试验按步骤 3～5 的方法进行，第二个试样放置 2 个 2.55kg 砝码，试样承受的垂直压力为 200kPa，第三个试样放置 3 个 2.55kg 砝码，试样承受的垂直压力为 300kPa，记下百分表读数最大值分别为 $R_2=39$、$R_3=54$。

二、成果整理

1. 剪应力计算

查得量力环系数 $C=1.9\text{kPa}/0.01\text{mm}$，各级压力下抗剪强度值为

垂直压力 $\sigma=100\text{kPa}$ 时，$\tau_{f1}=C\cdot R_1=1.9\times21=39.9\text{kPa}$

垂直压力 $\sigma=200\text{kPa}$ 时，$\tau_{f2}=C\cdot R_2=1.9\times39=74.1\text{kPa}$

垂直压力 $\sigma=300\text{kPa}$ 时，$\tau_{f3}=C\cdot R_3=1.9\times54=102.6\text{kPa}$

2. 绘制抗剪强度曲线，确定抗剪强度参数

以抗剪强度 τ_f(kPa) 为纵坐标，垂直压力 σ(kPa) 为横坐标，绘制 $\tau_f-\sigma$ 关系曲线（图 8-37），注意纵坐标和横坐标的单位应力长度应相等，图中显示，三个试样对应的三点不在同一条直线上，用三角形法求得近似抗剪强度线（为直线），强度线的倾角 16.7°为内摩擦角 φ 的大小，强度线在纵坐标上的截距 12.4kPa 为黏聚力 c 的大小。

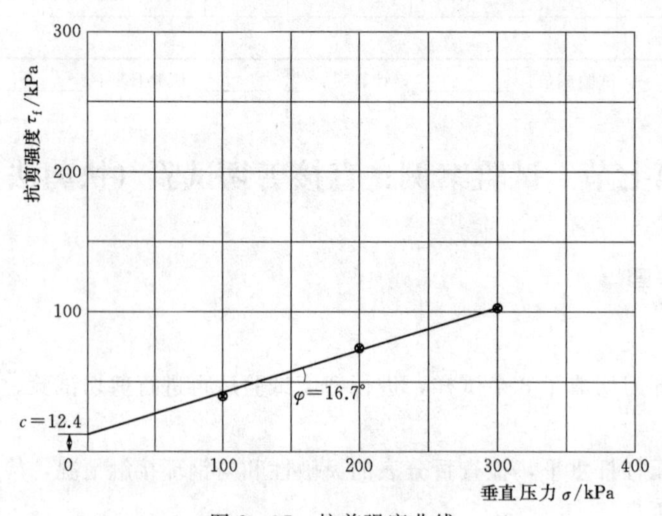

图 8-37　抗剪强度曲线

3. 试验成果记录表

试验数据及成果记录见表8－12。

表8－12　剪应力与法向应力记录表

试样编号：________；仪器编号：________；试验方法：________。

仪器编号	5	5	5
量力环系数/(kPa/0.01mm)	1.90	1.90	1.90
垂直压力/kPa	100	200	300
试样面积/cm^2	30	30	30
剪切位移/0.01mm	—	—	—
量力环读数/0.01mm	21	39	54
抗剪强度/kPa	39.9	74.1	102.6
试验结果	内摩擦角 φ＝17.4°；黏聚力 c＝9.48kPa		

试验小组：________；试验成员：________________；计算者：________；试验日期：______________。

附录 试验曲线坐标图

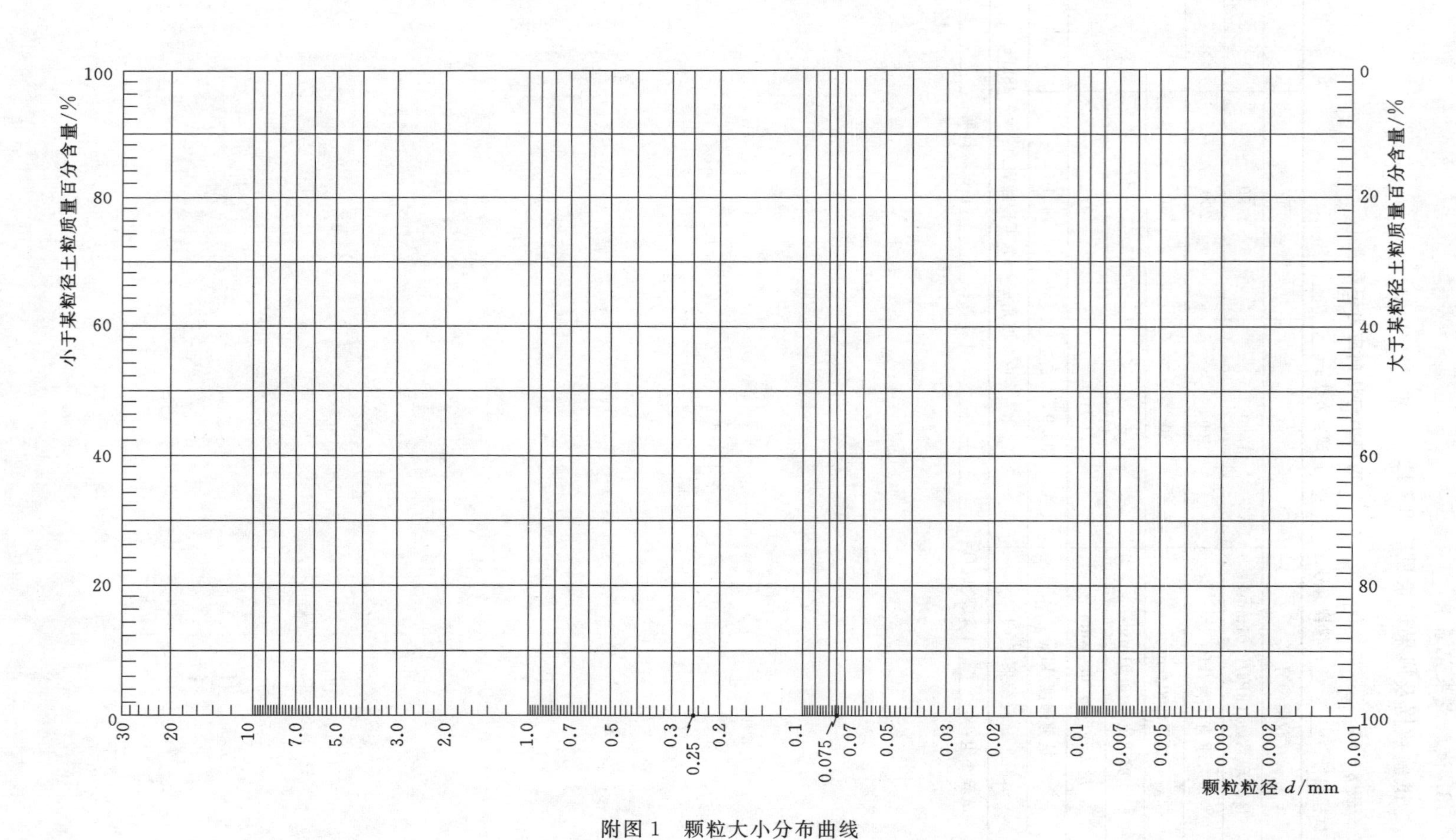

附图 1 颗粒大小分布曲线

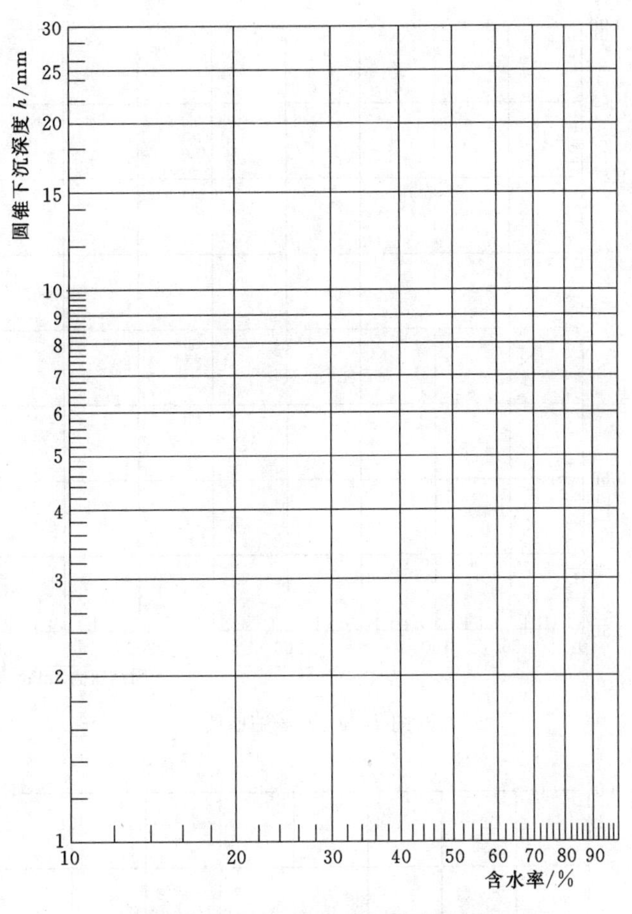

附图 2　液、塑限联合测定试验曲线

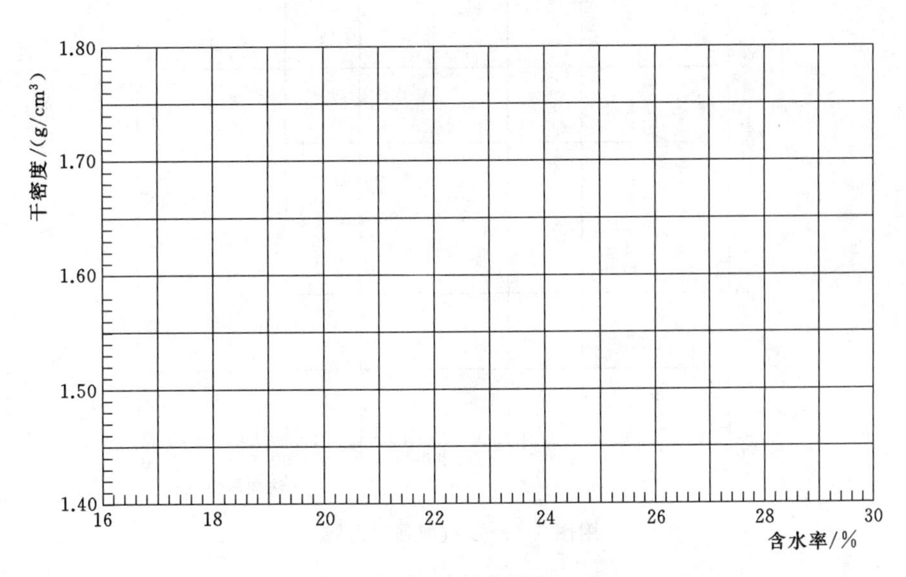

附图 3　击实曲线

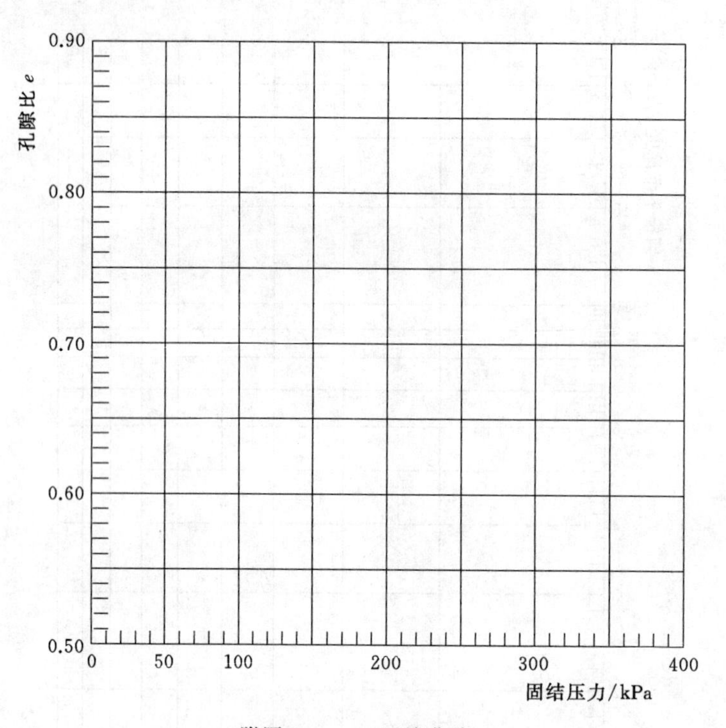

附图 4 $e-p$ 压缩曲线

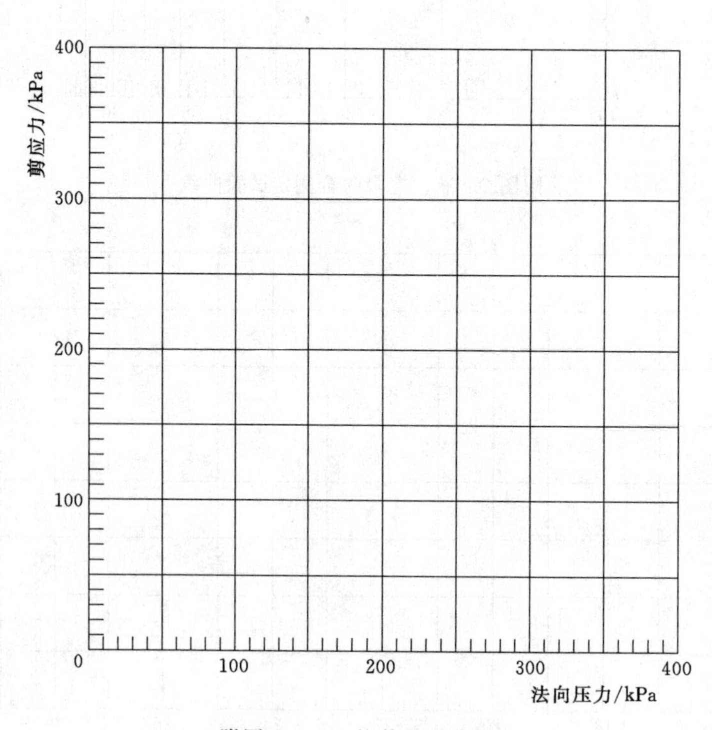

附图 5 $\tau-\sigma$ 抗剪强度曲线

参　考　文　献

［1］ 卢廷浩．土力学［M］．2版．南京：河海大学出版社，2005.

［2］ 刘起霞．土力学实验［M］．北京：中国水利水电出版社，2009.

［3］ 殷宗泽，等．土工原理．北京：中国水利水电出版社，2006.

［4］ 中华人民共和国国家标准．土工试验方法标准（GB/T 50123—1999）［S］．北京：中国计划出版社．1999.

［5］ 中华人民共和国国家标准．土工试验规程（SL 237—1999）［S］．北京：中国水利水电出版社．1999.

［6］ 中华人民共和国国家标准．岩土工程基本术语标准（GB/T 50279—98）［S］．北京：中国计划出版社．1998.

［7］ 唐大雄．工程岩土学［M］．北京：地质出版社，1987.

［8］ 王锺琦．孙广忠．刘双光，等．岩土工程测试技术［M］．北京：中国建筑工业出版社，1986.

［9］ 华南理工大学，等．地基及基础［M］．北京：中国建筑工业出版社，1994.

［10］ 杨英华．土力学［M］．北京：地质出版社，1987.

［11］ 南京大学水文地质工程地质教研室．工程地质学［M］．北京：地质出版社，1982.

［12］ 刘特洪．工程建设中的膨胀土问题［M］．北京：中国建筑工业出版社，1997.

［13］ ［苏］索洛昌．膨胀土上建筑物的设计与施工［M］．徐祖森，译．北京：中国建筑工业出版社，1982.

参考文献